표준

재료과학

재단법인 과우학원 著

··· 머 리 말

우리나라의 경제규모가 세계 10위권으로 진입하는 동안 국민생활 수준도 크게 발전하고 식생활 양상도 서구식 음식문화의 도입과 함께 쌀밥 중심의 주식에서 글로벌 시대로 바뀌고 있는 가운데 제과·제빵이 차지하는 비중이 점차 높아지고 있다.

우리의 빵,과자 역사가 짧은데도 불구하고 세계 젊은 기능인들의 경연장인 기능올림픽을 비롯하여 각국의 국가대표들이 실력을 겨루는 국제대회에서도 본고장 선수들과 나란히 입상하는 〈빵·과자 기술 강국〉이 되었다.

급변하는 세계화의 조류 속에서 지금의 위치를 지키거나 앞서가기 위해서는 구전(口傳)이나 도제(徒弟)형식으로 길러지는 소수의 인재만으로는 부족하다. 양질의 교육훈련을 통하여 기초가 튼튼한 기술인력을 많이 양성하여 문무를 겸비한 두터운 제과인재 풀(Pool)을 보유할 필요가 있다.

그런 의미에서 이 책은 기초과학에서부터 사용하는 재료, 재료의 품질을 시험하는 방법에 이르기까지 재료과학과 관련된 모든 내용을 국내 최초로 한권에 수록하여 수준별 또는 단계별로 활용할 수 있도록 편성하였다.

과학에 근거한 체계적인 지식을 습득하여 식량자원으로서의 재료의 중요성을 인식하고 빵·과자에 효율적으로 응용하는데 새로운 아이디어를 도출하는 에너지가 되기를 기대한다.

또한, 평생교육의 측면에서 초보자의 입문서로, 현업 제과인의 참고서로, 전공하는 학생들의 연구서로 유용한 코치(coach) 역할을 해 주었으면 한다.

본서 발간에 있어 미국소맥협회(고원방 대표)의 적극적인 지원과 국내외 제과·제빵 전문가들의 도움에 깊은 감사를 드리고 우리 분야의 전문서적 출간에 열정적인 B&C월드 장상원 대표께 심심한 사의를 표한다.

저자씀

contents

제1편 기초과학

제1장 탄수화물 (Carbohydrates)

탄수화물은 탄소, 수소, 산소의 세가지 원소로 구성되어 있는 유기화합물로 $Cm(H_2O)n$으로 표시하며, 지방, 단백질과 함께 3대 영양소를 이루고 있다.

또한, 이것은 포도당과 같은 단당류로부터 시작하여 복잡한 구조의 전분과 셀룰로오스에 이르기까지 방대한 화합물을 포함하고 있다. 전분이나 셀룰로오스는 탄수화물의 기본 구성단위인 포도당 분자가 수백 개에서 수천 개가 모여 만들어진 중합체 (重合體)이며, 이들 특성에 큰 차이가 나타나는 것은 주로 분자구조의 차이에 기인된다.

〈표 1〉 탄수화물의 분류

단당류 (Monosaccharides)		과당류 (Oligosaccharides)	다당류 (Polysaccharides)
5탄당	6탄당		
aldose	aldose	2당류($C_{12}H_{22}O_{11}$)	Pentosan, $(C_5H_8O_4)n$
arabinose	glucose	sucrose	araban
xylose	galactose	lactose	xylan
ribose	mannose	maltose	Hexosan, $(C_6H_{10}O_5)n$
	ketose	cellobiose	starch
	fructose	3당류($C_{18}H_{32}O_{16}$)	cellulose
	sorbose	raffinose	inulin

탄수화물의 기본단위인 포도당은 어떤 종류의 조류 (藻類)와 박테리아를 포함한 엽록소를 가진 식물의 광합성 (光合成)작용에 의하여 생성된다. 이 복잡한 과정은 $6CO_2 + 6H_2O +$ 태양 빛에너지 $\rightarrow C_6H_{12}O_6 + 6O_2$ 의 화학식으로 요약할 수 있다. 탄수화물이 가수분해에 의하여 더 간단하게 되지 않는 것을 단당류, 2개 또는 3개의 단당류로 결합된 것을 2당류 또는 3당류라 한다. 과당류 (寡糖類, oligosaccharide)는 단당류가 3~6개 결합한 것이며, 탄수화물 유도체로 고무질, 펙틴질 등이 있다.

제1절 단당류 (Monosaccharides)

모든 단당류는 수산기(–OH)와 알데히드기(–CHO) 또는 케톤기(C=O)를 함유하며 이에 따라 알데히드당 (aldose) 또는 케톤당 (ketose)이 된다. 당류는 어미에 "–ose"를 붙이고 탄소의 수에 따라 3탄당 (triose), 4탄당 (tetrose), 5탄당 (pentose), 6탄당 (hexose) 등으로 분류한다.

1. 포도당 (Glucose)

자연계에 가장 널리 분포되어 있는 알도헥소오스 (aldohexose)로 다당류의 기본적 구성분자이며 광학적 우선성 (右旋性)이므로 Dextrose 라고도 한다.

D-glucose와 같은 대표적인 6탄당의 구조적 배열을 살펴보면, 탄소의 사슬은 곧은 사슬뿐 아니라 부분적 혹은 완전하게 환상구조 (環狀構造)를 갖추고 있으며, 이는 용액상태에서 많이 일어나는 현상으로 그 구조는 다음과 같다.

Aldehyde glucose   Beta – glucose   Alpha – glucose

알파형은 C_1과 C_2 의 −OH기가 같은 위치(챤)를 차지하고 베타형은 반대위치 (trans)를 차지하는데 용액상태에서 약 2/3는 베타형, 1/3은 알파형이고 알데히드형은 극히 적다.

2. 과당 (Fructose)

케토헥소오스 (ketohexose)의 대표적인 단당류로 과일이나 꿀에 많으며 수용액은 광학적 좌선성 (左旋性)을 보이므로 Levulose 라고도 한다. 이의 환상구조를 평면식 으로 표시하면 다음과 같다.

Alpha - fructose   Beta - fructose

알파형은 C_2, C_3의 −OH기가 반대 위치에, 베타형은 같은 위치에 있다. 다알리아나 돼지감자의 구근에 있는 전분과 유사한 이눌린 (inulin)을 가수분해하면 비교적 순수한 과당을 다량으로 얻을 수 있고, 자당을 가수분해하면 과당과 포도당이 반씩 생성된다.

포도당과 과당은 수산화암모니아에 있는 질산은을 금속 은으로 환원시키며, 펠링 (fehling)용액의 제2동염을 제1동으로 환원시키는 능력이 있어 **환원당** (reducing sugar = 還元糖)이라 한다.

3. 갈락토오스 (Galactose)

포유동물의 유선 (乳腺)에서 합성되는 단당류로 해조류의 갈락탄 (galactan)의 구성성분이며 천연상태로 유리되는 경우는 없다. 유당을 가수분해하면 포도당과 함께 생성되며 **흡수속도가 가장 빠른 6탄당**인 단당류이다.

제2절 2당류 (Disaccharides)

1. 자당 (Sucrose)

자당은 사탕수수, 사탕무 등에 많이 함유되어 있으며, 2당류 중 가장 중요한 자원인데 $C_{12}H_{22}O_{11}$로 표시한다. 자당은 알파형의 포도당 단위와 베타형의 과당이 포도당 C_1과 과당 C_2의 수산기($-OH$)에서 1분자의 물이 탈수되어 결합한 것이며 그 평면식은 다음과 같다.

Sucrose

위의 식에서 보는 바와 같이 알데히드와 케톤 특성이 없어지므로 단당류에 비하여 화학적으로 상당히 안정되어 있다. 묽은 산의 용액이나 효소 인베르타아제 (invertase)에 의해 가수분해 되면 **전화당 (轉化糖 : invert sugar)**이 되며, 제빵과정에서는 이스트에 의해 포도당과 과당으로 바뀐 뒤 다시 발효 된다. 자당은 광학적 비선성(比旋性)이 $+66.53°$(편광계에서 오른쪽으로 편광)인데 전화당이 되면 $-39°$(편광계에서 왼쪽으로 편광)로 변하는 비환원당 (非還元糖)이다.

'전화당'이란 포도당과 과당이 동량(1:1)으로 혼합되어 있는 단당류의 혼합물 이다.

2. 맥아당 (Maltose)

맥아당은 전분이 분해되어 생산하는 2당류이다. 보리알이 싹틀 때 생기는 아밀라아제 (amylase)의 작용으로 생성되며 한 개의 D-glucose 분자의 C_1과 다른 D-glucose 분자의 C_4 의 수산기가 알파 배당체 결합을 하여 소위 알파-1,4배당체 결합 (alpha-1,4-glucosidic linkage)이 된다. 다음의 구조식에서 보는 바와 같이 맥아당은 환원단 (reducing group)이 있어서 환원당이다.

CH2OH 구조 (Alpha-glucose / Beta-glucose, Maltose)

Alpha-glucose　　　**Beta-glucose**

Maltose

복잡한 전분도 이와 같은 연결의 긴 사슬로 중합체를 이루고 있으며 맥아당을 분해하면 2분자의 포도당이 된다.

3. 유당 (Lctose)

2당류인 유당은 포유동물의 젖 중에 자연상태로 들어있다. 유당은 효소 락타아제에 의해 가수분해되면 포도당과 갈락토오스가 생성되는데, 갈락토오스 C_1과 포도당 C_4가 다음 구조식과 같이 산소를 다리로 하여 연결된 알파-1,4-배당체 결합이 된다.

유당 중 포도당 단위에 손상되지 않은 알데히드 그룹이 남아 있으므로 환원당이다.

유당은 일종의 박테리아인 유산균 (乳酸菌)에 의하여 유산 (lactic acid : CH_3CHOH $COOH$)을 생성하여 특유한 맛과 향을 나타낸다

제3절 전분 (Starch)

식물계의 중요한 저장 탄수화물인 전분은 종자, 과실, 줄기, 잎, 뿌리 등에 가장 널리 분포된 자원이다. 여기에는 옥수수, 밀, 쌀, 팥 등 전분과 같은 곡물전분 (穀物澱粉)과 타피오카, 감자, 칡 등의 전분과 같은 구경전분 (球莖澱粉)이 포함된다.

공급원이 다른 전분을 현미경으로 관찰하면 그들의 물리적 형상, 즉 개체 입자의 크기와 모양, 돌출정도, 줄무늬 등에 있어 괄목할만한 차이가 나타난다. 더욱 중요한 것은 팽윤, 호화온도, 노화상태, 반죽의 점도 등 물리적 작용의 성질이며, 전문적인 용도에 따라 각기 다른 전분이 필요한 것이다.

1. 입자

전분 입자는 아밀로오스 (amylose)와 아밀로펙틴 (amylopectin)의 분절 (segments)이 서로 평행한 곳에 수소결합에 의한 결정의 덩어리 또는 미셀 (micelles)을 형성하여 이 미셀이 서로 입자를 끌어당겨 결정형이 되게 한다.

전분입자의 크기는 가장 긴 축의 길이를 측정하여 2μ에서 150μ에 이르기까지 다양하다.

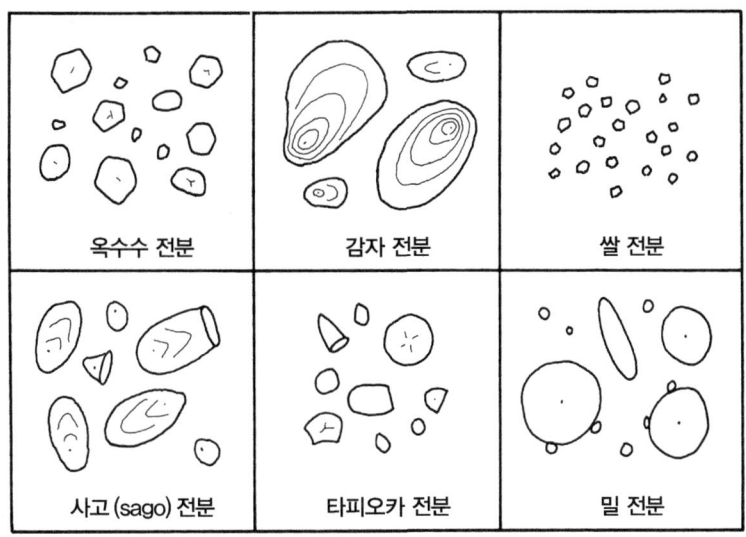

〈그림 1〉 몇가지 전분입자의 모양

또, 그들이 재배된 환경 요소에 따라 모양도 크게 지배되며, 같은 낟알에서도 그 부위에 따라 다르다. 일반적으로 각질 다각형 입자는 곡물전분의 특성인 반면 원형,타원형 입자는 줄기와 뿌리 전분의 특성이다.

중요한 몇 가지 전분입자의 모양과 크기를 요약하면 다음과 같다.

가. 소맥 전분 (wheat starch)

입자가 얇고 상당히 둥근 형태이며 줄무늬는 아주 불분명하다. 큰 입자는 $25 \sim 35\mu$, 작은 입자는 $2 \sim 8\mu$ 정도이며 물에 팽윤되면 곡선 모양으로 변형된다.

나. 옥수수 전분 (corn starch)

일반적으로 다각형 모양이며 줄무늬는 없으나 중앙부분이 터져있다.

다. 감자 전분 (potato starch)

굴 껍질과 같은 줄무늬가 있고 평평한 타원형 모양으로 크기는 15μ에서 100μ까지 다양하다.

라. 보리 전분 (barley starch)

입자 모양은 타원형 또는 원형으로 되어 있고, 소맥의 경우와 같이 2μ에서 6μ 입자와 20μ에서 35μ의 대소 입자가 있으며, 작은 입자가 소맥전분 보다 많은 편이다.

마. 쌀 전분 (rice starch)

곡물 전분입자 중 가장 작으며 일반적으로 균일한 크기로 보통 3μ에서 6μ 정도가 되며, 줄무늬는 없으나 투명하다.

바. 타피오카 전분 (tapioca starch)

일명 카사바 전분이라고도 하며 입자 크기가 약 20μ으로 원형 또는 계란형으로 줄무늬는 없다.

2. 분자 구조 (Molecular structure)

　　전분은 식물체내에서 2가지 형태로 수백 또는 수천의 포도당 단위로 이루어진
중합체 이다. 이 중의 하나는 **아밀로오스**라 하는데 500~2,000개의 포도당 단위가
직쇄 (straight chain)로 연결되어 있어 분자량은 약 80,000에서 320,000 정도가 된
다. 각개의 포도당 단위는 알파-1,4-결합으로 연결되어 있다.

　　다른 하나는 **아밀로펙틴**이라 하는데 나뭇가지 모양으로 가지가 달렸으며, 각개
의 가지는 20~30개의 포도당 단위가 붙어 있고, 수백개의 이러한 **측쇄 (branched
chain)**가 달린 분자량은 적어도 1,000,000을 넘는다. 이 측쇄는 알파-1,6-결합으 로
시작되며 다음의 그림은 이해를 도울 것이다.

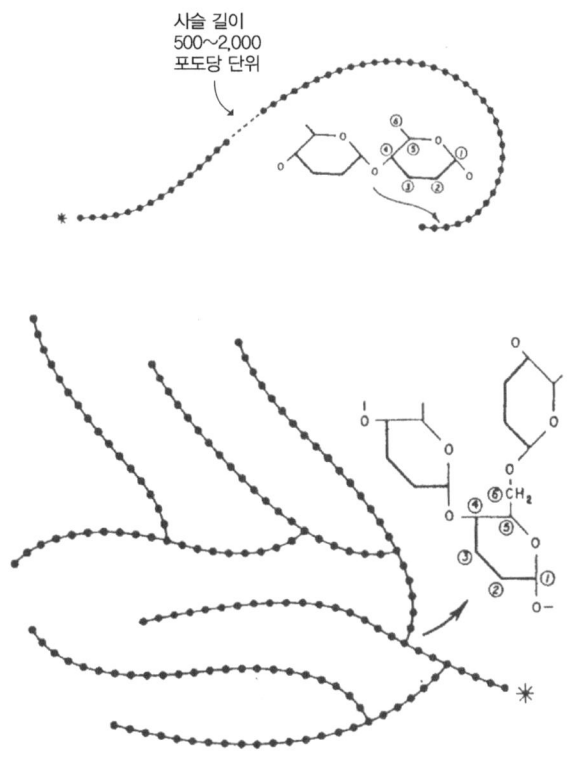

〈그림 2〉 전분의 직쇄구조와 측쇄구조

순수한 아밀로오스와 아밀로펙틴은 물리적, 화학적 작용이 서로 현저히 다르다. 아밀로오스는

① 요오드 용액에 청색 반응

② 베타-아밀라아제에 의해 소화되면 거의 완전히 맥아당으로 바뀐다.

③ 상대적으로 분자량이 적다.

④ 전분 용액을 냉각시키면 쉽게 퇴화하고 침전하는 경향이 있다.

이외의 부차적 특성으로 셀룰로오스에 흡착성이 크고, 어떤 알코올 속에서 결정이 되는 정도가 크다.

아밀로펙틴은

① 요오드 용액에 의하여 적자색 반응

② 베타-아밀라아제에 의한 소화는 약 52%까지로 제한된다.

③ 수천개의 포도당 단위를 가진 1,000,000 이상의 분자량을 가진다.

④ 퇴화의 경향이 적다.

보통의 곡물은 아밀로오스가 17 ~ 28% 이고 나머지는 아밀로펙틴으로 되어 있다.

3. 젤라틴화 (Gelatinization)

전분의 종류에 따라 달라지는 중요한 성질 중의 하나는 호화가 진행되는 동안에 팽윤하는 작용이다. 전분입자는 실온 이하의 온도에서는 사실상 불용성이다. 전분 현탁액을 가열할 때 임계온도 (critical temperature) 60℃에 도달할 때까지는 별다른 변화가 없으나 이온도 이상에서는 결정이 일정하지 않은 입자중의 어느 부분에 있는 약한 결합을 분해할 수 있는 에너지 수준이 된다.

모든 종류의 전분이 똑같은 온도에서 팽윤되기 시작하는 것은 아니나 대개 10℃ 이상이 되면 아주 서서히 작용을 한다. 전분의 팽윤에 영향을 주는 요인은 입자내의 미셀 구조의 크기, 구성, 배치 등 강도 및 특성과 관계가 깊다.

곡물 전분은 팽윤과 용해도 양식에 있어 2단계를 보이는데 그것은 내부 결합력에 2가지 쌍이 존재한다는 것을 가리킨다. 찰옥수수와 같은 전분은 아밀로오스가 없기 때문에 내부 망상조직을 강화하는 힘이 없어서 보통 전분보다 훨씬 쉽게 팽윤된다.

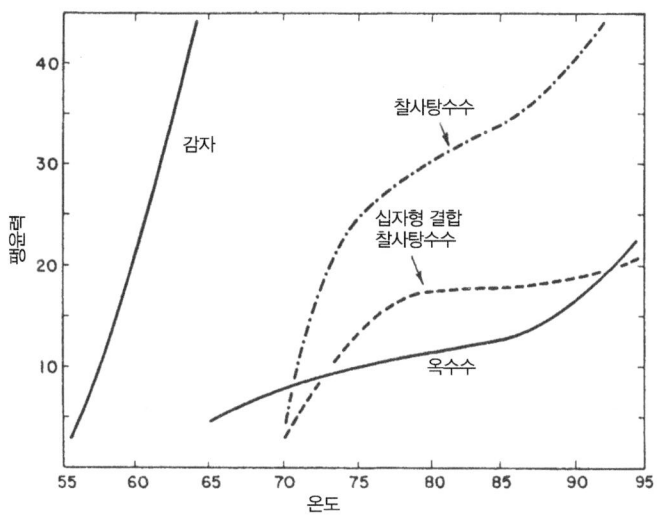

〈그림 3〉 입자가 다른 전분의 팽윤양식

　옥수수와 감자 전분의 입자가 호화되는 동안 물리적 외양의 변화를 현미경으로 찍은 사진은 〈그림 4,5〉 와 같다.

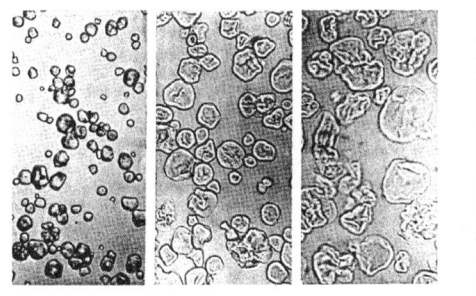

〈그림 4〉 옥수수 전분입자,
왼쪽부터 무변화, 72℃, 90℃

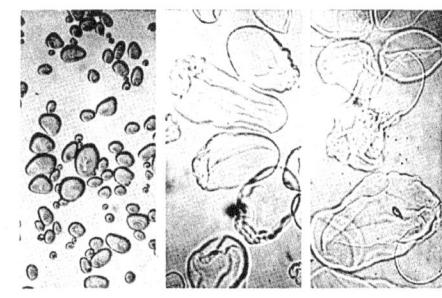

〈그림 5〉 감자 전분,
왼쪽부터 무변화, 65℃, 75℃

　옥수수 전분은 70~80℃가 될 때까지 원형을 유지하지만 감자 전분은 더 낮은 온도에서 팽윤하기 시작하여 80℃ 이상에서는 경계선이 희미해진다.

　전분은 팽윤제 (swelling agents)라 불리는 어떤 염과 알칼리에 의하여 호화점을 낮추어 실온에서도 팽윤이 일어나게 되는데, 수산화나트륨(0.53%), 수산화칼륨(0.75%), 질산은(29%), 요오드칼륨(26~28%), 질산암모늄(30~35%)이 여기에 속한다. 반면에 비누와 식물성 기름 등은 호화온도를 높이는 작용을 함으로 팽윤을 저해한다.

4. 퇴화 (Retrogradation)

　전분용액이 희석되거나 농축되거나 냉각되면 아밀로오스 분자는 물과 분리되어 용해되지 않는 침전을 서서히 형성하거나 그물 모양의 망상조직이 급속하게 형성 되는데 물리적으로 불안정한 상태가 되는 것을 **퇴화**라 한다.

　퇴화속도는 중합도가 150~200인 경우 가장 빠르다. 그러므로 감자 전분은 곡물 전 분 보다 사슬의 길이가 길기 때문에 더 안정된 용액이 된다. 퇴화는 용액 중 아밀로오 스 농도가 높을 때, pH 7일 때, 중합도가 균일할 때, 아밀로오스 분자로부터 수분 을 끌어낼 무기물의 존재 하에서 더 잘 일어난다.

　Schoch는 빵 속이 딱딱해지는 현상이 **노화** (staling)라는 과정을 수반하는데 이는 수분의 이동과 전분의 퇴화로 설명하였다. 빵을 구울 때 직선 아밀로오스 조각이 풀어져서 입자 밖으로 분산되어 간질물질이 된다. 빵이 냉각되면 단단한 겔 (膠化 體)이 되어 팽윤된 전분입자에 끼어들고 이후의 노화는 아밀로펙틴 분자 내에서의 물리적 변화에 기인한다. 모노글리세리드와 같은 유화제를 빵반죽에 첨가하면 전 분의 작용에 중대한 변화를 가져온다. 그러나 측쇄를 가진 전분에는 영향을 줄 수 없어 노화는 계속된다.

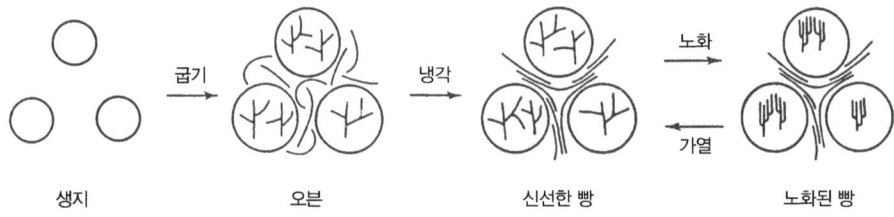

〈그림 6〉 빵의 노화

　빵제품의 노화는 오븐에서 나오자마자 시작되며, 냉장고 온도는 실온에서 보다 더욱 빠르다. −18℃ 이하에서는 노화현상이 정지되어 수개월 저장이 가능하나 −7℃에서 10℃에서 가장 빠르게 일어난다. 포장이 잘 된 제품에 있어서도 빵 껍질과 속간에 수분 이동이 일어나며 아밀로오스나 아밀로펙틴의 물리적 변화는 현재로서 상존하는 원인이다.

노화를 지연시키는 방법은 저온 저장, 유화제 사용, 철저한 포장관리, 양질의 재료사용과 적정한 공정관리 등이 있다. 가열을 하여 신선한 상태로 만들어 먹는 방법도 있다.

5. 펜토산 (Penrosans)

펜토산은 **식물수지 (植物樹脂)**의 일종으로 밀가루의 소량 구성 물질이지만 빵의 품질에 상당한 영향을 주기 때문에 많은 연구가 이루어졌다.

주로 5탄당인 D-xylose와 L-arabinose 단위로 구성되는 다당류로 6탄당 및 글루쿠로닌산 등 그 유도체도 함유하고 있다. 식물 세포벽에 있는 펜토산은 셀룰로오스와 공동으로 세포벽의 골격구조를 만든다.

Neukom 등의 연구에 의하면 밀가루의 2~3%가 펜토산인데 그중 20~25%는 수용성이다. 이들은 분자량이 상당히 크며 밀가루 단백질보다 15~20배나 더 큰 점성을 가지고 있다. 최소 분자량이 15,000으로 고도의 측쇄구조를 가졌고 수산기가 물 분자와 결합하기에 이상적인 위치를 차지하고 있다. 그런 결과로 일반 전분과는 아주 다르게 실온에서도 자기무게의 15배의 물을 흡수하며 높은 점성을 나타낸다.

불용성 밀가루 펜토산은 반(半)셀룰로오스로서 완전한 분리가 어려워 명확하게 알려지지는 않았는데, 이들 중 일부는 **수화 (水化)**와 **팽윤능력**이 현저하게 크며 밀가루 단백질과 손상된 전분입자와 결합하는 것으로 알려져 있다. 밀가루에 자연적으로 존재하는 양 이상의 수준이 되면 빵의 부피를 감소시키며 기공과 조직에도 나쁜 영향을 준다.

밀가루에서 분리한 글루텐과 전분만을 사용해서 만든 빵은 부피와 조직이 빈약하지만 수용성 펜토산을 첨가하면 개선되는 것으로 보아 펜토산은 전체적으로 빵반죽의 물리적 특성과 빵제품의 특성에 상당한 의미의 효과를 가지고 있다. 실험에 의하면, 펜토산이 없는 경우의 빵반죽은 느슨하고 연하며 물기가 많은 반면 펜토산을 첨가하면 점성이 생기고, 건조한 상태가 정상적으로 된다.

제2장 유지 (Fats and oils)

유지(油脂)는 자연계에 있는 대단히 중요한 유기화합물의 하나로 물에 불용성이며, 글리세린과 고급지방산과의 에스테르 즉 화학적으로는 트리글리세리드 (triglyceride)라 한다. 순수한 유지는 탄수화물과 마찬가지로 탄소, 수소, 산소로 구성되어 있으나 산소와 수소의 구성비, 분자 구조, 활성단의 수와 특성이 다르므로 탄수화물이 친수성인데 비하여 유지는 친유성인 것을 비롯하여 모든 물리적 성질이 다르다.

지방 (fats)과 기름 (oils)이란 용어는 근본적으로 다른 물질이 아니고 평상 온도에 대한 물리적 상태를 나타낼 뿐이다.

제1절 지방산과 글리세린 (Fatty acids and glycerine)

지방은 글리세린과 지방산의 축합으로 만들어지며 다음과 같은 일반 방정식으로 나타낼 수 있다.

$$
\begin{array}{ccccc}
\begin{array}{c} \text{H} \\ | \\ \text{H} - \text{C} - \text{OH} \\ | \\ \text{H} - \text{C} - \text{OH} \\ | \\ \text{H} - \text{C} - \text{OH} \\ | \\ \text{H} \end{array}
& + &
\begin{array}{c} \text{HOOCR}_1 \\ \\ \text{HOOCR}_2 \\ \\ \text{HOOCR}_3 \end{array}
& \rightarrow &
\begin{array}{c} \text{H} \\ | \\ \text{H} - \text{C} - \text{OOCR}_1 \\ | \\ \text{H} - \text{C} - \text{OOCR}_2 + 3\text{H}_2\text{O} \\ | \\ \text{H} - \text{C} - \text{OOCR}_3 \\ | \\ \text{H} \end{array}
\end{array}
$$

(글리세린)	(지방산)	(트리글리세리드)	(물)

지방산은 지방 전체 분자량의 94% 내지 96%를 구성하고 있으며, 그 분자의 반응부분이 되기도 한다. 가장 보편적인 지방산은 분자식 끝에 1개의 카르복실기 (-COOH)가 붙어있는 탄화수소 사슬의 지방족 화합물이다.

이소발레르산을 제외하고는 탄소 수가 4에서 26에 이르는 짝수이다.

1. 포화 지방산 (Saturated fatty acids)

지방산 사슬의 탄소 원자가 2개의 수소 원자와 결합하여 (CH_2 : 메틸렌 그룹을 형성)하는 단일결합 (single bond)만으로 이루어진 지방산을 말한다.

$$\begin{array}{cccccccccc}
 & H & H & H & H & H & H & H & H & H \\
 & | & | & | & | & | & | & | & | & | \\
-C & -C & -C & -C & -C & -C & -C & -C & -C & -C- \\
 & | & | & | & | & | & | & | & | & | \\
 & H & H & H & H & H & H & H & H & H
\end{array}$$

지방의 구성 물질로 알려진 포화 지방산은 〈표 2〉에서 보는 바와 같다.

〈표 2〉 포화 지방산

지방산	탄소 수	화학식	융점 ℃
부티르산 (butyric acid)	4	$C_3H_7\,COOH$	− 8
이소발레르산 (isovaleric acid)	5	$C_4H_9\,COOH$	− 51
카프로산 (caproic acid)	6	$C_5H_{11}\,COOH$	− 3.4
카프릴산 (caprylic acid)	8	$C_7H_{15}\,COOH$	16.7
카프르산 (capric acid)	10	$C_9H_{19}\,COOH$	31.6
라우르산 (lauric acid)	12	$C_{11}H_{23}\,COOH$	44.2
미리스트산 (myristic acid)	14	$C_{13}H_{27}\,COOH$	54.4
팔미트산 (palmitic acid)	16	$C_{15}H_{31}\,COOH$	62.9
스테아르산 (stearic acid)	18	$C_{17}H_{35}\,COOH$	69.6
아라키드산 (arachidic acid)	20	$C_{19}H_{39}\,COOH$	75.4
베헤느산 (behnic acid)	22	$C_{21}H_{43}\,COOH$	80.0
리그노세르산 (lignoceric acid)	24	$C_{23}H_{47}\,COOH$	84.2
세로트산 (cerotic acid)	26	$C_{25}H_{51}\,COOH$	87.7

탄소수가 홀수(5)인 이소발레르산은 예외로 융점이 극히 낮지만 일반적으로 위 표에서 나타난 바와 같이 탄소원자 수가 증가함에 따라 융점 (melting point)도 높아진다. 지방산의 비점 (boiling point)도 탄소 사슬이 길어질수록 높아진다.

팔미트산은 라드 · 소기름 · 야자유 · 코코아 버터 · 기타 식물성 지방에, 낙산은 우유 지방에, 카프로산은 우유지방 · 코코넛 · 야자유에, 미리스트산은 우유 지방 · 넛메그 지방에, 스테아르산도 천연 동식물성 지방에 널리 분포되어 있다.

2. 불포화 지방산 (Unsaturated fatty acids)

지방산 사슬의 탄소원자가 2개의 수소원자를 갖지 못하여 탄소와 탄소 사이에 이중결합 (double bond)을 지니게 된 지방산을 불포화 (unsaturated)라 한다.

대표적인 불포화 탄화수소 사슬의 구조는 다음과 같다.

$$
\begin{array}{ccccccc}
 & H & H & H & H & H & H \\
 & | & | & | & | & | & | \\
-C & -C & -C & = C & -C & -C & - \\
 & | & | & & & | & | \\
 & H & H & & & H & H
\end{array}
$$

〈표 3〉 불포화 지방산

지방산	탄소 수	화학식
카프로레산(caproleic acid)	10	$CH_2=CH(CH_2)_7\,COOH$
라우로레산(lauroleic acid)	12	$CH_3CH_2CH=CH(CH_2)_7\,COOH$
팔미토레산(palmitoleic acid)	16	$CH_3(CH_2)_5CH=CH(CH_2)_7\,COOH$
올레산(oleic acid)	18	$CH_2(CH_2)_7CH=CH(CH_2)_7\,COOH$
리놀레산(linoleic acid)	18	$CH_3(CH_2)_4CH=CHCH_2CH=CH(CH_2)_7\,COOH$
리노렌산(linolenic acid)	18	$CH_3CH_2CH=CHCH_2CH=CHCH_2CH$ $=CH(CH_2)_7\,COOH$
에레오스테아르산(eleostearic)	18	$CH_3(CH_2)_3(CH=CH)_3\,CH_3(CH_2)_7\,COOH$
타리르산(tariric acid)	18	$CH_3(CH_2)_7\equiv C(CH2)_4(CH_2)_2\,COOH$
아라키돈산(arachidonic acid)	20	$CH_3(CH_2)_4(CH=CHCH_2)_4(CH_2)_2\,COOH$
에루르산(eruric acid)	22	$CH_3(CH_2)_7\,CH=CH(CH_2)_{11}\,COOH$
셀라콜레산(selacholeic acid)	24	$CH_3(CH_2)_7\,CH=CH(CH_2)_{13}\,COOH$

2중결합은 한 분자 내에 보통 1~3개가 존재하며 자연계에 존재하는 불포화 지방산은 탄소 수 4개인 크로토산(파두씨 기름)을 제외하고는 탄소 수 10개 이상이 알

려져 있다.

가장 대표적인 것은 탄소 수 18개인 올레산으로 우유지방, 라드, 소기름의 주성분 이며 올리브유, 땅콩기름, 피칸, 홍차씨 기름에도 많으며 융점은 16.3℃ 이다.

리놀레산, 리노렌산, 아라키돈산은 필수 지방산으로 영양학적인 의미가 크다.

3. 글리세린 (Glycerine, Glycerol)

글리세린은 상온에서 시럽과 같은 무색, 무취, 감미를 가진 액체로 화학적인 용어로는 Trihydroxyl Alcohol이다. 이것은 지방산기와 에스테르화되어 모노와 디와 트리글리세리드를 만드는 기본 골격이 된다.

3개의 수산기(-OH)를 가지고 있어서 글리세롤 (glycerol)이라고도 하며 지방을 가수분해하여 얻는데 이스트 발효 중에도 미량 생성되기 때문에 모든 이스트 발효 빵 제품 중에 실제로 극미량이 존재한다.

더욱이 글리세린은 인체의 정상적인 구성물질로 존재하며 식품첨가제로 안전하게 사용되는, 생리적으로 무해한 물질로 알려져 있다.

빵·과자 제품에 대한 3가지 특성은 다음과 같다.

가. 흡습성
수분을 빨아들여 보유하는 능력이 탁월하여 반죽에 소량 첨가하면 저장기간이 현저하게 연장되므로 케이크류와 쿠키에 응용되어 왔다.

나. 물-기름 유탁액에 대한 안정기능
크림을 만들 때 물과 지방의 분리를 억제하는 안정기능 때문에 케이크 제조에 유용하게 응용되고 있다.

다. 용매작용
글리세린은 향미제의 용매로 널리 사용되는 한편 식품 색택을 좋게 하는 재료로 이용되는, 독성이 없는 극소수 용매중의 하나이다.

여기에 녹인 향미제는 다른 용매를 사용할 때 보다 굽는 과정에서 수분 보유가 더 잘되고, 완제품에서도 현저한 효과가 있다는 연구보고가 있다.

케이크 제품에는 1% 미만으로부터 2% 까지 사용하며, 이는 굽는 과정중의 증발손실을 감소시키고 속결과 속 색의 광택을 개선하며 색과 향의 보존을 도와준다.

제2절 지방의 구성 (Composition of fats)

자연계에 있는 기름은 식용으로 부적합하여 비누, 페인트, 에나멜, 윤활유, 기타 특수 목적용 제품을 만드는 공업용이 많기 때문에 식품 및 식품제조와 직접 관련된 몇 가지 중요한 지방에 대해서만 설명하고자 한다.

1. 우유 지방 (Butterfat)

우유지방의 지방산 구성은 〈표 4〉와 같다.

〈표 4〉 우유 지방의 지방산 구성   Hilditch and Jasperson

포화 지방산		불포화 지방산	
지방산	중량, %	지방산	중량, %
부티르산 (butyric acid)	3.7	데세노산 (decenuic, 10)	0.1
카프로산 (caproic acid)	1.7	도데세노산 (dodecenoic, 12)	0.2
카프릴산 (capryiic acid)	1.0	미리스토레산 (myristoleic acid)	0.6
카프르산 (capric acid)	1.9	팔미토레산 (palmitoleic acid)	3.4
라우르산 (lauric)	2.8	올레산 (oleic acid)	32.8
미리스트산 (myristic acid)	8.1	리노레산 (linoleic acid)	3.7
팔미트산 (palmitic)	25.9	C_{20}과 C_{22}	1.7
스테아르산 (stearic acid)	11.2		
아라키드산 (arachidic acid)	1.2		
소계	57.5	소계	42.5

이 표에서 보인 수치는 평균치로 계절, 사료, 가축 자체의 건강상태 등 여건에 따라 각 지방산의 조성이 달라질 수 있다.

전체적으로 보아 포화 지방산이 57.5%로 우위에 있으나 불포화 지방산인 올레산이 제일 많고 그 다음이 포화 지방산인 팔미트산, 스테아르산 순이다.

우유 지방의 포화−불포화도에 대한 연구보고에 의하면 포화 지방산 단독 (GS3)이 27.2%, 포화 2−불포화 1 (GS2U)이 33~52%, 포화 1−불포화 2 (GSU2)가 39.8%, 불포화 지방산 단독 (GU$_3$)이 19%까지로 되어 있다.

우유지방의 다른 특성으로는 60℃에서의 밀도가 0.887, 융점은 38℃, 지방이 최초로 고형화되기 시작하는 온도 (titer)는 34℃, 비검화물이 0.4% 이다. 높은 열량가 외에 버터 1g 당 비타민 A가 6~12μg 함유되어 있고, 그 일부가 인체 내에서 비타민 A로 전환되는 카로텐 (caroten)도 2~10μg 정도가 들어있어 영양가도 높다.

2. 코코넛유와 야자인유 (Coconut and palm kernel oils)

코코넛유와 라우르산 계열의 기름은 비교적 분자량이 적은 지방산을 많이 함유하고 있어 상대적으로 낮은 융점을 나타낸다. 코코넛유의 융점은 24~27℃로 가소성 범위가 좁아서 온도를 높일 때 서서히 부드러워지지 않고 갑자기 액화하는 경향이 있다.

전체 지방산의 약 85%가 라우르산, 미리스트산, 팔미트산으로 융점이 44℃에서 65℃여서 그 차이가 19℃ 정도로 폭이 좁다. 가소성 범위가 넓은 지방의 지방산 융점의 최고−최저 차이는 평균 39℃로 주된 지방산의 융점이 가소성을 지배한다고 볼 수 있다.

더욱 코코넛유는 수소첨가 (hydrogenation)에 의하여 융점 변화가 적은데 그것은 올레산, 리놀레산 등 불포화 지방산이 8% 정도이고 나머지 91%는 이미 포화되었기 때문이다.

야자인유도 코코넛유와 같이 불포화도가 낮기 때문에 산패 (酸敗)에 강한 반면 가소성 범위가 좁아서 식용제품에의 사용이 제한적이며 용도도 유사하다.

<표 5> 코코넛과 야자인유 지방산 구성(중량 %)

지방산	코코넛유	야자인유
포화 지방산		
카프로산 (caproic acid)	0.8	–
카프릴산 (caprylic acid)	5.4	2.7
카프르산 (capric acid)	8.4	7.0
라우르산 (lauric acid)	45.4	46.9
미리스트산 (myristic acid)	18.0	14.1
팔미트산 (palmitic acid)	10.5	8.8
스테아르산 (stearic acid)	2.3	1.3
아라키드산 (arachidic acid)	0.4	–
소계	91.2	80.8
불포화 지방산		
올레산 (oleic acid)	7.5	18.5
팔미톨레산 (palmitoleic acid)	0.4	–
리놀레산 (linoleic acid)	–	0.7
소계	7.9	19.2

3. 코코아 버터 (Cocoa butter)

코코아 버터는 평상온도에서 고체 상태인 '식물 지방'이다. 이것은 라우르산으로 된 지방 보다도 융점 범위가 좁은데, 그것은 분자량이 적은 지방산에 의한 것이 아니고 거의 같은 융점을 가진 우세한 지방산의 글리세리드에 기인된다고 보는데, 그것은 코코아 버터를 이루는 글리세리드의 75% 이상이 단순 올레산기가 스테아르산이나 팔미트산과 조합되었기 때문이다.

코코아 버터는 고체 상태에서 느끼한 기름기가 없고 인체 온도에서 녹기 때문에 코코아 분말과 혼합하여 초콜릿을 만드는 주요 재료가 된다.

천연 상태의 코코아 버터는 코코아 원두의 유쾌한 향과 맛을 지닌 여린 황색의 고체이다. 27℃ 이하에서는 부서지기 쉽고 34~35℃의 온도에서 갑자기 녹는다.

<표 6> 코코아 버터의 지방산 구성

지방산	중량 %
포화 지방산	
팔미트산 (palmitic acid)	24.4
스테아르산 (stearic acid)	35.4
소계	59.8
불포화 지방산	
올레산 (oleic acid)	38.1
리놀레산 (linoleic acid)	2.1
소계	40.2

정량적으로 코코아 버터의 주된 트리글리세리드는 1분자 불포화인 팔미토스테아린 (palmitostearin)이 52%, 디스테아린 (distearin)이 18.4%, 2분자 불포화인 스테아린이 12%, 팔미틴이 8.4% 등으로 구성되어 있다.

스테아르산, 올레산, 리놀레산은 탄소 수가 18개이고 팔미트산은 탄소 수가 16개이다.

4. 라드 (Lard)

라드는 빵과 파이는 물론, 케이크 제품에 널리 사용되는 유지 제품으로 중성 쇼트닝의 기본 재료로도 중요하다. 외국의 경우, 라드는 돼지의 어느 부위에서 나온 것인가, 또는 정제방법에 따라 등급을 매겨 판매하고 있다. 프라임 스팀라드 (prime steam lard)는 돼지의 각 부분에서 나온 지방조직을 습식으로 정제한 것으로 다른 라드보다 단단한 것이 특징이다.

중성 라드는 선별한 가축의 부위에서 나온 지방을 습식으로 정제한 것이고, 케틀 정제 라드는 돼지의 내부와 등 쪽 지방을 솥 (kettle)과 같은 장치로 정제한 것으로 독특한 향이 품질을 좌우한다.

〈표 7〉 라드의 지방산 구성

지방산	중량 %
포화 지방산	
미리스트산 (myristic acid)	1.3
팔미트산 (palmiticacid)	28.3
스테아르산 (atearic acid)	11.9
소계	41.5
불포화 지방산	
미리스톨레산 (myristoleic acid)	0.2
팔미톨레산 (palmitoleic acid)	2.7
올레산 (oleic acid)	47.5
리놀레산 (linoleic acid)	6.0
C_{20} 과 C_{22}	2.1
소계	58.5

라드는 돼지에게 준 사료의 형태나 개체의 생육 상태, 채취 부위 등에 따라 그 구성, 단단한 정도 및 일반적인 특성이 달라진다. 즉, 콩이나 땅콩을 많이 먹인 돼지에서 얻는 라드는 옥수수 등 곡물을 많이 먹인 돼지로부터 얻는 라드보다 부드럽다.

또한, 동물의 내부 지방으로부터 만든 것은 그 외의 부분에서 나온 것 보다 단단하다.

지금은 수소를 첨가하는 현대적인 유지 경화 방법의 발달에 의하여 표준화된 가소성을 가진 라드제품의 생산이 가능하게 되었다.

5. 면실유와 대두유 (Cottonseed oil & soybean oil)

〈표 8〉 면실유와 대두유의 지방산 구성

지방산	면실유(중량 %)	대두유(중량 %)	땅콩기름(중량 %)
포화 지방산			
미리스트산 (myristic)	1.4	0 ~ 0.5	–
팔미트산 (palmitic)	23.4	7 ~ 11	8.3
스테아르산 (stearic)	1.1	2 ~ 6	6.3
아라키드산 (arachidic)	1.3	–	7.1
C_{20} 과 그 이상	–	0.3 ~ 3	–
불포화 지방산			
C_{16}과 그 이하		0 ~ 1	–
미리스톨레산 (myristoleic)	0.1	–	–
팔미톨레산 (palmitoleic)	2.0	–	–
올레산 (oleic)	22.9	15 ~ 33	53.4
리놀레산 (linoleic)	47.8	43 ~ 56	24.9
리노렌산 (linolenic)	–	5 ~ 11	–

　　면실유는 미국에 있어 가장 중요한 올레산–리놀레산 그룹의 기름으로 식물성 쇼트닝을 제조 하는데 가장 많이 사용되는 재료라는 점에서 제과업계에도 큰 의미가 있다.

　　면실유는 리놀레산(47.8%), 올레산(22.9%)을 주축으로 약 73%의 불포화 지방산으로 구성되어 있어 **경화 (硬化)**를 통한 쇼트닝 제조에 널리 사용되고 있다.

　　리놀레산 계열의 기름으로 대표적인 대두유는 우리나라 기름 생산량의 대부분을 차지하는 것으로 경화 쇼트닝과 마가린 제조에 널리 쓰이는 중요한 자원이다. 경화시키지 않은 상태의 기름은 대기 중에 노출되거나 튀김기름으로서 고온에서 처리될 때 원래의 콩 냄새가 되살아나는 경향이 있으므로 정제, 표백, 탈취에 대한 고도의 기술개발이 이루어지고 있다. 땅콩기름을 비롯한 식물성 기름에는 리놀레산과 리노렌산과 같은 필수지방산이 상당량 함유되어 있어 영양학적으로 의미가 있으며, 원유 (crude oil)에는 약 1.5 ~ 2.5%의 레시틴 (lecithin)이 들어있어 유화제의 기능도 가지고 있다.

제3절 지방의 화학적 반응 (Chemical reactions)

식용유지가 변질되거나 산패되는 주요 원인이 되는 몇 가지 화학적 반응에 대하여 살펴보고자 한다.

1. 가수분해 (Hydrolysis)

유지는 물과 반응하여 가수분해가 되면 모노-글리세리드, 디-글리세리드와 같은 중간 산물을 생성하고 종국에는 지방산과 글리세린이 된다.

```
      H                                    H
      |      O                             |
  H - C - O - C - R₁                   H - C - OH
      |      O         가수분해             |      O
  H - C - O - C - R₂   ─────────→      H - C - O - C - R₂    + R₁ - C - OH
      |      O          H (OH)             |      O                    ‖
  H - C - O - C - R₃                   H - C - O - C - R₃             O
      |                                    |
      H                                    H

   (트리 글리세리드)                    (디 글리세리드)            (유리 지방산)


      H                                    H
      |                                    |
  H - C - OH                           H - C - OH
      |      O         가수분해             |
  H - C - O - C - R₂   ─────────→      H - C - OH          + R₂ - C - OH
      |      O          H (OH)             |      O                  ‖
  H - C - O - C - R₃                   H - C - O - C - R₃           O
      |                                    |
      H                                    H

   (디 글리세리드)                     (모노 글리세리드)         (유리 지방산)
```

$$
\begin{array}{c}
\text{H} \\
| \\
\text{H-C-OH} \\
| \\
\text{H-C-OH} \\
| \quad \overset{\text{O}}{\|} \\
\text{H-C-O-C-R}_3 \\
| \\
\text{H}
\end{array}
\quad \xrightarrow[\text{H (OH)}]{\text{가수분해}} \quad
\begin{array}{c}
\text{H} \\
| \\
\text{H-C-OH} \\
| \\
\text{H-C-OH} \\
| \\
\text{H-C-OH} \\
| \\
\text{H}
\end{array}
\quad + \quad
R_3-\overset{\overset{\text{O}}{\|}}{C}-\text{OH}
$$

(모노 글리세리드)　　　　　　　　(글리세린)　　　　　(유리 지방산)

가수분해의 속도는 온도의 상승으로 가속되기 때문에 튀김기름의 온도 관리는 대단히 중요하다. 가수분해에 의해 생성된 유리 지방산 (free fatty acid) 함량이 높아지면 튀김기름은 거품이 많아지고 발연점 (smoke point)이 낮아진다. 또한 효소 리파아제 (lipase)에 의한 가수분해는 우리가 섭취하는 지방질의 소화를 돕는다.

인체 내에서 생합성이 되지 않아서 음식으로 섭취해야하는 지방산을 불가결 불포화 지방산 또는 필수 지방산 (essential fatty acids)이라 하는데 다음과 같다.

종류	급원	영양적 가치
리놀레산 (linoleic acid)	식물성유	* Burr 증상에 유효 = 성장정지, 피부염,
리노렌산 (linolenic acid)	식물성유	모발성장정지, 생식능력 저하 등
아라키돈산 (arachidonic acid)	동물성유	* 콜레스테롤 혈증 방지, 항지방간

2. 산화 (Oxidation)

유지가 대기 중에서 산화하여 산패가 되는 반응을 자가산화 (autoxidation)라 하는데 이것은 2중결합에 인접한 탄소원자로부터 1개의 전자를 잃는 것으로 시작된다. 1개의 수소 원자를 잃은 지방분자는 화학적으로 불안정한 고전자 (unpaired electron)가 있는 탄소 원자를 갖게 되어 산소와의 강한 친화력을 보여준다. 이렇게하여 생성된 과산화수화물 (hydroperoxide)은 그 자신은 무미, 무취의 물질이지만 반응에 불안정하여 탄소의 사슬 길이가 짧은 알데히드나 산으로 분해되어 냄새가 나게 된다.

$$\begin{array}{ccc}
\overset{\text{H \quad H}}{\underset{\text{}}{\overset{|\quad\;|}{-C = C-}}} & + \;O_2 & \overset{\text{H \quad H}}{\underset{\underset{\text{O}-\text{O}}{|\quad\;|}}{\overset{|\quad\;|}{-C-C-}}}
\end{array}$$

(유지사슬의 2중결합)   (산소)   (과산화물)

일반 식품중의 지방이 자가산화 되는데 중요한 역할을 하는 요인들을 Lundberg 는 다음과 같이 요약했다.

① 2중 결합이 있는 불포화 지방산 사슬이 존재해야 하며 ② 자가산화 속도는 지방산의 불포화도에 크게 좌우되며 ③ 금속, 생물학적 촉매, 자외선 등과 같은 소위 부산화제 (prooxidants)에 의해 산화속도가 현저히 증가되며 ④ 온도의 상승 도 산화속도를 가속한다. ⑤ 산화에 의해 생성된 과산화 수화물은 결국 2차 산 물인 **과산화물**을 만들어 바람직하지 못한 산패취를 발생시킨다.

예를 들어 일정 수준에 이르는 지방의 산화적 산패는 21℃에서 2~4개월, 63℃ 에서는 10일 밖에 걸리지 않는다. 그러므로 냉장고 보관도 느리기는 하지만 산화 는 계속된다.

구리, 철, 아연, 알루미늄 등 금속도 유지의 저장을 해치며 구리의 영향이 가장 크다.

또한, 효소 리폭시다아제 (lipoxidase)와 헤모글로빈과 같은 헤마틴 (hematin) 화합 물에 의해서도 촉진되는데 이 반응은 대기 중 산소보다 훨씬 빠르게 진행된다.

알데히드가 생성될 때까지의 유도적 산화기간에는 산패속도가 느리지만 일단 알 데히드가 생성되면 급격히 빨라지며, 에피히드린 알데히드 (epihydrinaldehyde) 가 0.1% 수준만 되어도 지독한 산패취로 먹을 수 없게 된다.

제4절 지방의 안정화 (Stabilization)

불포화 지방산은 2중 결합의 수나 상호 위치에 따라 그 정도의 차이는 있으나 화학적으로 불안정하여 반응성이 크다. 이를 측정하는 방법으로 요오드가 (iodinenumber)나 브롬가 (bromine number)가 이용된다.

$$
\begin{matrix}
H & H & H & H & & & H & H & H & H \\
| & | & | & | & & & | & | & | & | \\
-C & -C & =C & -C & - \ + & = I_2 \rightarrow & -C & -C & -C & -C- \\
| & & & | & & & | & | & | & | \\
H & & & H & & & H & I & I & H
\end{matrix}
$$

(유지의 2중결합)   (요오드)

표준조건 하에서 요오드나 브롬이 불포화 지방산의 2중 결합에 정량적으로 작용하여 포화 지방산을 만드는 성질을 이용, 지방 100g에 작용하는 요오드 ㎎수로 표시한다.

불포화 지방산을 함유한 유지는 열, 광선, 금속, 산소, 효소 등에 의하여 연쇄반응을 시작하는 유리기 (free radical)를 갖게 되어, 이들의 산화적 변질을 완전히 배제하는 것은 현실적으로 불가능하기 때문에 지방의 안정을 위한 보편적인 방법은 항산화제의 사용과 수소첨가의 2가지이다.

1. 항산화제 (Antioxidants)

항산화제는 산화적 연쇄반응을 방해하므로 지방의 안정 효과를 가지게 하는 물질이다.

보편적으로 사용되는 항산화제의 대부분은 1개 또는 그 이상의 수산기(–OH)가 붙어있는 환상구조를 가진 석탄산 계통 (phenolic)의 화합물이다.

수산기가 적을수록 열에 대한 안정성이 커서 튀기거나 굽는 식품에 유리하다. 수산기가 1개인 BHT (butylated hydroxy toluene)은 수산기 3개인 갈산프로필 (propyl gallate)보다 열처리 후에도 그 활성이 훨씬 높게 유지된다는 사실이 알려져 있다.

지방산 에스테르의 유리기는 다른 불포화 지방산 보다 석탄산으로부터 수소원자를 분리시키기가 쉬워 수소원자 1개를 얻으면 안정화되어 연쇄반응은 중지된다.

그러나 항산화제는 항산화 과정에서 자신도 소모되기 때문에 무한정으로 산화를 방지하지는 못한다.

식품 첨가용으로 사용이 허가된 항산화제는 토코페롤, 갈산프로필, 구아 껌, BHA, BHT, NDGA 등이 있으나 나라에 따라 그 종류와 사용량이 규제되고 있다. 이외에 식물성유에 자연 상태로 들어있는 인산화합물인 세파린 (cephalin), 레시틴 등이 안정제로 쓰인다.

동물성 유지와 식물성유에 많이 분포되어 있는 비타민 E는 비타민 C와 같은 보완제와 같이 사용할 때 유지에 대한 보호 효과가 증대되지만 가열에 의해 불활성이 되면 튀기거나 굽는 제품에는 효력이 감소된다.

갈산프로필은 유지보다 물에 잘 녹으며 면실유나 대두유 보다 라드에 대한 안정 효과가 크다. 보완제와 함께 쓰면 효과가 증대되며 토코페롤에 대하여는 자신이 보완제가 된다.

열에 대한 감수성이 민감하여 튀김이나 굽는 제품에는 효과가 다소 적다.

NDGA는 산화 지연 효과는 크지만 독성이 나타나 대체로 사용이 금지되고 있으며 Gum guaiac은 열대식물에서 추출하는 수지로 유지에 잘 녹지 않아 초산과 같은 용매를 쓴다. BHA, BHT는 가열해도 활성이 보유되기 때문에 가장 널리 사용된다.

항산화제와 보완제의 일반적인 사용수준은 0.005~0.1% 이지만 각 제품별로 실제 사용량을 법률로 규제하고 있다.

※보완제 (Synergists)
비타민 C, 구연산, 주석산, 인산을 포함하는 많은 산 화합물은 그 자신만
으로는 효과가 없지만 항산화제와 병용하면 지방의 안정성을 크게 높여주
는 항산화 보완제 이다.

2. 수소첨가 (Hydrogenation)

지방의 안정을 위한 다른 하나의 방법은 지방산에 있는 2중 결합에 수소가 촉매적으로 부가되는 수소첨가로서 지방의 불포화도를 크게 감소시키는 것이다.

유지의 안정성을 측정하기 위한 방법으로 가장 널리 사용되는 것은 활성산소법 (AOM)과 순간안정성시험 (Swift Stability Test) 또는 샬 테스트 (Shaal Test)인데, 전자는 시료 지방을 93℃ 이상에서 공기를 계속 공급하는 장치를 이용하고 후자는 60℃의 오븐을 이용하는데 결과는 규정된 과산화물가가 발생되는데 걸리는 '시간'으로 표시한다.

과산화물가는 각개 지방이 산패되기 시작하는 과산화물 양을 kg당 밀리 당량 (mili-equivalent)으로 나타낸다. 라드는 20meq., 경화 라드는 40meq., 올레오유는 60meq.,경화 식물성지방은 80meq. 등으로 지방에 따라 당량이 다르다.

식물성 원유를 쇼트닝으로 만들 때 용도에 맞도록 하기 위하여 적당한 정제와 표백이 요구되는데, 이 과정에서 자연적으로 함유되었던 항산화제가 제거되어 산화에 대한 안정성이 크게 감소된다. 정제한 기름에 수소를 첨가하여 쇼트닝을 만들면 포화도가 높아져 안정성이 크게 증가한다.

정제와 수소첨가에 따른 안정성의 변화는 〈표 9〉 와 같다.

〈표 9〉 공정에 따른 지방의 안정성 변화

식물성 기름	스위프트 저장성 (시간)	라드	스위프트 저장성 (시간)
원유	50	채취 상태	18
정제	10	정제	8
수소첨가+탈취	90	수소첨가+탈취	22

식물성유는 정제와 수소첨가 공정의 개발로 저장성이 꾸준히 개선되어 순간 안정성 시험으로 40~50시간이던 것이 근년에 들어서는 80~130시간으로 늘어났으며, 동물성 지방은 수소첨가에 의한 저장성 개선효과가 적기 때문에 적정한 항산화제 사용이 바람직하다.

제5절 제과용 지방의 물리적 필요조건과 질의 평가
(Physical requirements of bakery fats & quality evaluation)

1. 물리적 필요조건

(1) 향 (Flavor)

유지에 있어서 향은 아주 중요한 의미를 가지며 이의 평가는 오로지 수년간 체계적으로 연습된 상당한 기술에 의할 수 밖에 없다.

제과용으로 쓰이는 버터는 굽기공정을 거친 완제품에도 강하지만 깨끗하고 유쾌한 향을 지녀야 한다. 탈취한 쇼트닝은 일체의 냄새가 없어야 하고, 유지 자체로는 아무런 냄새가 없다가도 튀김 과정이나 굽기 과정을 거친 후에 냄새가 환원되어 제품에 불리한 영향을 주는 현상에 유의해야 한다.

(2) 가소성 (Plasticity)

작업온도가 각기 다른 상태에서 유지의 가소성은 제과·제빵의 분야에서 아주 중요한 성질의 하나가 된다. 지방의 가소성은 보통 10℃, 21℃, 32℃, 35℃의 온도에서 시행하는 투과법 (penetration technique)으로 평가한다. '가소성 범위가 넓다'는 말은 낮은 온도에서 너무 단단하지 않으면서 높은 온도에서도 너무 부드러워지지 않는다는 뜻이다.

쇼트닝과 같은 지방은 외관상 균일한 고체로 보이지만 현미경으로 관찰하면 상당량의 액체기름에 그물처럼 얽혀있는 많은 작은 지방 결정입자로 되어 있음을 알 수 있다.

Mattiiill은 가소성에 관계하는 3대 조건을 아래와 같이 요약하였다.

① 지방은 액체상과 고체상을 지녔거나 그 두 상 (相)이 마치 고체와 액체인 것처럼 작용할 수 있어야 한다. ② 고체상은 내부 응집력에 의해 서로 유지되게끔 미세하게 분산되고, 고체입자는 중력에 의해 밑으로 가라앉지 않고 액체상이 스미어 나오지 않아야 한다. ③ 두 상은 서로 알맞은 비율로 섞여 있어야 한다.

가소성 지방의 단단한 정도는 온도, 고형질 입자의 크기, 결정체의 모양, 결정의 강도, 고체-액체의 비율 등에 의해 영향을 받으며, 고형질 함량이 40~50%에 달하면 부서지기 쉽고, 믹싱과 작업에 편리한 가소성 쇼트닝의 고형질 함량은 약 15~25%의 범위에 있다.

2. 질의 평가 (Quality evaluation)

(1) 유리 지방산가 (Free fatty acid value)

이것은 지방이 가수분해 된 정도를 나타내는 중요한 지수로 전체 질에도 관계한다. 이것은 유지 1g에 들어있는 유리 지방산을 중화하는데 필요한 수산화칼륨의 mg 수로 정의하는데 결과는 %로 나타낸다. 탈취 쇼트닝은 0.6%를 초과해서는 안 된다.

(2) 향미의 온화 (Blandness)

탈취 쇼트닝은 향과 맛이 온화해야 한다. 쇼트닝 제조회사는 자체 평가기준을 설정하고 전문적인 평가사들이 제품별 특성에 맞는 향미인지를 점검하고 있다.

유지의 향 안정성은 보통 가속 숙성시험 (accelerated aging tests)으로 측정하고 정기적인 간격으로 탈향이나 탈취가 일어나는 것을 기록한다. 이 시험은 배달, 저장, 사용 등 정상적인 유통과정에서도 병행하며, 완제품에 남는 대두유의 냄새 환원에도 유의한다.

(3) 안정성 (Stability)

지방의 안정성 또는 저장성은 산화와 산패의 발달을 억제하는 기능에 좌우된다. 단시간에 산패되는 유지는 튀기거나 굽는 제품과 유통기간이 긴 건과자류나 프리믹스류에는 안전하게 사용할 수 없다.

유지 제품에 대한 가속 숙성시험 결과가 같더라도 제품의 재료가 된 후의 안정성은 달라지는 경우가 많기 때문에 가장 효율적인 안정성 평가 방법은 각 제품이 정상적으로 제조, 유통되는 기간에 걸쳐 같은 조건에서 점검하는 것이다.

(4) 색 (Color)

쇼트닝은 순수한 흰색이 좋은데 먼저 기름 자체의 색깔을 조절하여야 하지만 결정 입자의 크기, 공기 또는 질소의 혼합, 템퍼링을 하는 것 등에 크게 영향을 받는다.

대부분의 쇼트닝은 로비본드 (Lovibond) 단위로 색가 (色價)가 2.0 이하이다. 또 온도가 높은 상태에서 오래 보관하면 결정 구조의 변화나 질소를 잃어서 색상이 변하기도 한다.

(5) 기타 질적 요소 (Other quality factors)

1) 기능성 (Functionality)

쇼트닝 기능성은 표준화된 조건과 재료로 실시하는 제빵시험으로 측정하는데 보통 표준 크래커나 파이껍질의 강도를 재는 Bailey Shortmeter를 이용하여 쇼트닝가를 나타낸다.

2) 크림가 (Creaming value)

믹싱 중 공기를 끌어들여 보유하는 능력으로, 엄격한 표준 조건을 설정하고 팽창제를 사용하지 않는 파운드케이크를 제조하여 부피를 측정하여 비교한다. 아울러 쇼트닝 제품별로 어떤 온도 조건에서 가장 좋은 크림성을 얻을 수 있는지도 측정할 수 있다.

3) 유화가 (Emulsification value)

쇼트닝이 물을 빨아들여 보유하는 능력으로 상당량의 유지와 계란(액체)을 많이 사용하는 고율배합 케이크 제조에 아주 중요하다.

제3장 단백질 (Protein)

3대 유기화합물인 탄수화물, 지방, 단백질 중에서 단백질은 영양학적으로 아주 중요하고 화학적으로도 가장 복잡하다. 단백질은 50~55%의 탄소, 20~23%의 산소와 12~19%의 질소 외에 수소로 구성되는데, 이 질소가 단백질의 특성을 규정짓는다. 일반식품은 질소가 단백질의 16%를 구성한다고 보고 질소에 단백계수 6.25를 곱해서 단백질 함량으로 한다. 그러나 밀과 밀가루에서는 질소에 5.7을 곱하여 밀 단백질을 구한다.

제1절 아마노산 (Amino acids)

1. 기본구조

전형적인 단백질은 적당한 조건 하에서 산, 알칼리 또는 효소의 가수분해 작용을 받도록 하면 알파 아미노산의 혼합물을 만든다.

이것이 단백질을 구성하는 기본 단위이며, 아미노 그룹 (–NH2)과 카르복실 그룹(–COOH)을 함유하는 유기산으로 카르복실 그룹 다음에 있는 첫 번째 원소인 알파탄소에 아미노그룹이 붙어있다.

단백질을 가수분해하여 얻은 아미노산은 프롤린 (proline)과 히드록시프롤린 (hydroxyproline)을 제외하고는 다음의 구조식과 같은 알파 아미노산이다.

$$
\begin{array}{ccc}
H_2N & & COOH \\
 & \diagdown \diagup & \\
 & C & \\
 & \diagup \diagdown & \\
H & & R \\
\end{array}
$$

아미노산은 염기 (鹽基)와 산 (酸)의 특성을 함께 지니고 있는 공산염기성 (amphoteric)이며, 우세한 조건에 따라 약산이나 약염기로 작용한다. 아미노산은 이 공산염기성 때문에 특성의 유사성을 가지고 있으나 알파 탄소원자에 붙은 측쇄 (side chain)의 차이로 각개 아미노산의 특성이 현저하게 달라진다. 이 측쇄는 글리신과 같이 수소원자 1개가 있는 것부터 티록신과 같이 2개의 환상구조를 갖는 것까지 다양하고 복잡하다.

이들 아미노산은 약 120종이 알려져 있으나 이중 약 20여개가 천연상태로 존재한다.

소맥분의 단백질은 약 18종의 아미노산으로 구성되어 있고 이 중 4종만이 전체 단백질의 약 66%를 차지하고 있는데, 글루타민 (glutamine), 프롤린 (proline), 시스틴 (cystine), 시스테인 (cysteine)으로 글루타민은 밀가루 단백질의 42% 까지나 된다.

아미노산은 물에 녹는 용해도가 상당히 다른데 용해도가 큰 아미노산은 리신, 히드록시리신, 아르기닌, 시스테인과 프롤린이고, 중간에 해당되는 것은 글리신, 알라닌, 발린, 세린, 글루타민, 메티오닌, 히스티딘과 히드록시프롤린이다. 나머지 아미노산은 물 100㎖에 3g 밖에 녹지 않는 불용성이다. 이러한 차이가 나는 것은 알파 원자에 붙은 측쇄에 **친수성 그룹** (아미노,카르복실,수산기,아미드,이미다졸 등)이 있느냐 아니면 **소수성 그룹** (지방족 및 방향족 탄화수소)이 있느냐에 따라 달라지기 때문이다.

밀가루 단백질에 있는 시스테인 (cysteine)은 쉽게 산화되어 시스틴 (cystine)이된다. 시스테인에는 반응성이 큰 '−SH' 그룹을 가지고 있으며 2개의 분자는 '−S−S−' 결합으로 서로 연결된다. 이 연결은 빵 반죽의 점성과 탄성에 커다란 역할을 하는 것으로 알려져 있다.

사람에게 꼭 필요한 필수 아미노산은 리신, 트립토판, 페닐알라닌, 로이신, 이소로이신, 트레오닌, 메티오닌, 발린의 8종인데 이들 아미노산 중 1종 이상이 결여되어 있는 단백질을 영양학적으로는 불완전 단백질이라 한다.

히스티딘은 유아에게 필요하지만 성인에게는 필수적인 것이 아니어서 제외된다.

2. 아미노산의 화학적 구조

아미노산을 분류 하는데 몇 가지 방법이 제시되어 있지만 일반적으로 그 반응성과 성분에 따른 분류를 택하고 있다.

① 중성 아미노산은 아미노 그룹과 카르복실 그룹을 각각 1개씩 가지고 있으며 지방족 화합물로 거의 모든 단백질의 주된 구성 성분이 된다.

② 산성 아미노산은 1개의 아미노 그룹과 2개의 카르복실 그룹을 가지고 있다.

③ 염기성 아미노산은 2개의 아미노 그룹과 1개의 카르복실 그룹을 가지고 있다.

④ 이 외에 유황을 함유한 아미노산, 할로겐(요오드)을 함유한 아미노산이 있다.

이러한 아미노산의 화학적 구조는 다음과 같다.

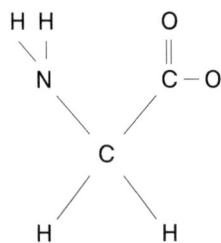

아미노산의 화학적 구조

I. 지방족 아미노산

A. 1아미노 − 1카르복실 ⇒ 중성 아미노산

1. 글리신(Glycine) $NH_2CH_2 - COOH$

2. 알라닌(Alanine) $CH_3CH - COOH$
$\quad\quad\quad\quad\quad\quad\quad\quad | $
$\quad\quad\quad\quad\quad\quad\quad\quad NH_2$

3. ★발린(Valine) $CH_3 - CHCHCOOH$
$\quad\quad\quad\quad\quad CH_3 \diagdown \quad\quad | $
$\quad\quad\quad\quad\quad\quad\quad\quad\quad NH_2$

4. ★로이신(Leucine) $CH_3 - CHCH_2 CHCOOH$
$\quad\quad\quad\quad\quad\quad CH_3 \diagdown \quad\quad\quad | $
$\quad\quad\quad\quad\quad\quad\quad\quad\quad\quad NH_2$

5. ★이소로이신(Isoleucine)

$$CH_3CH_2 - \underset{\underset{CH_3}{|}}{CH} - \underset{\underset{NH_2}{|}}{CH}COOH$$

6. 세린(Serine)

$$HOCH_2 \underset{\underset{NH_2}{|}}{CH}COOH$$

7. ★트레오닌(Threonine)

$$CH_3 \underset{\underset{OH}{|}}{CH} - \underset{\underset{NH_2}{|}}{CH}COOH$$

B. 1아미노 − 2카르복실 ⇒ 산성 아미노산

8. 아스파르트산(Aspartic acid)

$$CHCOOH_2 \underset{\underset{NH_2}{|}}{CH}COOH$$

9. 아스파라긴(Asparagine)

$$NH_2 COCH_2 \underset{\underset{NH_2}{|}}{CH}COOH$$

10. 글루탐산(Glutamic acid)

$$COOHCH_2 CH_2 \underset{\underset{NH_2}{|}}{CH}COOH$$

11. 글루타민(Glutamine)

$$NH_2 COCH_2 CH_2 \underset{\underset{NH_2}{|}}{CH}COOH$$

C. 2아미노 − 1카르복실 ⇒ 염기성 아미노산

12. 아르기닌(Arginine)

$$\underset{NH}{\overset{NH_2}{\diagdown}} C - NHCH_2 CH_2 CH_2 \underset{\underset{NH_2}{|}}{CH}COOH$$

13. 시트룰린(Citrulline)

$$NH_2 CONHCH_2 CH_2 \underset{\underset{NH_2}{|}}{CH}COOH$$

14. ★리신(Lysine)

$$NH_2 CH_2 CH_2 CH_2 CH_2 \underset{\underset{NH_2}{|}}{CH}COOH$$

15. 히드록시리신(Hydroxylysine)

$$NH_2 CH_2 \underset{\underset{OH}{|}}{CH}CH_2 CH_2 \underset{\underset{NH_2}{|}}{CH}COOH$$

D. 함유황

16. 시스테인(Cysteine)

$$HSCH_2 \underset{\underset{NH_2}{|}}{CH}COOH$$

17. 시스틴(Cystine)

$$S - CH_2 \underset{\underset{NH_2}{|}}{CH}COOH$$
$$|$$
$$S - CH_2 \underset{\underset{NH_2}{|}}{CH}COOH$$

18. ★메티오닌(Methionine)

$$CH_3 SCH_2 CH_2 \underset{\underset{NH_2}{|}}{CH}COOH$$

II. 방향족 아미노산

19. ★페닐알라닌(Phenylalanine)

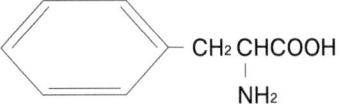

20. 티로신(Tyrosine)

21. 디이도티로신(Diiodtyrosine)

$$HO-\text{(ring with I at top and bottom)}-CH_2\,CHCOOH$$
$$\underset{NH_2}{|}$$

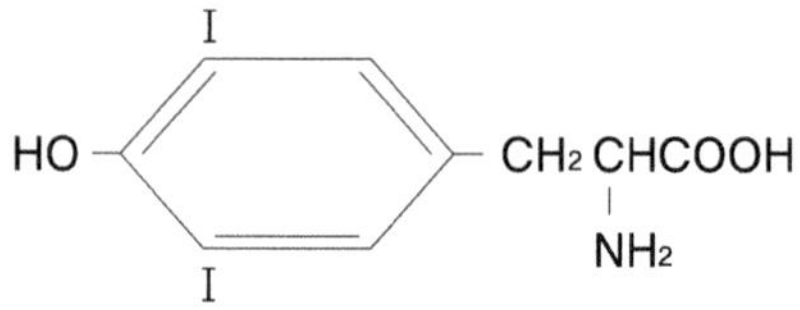

22. 티록신(Thyroxine)

$$HO-\text{(ring, I)}-O-\text{(ring, I)}-CH_2\,CHCOOH$$
$$\underset{NH_2}{|}$$

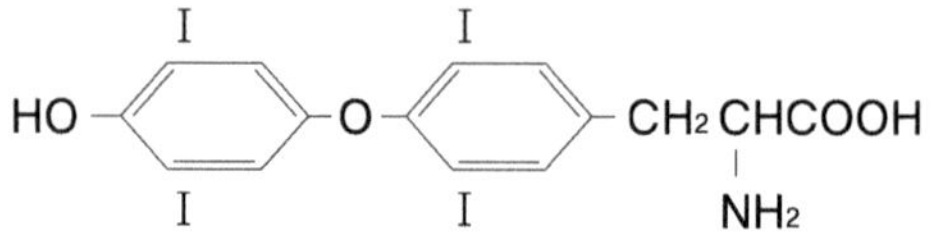

III. 이종 환상 아미노산

23. ★트립토판(Tryptophan)

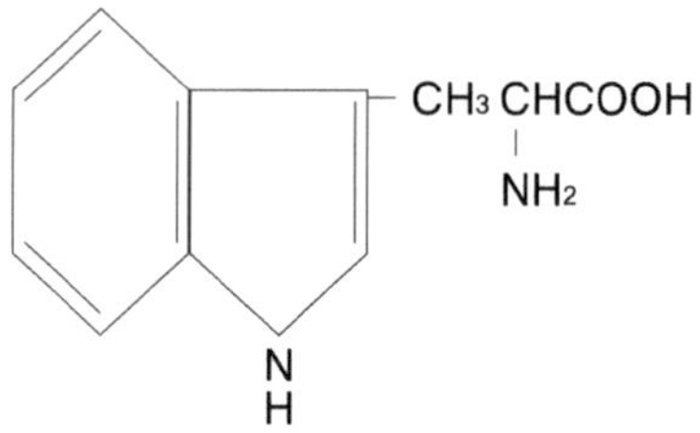

$$CH_3\,CHCOOH$$
$$\underset{NH_2}{|}$$

24. 히스티딘(Histidine)

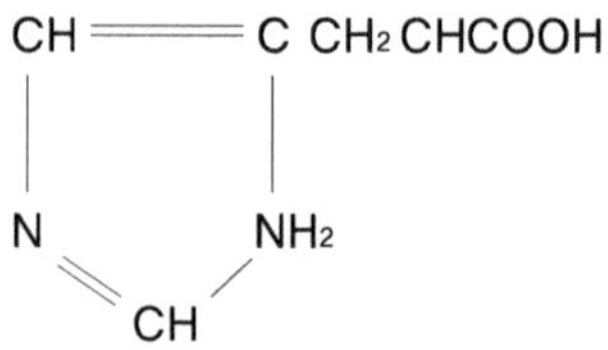

$$CH = C\,CH_2\,CHCOOH$$
$$\underset{N}{|}\qquad\underset{NH_2}{|}$$
$$CH$$

25. 프롤린(Proline)

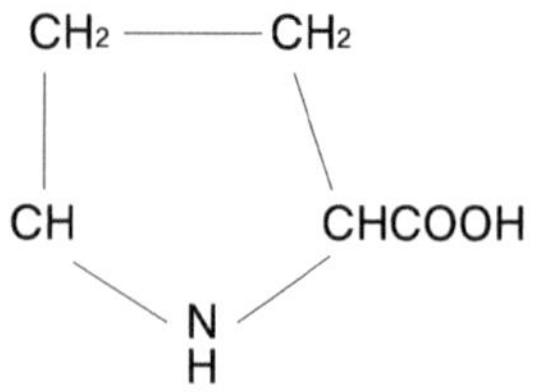

$$CH_2 - CH_2$$
$$CH\qquad CHCOOH$$
$$N$$
$$H$$

26. 히드록시프롤린
    (Hydroxyproline)

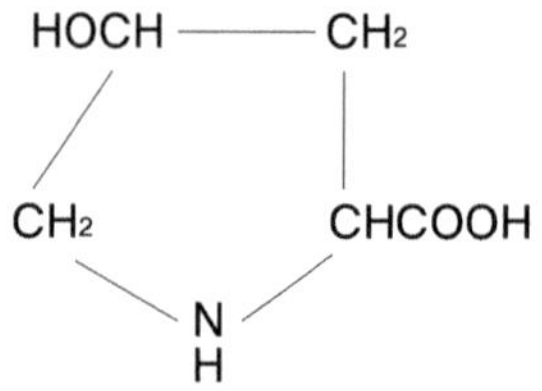

$$HOCH - CH_2$$
$$CH_2\qquad CHCOOH$$
$$N$$
$$H$$

제2절 단백질의 분류 (Protein classification)

자연계에 존재하는 방대한 수의 단백질은 생물학적 방법으로 식물성과 동물성 단백질로 나누거나 화학적 성질에 따라 **(1) 단순 단백질 (2) 복합 단백질 (3) 유도 단백질**로 분류하기도 한다.

1. 단순단백질 (Simple protein)

가수분해로 알파 아미노산이나 그 유도체만을 얻는 단백질을 말한다. 단백질에 산성이 우세하면 염기에서 더 용해되기 쉬운데 개별적인 단백질의 용해도는 어떤 pH, 전기적 부하가 같아지는 등전점 (等電點 = isoelectronic point)에서 최소가 된다.

(1) 알부민 (Albumins)
물이나 묽은 염류 용액에 녹고 열과 강한 알코올에 의해 응고된다. 흰자, 혈청, 우유, 식물조직 중에 존재한다.

(2) 글로불린 (Globulins)
물에는 녹지 않으나 묽은 염류용액에는 녹으며 열에 의해 응고된다. 계란, 혈청, 완두, 대마씨 등에 존재하며 인을 함유한 것은 물에도 녹는다.

(3) 글루텔린 (Glutelins)
중성 용매에는 불용성이나 묽은 산·염기에는 가용성으로 열에 의해 응고된다. 곡식의 낟알에 존재하며 밀의 글루테닌 (glutenine)이 대표적이다. 밀의 글리아딘과 다른 단백질과 조합하여 빵 반죽의 '글루텐'을 만드는데 중요한 역할을 한다.

(4) 글리아딘, 프롤라민 (Glyadins, Prolamins)
곡식 낟알에만 존재하는데 밀의 글리아딘 (glyadin), 옥수수의 제인 (zein), 보리의 호르데인 (hordein) 등이 대표적이다. 물에는 불용성이지만 묽은 산과 알칼리에는 녹는다.

(5) 알부미노이드 (Albuminoids)
동물의 결체조직인 인대, 건 (腱), 발굽 등에 존재하는 단백질로 모든 중성용매에 불용성이다. 가수분해에 의해 젤라틴이 되는 콜라겐 (collagen = 膠原質)과 글리신과 로이신이 주 아미노산인 엘라스틴 (elastin), 모발, 털, 발굽, 뿔, 피부와 같은 보호조직을 형성하는 케라틴 (keratin = 角素)으로 나눌 수 있다.

(6) 히스톤과 프로타민 (Histones & protamins)

히스톤은 물이나 묽은 산에 녹으며 동물의 세포에만 존재하는데 핵산과 철 등 물질과 조합하여 핵단백질, 헤모글로빈 등을 만든다. 암모니아에 의하여 침전한다.

프로타민은 기본 아미노산으로 구성된 간단한 단백질 또는 폴리 펩티드로 수용성이며, 열에는 응고되지 않는다. 배아 세포의 원형질 등 성숙된 생식세포에서 발견 된다.

2. 복합단백질 (Conjugated proteins)

단백질 이외의 다른 물질과 결합된 단백질을 말한다.

(1) 핵 단백질 (Nucleoproteins)

세포의 활동을 지배하는 세포 핵을 구성하는 아주 중요한 단백질로 RNA, DNA와 결합하며 동식물의 세포에 존재한다.

(2) 당 단백질 (Glycoproteins)

복잡한 탄수화물과 단백질이 결합된 화합물로 동물의 점액성 분비물에 존재하는 뮤신(mucin), 연골과 건에 분포되어 있는 점성물질인 뮤코이드 (mucoid)가 여기에 속한다.

(3) 인 단백질 (Phosphoproteins)

우유의 카세인 (casein), 계란 노른자의 오보비텔린 (ovovitellin)과 같은 동물 단백질로 유기 인과 결합되어 있다. 대부분의 인단백질은 열에 응고되지 않는 특성이 있다.

(4) 색소 단백질 (Chromoproteins)

발색단을 가진 단백질 화합물로 포유류 혈관, 무척추 동물 혈관, 녹색식물에 존재한다.

거의 모든 동물의 혈액 중에 있는 헤모글로빈 (hemoglobin)은 호흡작용에 관여하며 글로빈과 철을 함유한 색소물질인 헤마틴 (hematin)으로 구성되어 있다.

녹색식물의 엽록소에도 이런 단백질이 들어있다.

(5) 레시틴 단백질 (Lecithoproteins)

인산화합물인 레시틴과 결합된 단백질로 레시틴 분자중의 인은 가수분해되지 않는데 비하여 인 단백질 분자중의 인은 무기 상태로 떨어져 나올 수 있는 차이가 있다.

이외의 복합 단백질로 지방산을 가진 지 단백질이 있다.

3. 유도단백질 (Derived proteins)

이 물질은 천연 단백질이 효소나 산, 알칼리, 열 등 적절한 작용제에 의한 부분적인 분해로 생기는 단백질의 제1차, 제2차 분해산물을 말한다. 복잡성이 감소하는 정도에 따라 몇 가지로 분류하는데 이에 따라 교질성 (colloidal properties)도 서서히 감소한다.

(1) 메타 단백질 (Metaproteins)

단백질이 산이나 염기에 의해 가수분해되어 만들어진 제1차 산물이다. 물에는 불용성이나 희석된 산이나 알칼리 용액에는 가용성이며 열에는 응고되지 않는다.

(2) 프로테오스 (Proteoses)

메타보다 가수분해가 더 진행된 분해산물로 수용성이지만 열에 응고되지 않는다. 황산암모늄, 황산연, 질산염류 용액에서 냉각되어 포화되면 침전이 생기는 특징이 있다.

(3) 펩톤 (Peptones)

가수분해가 상당히 진행되어 분자량이 작은 분해산물로 교질성이 없고 반투막을 통하여 쉽게 확산된다. 수용성으로 열에 응고되지 않고, 황산암모늄 용액에서 포화되어도 침전되지 않는 특성이 프로테오스와 다르다.

(4) 펩티드 (Peptides)

1개 이상의 −CONH− 또는 펩티드 그룹을 가진 2개 이상의 아미노산 화합물이다. 아미노산 단위의 수에 따라 디−트리−테트라 펩티드(di−, tri−, tetra−peptide) 등으로 나누고 펩티드 수가 많은 것을 폴리 펩티드라 한다.

제3절 단백질의 구조와 성질
(Structure and properties of protein)

1. 구조

    단백질은 많은 아미노산이 결합된 매우 복잡한 고분자 화합물로 그 구조에 대한
여러 가지 학설이 있으나 대표적인 것은 펩티드설과 Diketopiperazine설이다.
    펩티드 결합은 수산기와 아미노기가 상호작용에 의해 형성되는 것으로 2개의 아
미노산이 1분자의 물을 잃고 연결되는 것이다. 화학적 축합반응은 다음과 같이 나
타낸다.

글리신   글리신   디펩티드

    앞의 방정식에서 보는 바와 같이 각 아미노산은 수소나 −OH기를 1개씩 잃음으로
축합반응을 하여 다음과 같은 일반적인 순서로 수많은 단위가 결합될 수 있다.

이 구조식을 보면 폴리 펩티드 사슬의 연장으로 1개의 질소 원자와 2개의 계속적인 탄소 원자가 교대로 구성되는 골격은 결국 'Z'자형 구조로 되어있고, 불쑥 튀어나온 R은 측쇄로 이 골격의 위와 아래에 교대로 배치되어 있다.

단백질의 화학적 성질의 차이는 이 측쇄에 기인하는 것이며 1개의 수소원자로부터 복잡한 화합물에 이르기까지 혹은 곧거나 가지가 달렸으며 혹은 환상구조를 가진 것도 있다.

단백질의 구조를 설명하는 펩티드 결합설은 몇 가지 경우에 설명이 부적합하여 구형과 결정형 구조로 구명하려는 시도가 병행되어 왔다.

단백질은 이러한 1차적인 구조 외에 폴리 펩티드 사슬의 비교적 짧은 분절이 규칙적으로 접혀지거나 나선형 배열의 형태를 갖는 2차 구조, 공간적 배열을 둘러싸는 3차 구조 등으로 매우 복잡하다.

단백질 분자는 몇 가지 형태의 화학적 결합과 힘에 의해 그 구조적 배열을 유지한다.

2개 또는 그 이상의 원자 궤도 사이에 전자를 공유하는 공유결합 (covalent bond)은 에너지 수준이 제일 높다. 펩티드 결합, 유황 결합과 같은 분자 내부 결합으로 단백질 구조의 골격을 이루고 C–C, C–N, C=O, C–H, S–S 에 공유결합이 존재한다.

전하가 반대인 경우에 서로 끌어당기는 힘에 의한 이온 결합 (ionic bond)은 공유 결합에 비해 4분의 1 세기로 아미노산의 산과 염기의 측쇄에서 형성된다.

세 번째는 수소원자가 인접한 2개의 질소나 산소원자에 접촉할 때 형성되는 수소결합 (hydrogen bond)이다. 결합의 세기는 공유결합의 10분의 1이지만 수가 많고, 펩티드의 아미드와 카르복실 그룹 사이를 연결하여 나선형 구조를 이루기도 하기 때문에 단백질 분자의 구조 배열에 아주 중요한 역할을 한다.

스프링과 같이 꼬인 구조는 글루텐에서 보이는 것과 같이 단백질의 탄성과 깊은 관계가 있다.

이외에 끌어당기는 힘이 가장 낮은 비극성 (non–polar)이 있는데 나선형 구조가 거의 없는 구형 단백질 구조 형성에 관계하는 것으로 알려져 있다.

2. 성질

(1) 단백질의 변성 (Protein denaturation)

용액 상태의 단백질을 가열한 후 냉각시키면 다시 용해되지 않는 물질로 변하는데 이것은 단백질이 응고된 것이다. 모든 단백질이 열에 의해 응고되지는 않지만 이러한 용해도의 감소는 대부분 단백질의 독특한 성질로 비단백질로부터 단백질을 분리하는 수단으로 사용된다. 열에 의한 응고에는 물의 존재가 필요하다. 120℃의 건조한 순환공기로 건조시킨 계란 알부민 결정체는 용해도의 감소가 없으나 같은 온도의 증기 (蒸氣 로 가열하면 5분 이내에 불용성이 된다.

단백질의 열 응고는 두 단계의 분리된 반응으로 진행한다. 단백질은 등전점에서 먼저 불용성 형태로 바뀌는데 이 변화를 변성이라 한다. 이것은 천연 단백질의 특정한 나선형 구조로부터 폴리 펩티드 사슬의 코일이 풀리는 것으로 생각하고 있다.

두 번째 반응은 열에 의해 변성된 단백질이 침전하는 것이다.

단백질은 열에 의해 변성되지만 산에 의해 용액상태로 남아 있다가 산을 중화 시키면 급격하게 침전한다. 열 응고 단백질은 충분한 알칼리, 효소, 살리실산염을 첨가하면 다시 용해되고 이를 중화하거나 제거하면 재침전이 된다.

단백질의 변성은 열 이외에 산, 알칼리, 중금속 염, 알코올, 아세톤, 압력, 자외선을 비롯하여 흡착, 교반과 같은 물리적 수단에 의해서도 일어난다. 계란 알부민의 용액이 공기와 접촉한 상태로 교반되면 불용성 단백질 거품이 만들어지는 것과 같다.

변성된 단백질은 몇 가지 중요한 관점에서 천연 단백질과 다르다.

-SH 그룹을 가진 시스테인과 -SS- 그룹을 가진 시스틴의 반응성을 증가시키며, 효소가 작용하기 어려운 나선형과 구형의 배열을 직선 사슬로 풀어서 소화를 돕고, 결정체 형성능력을 감소시켜 점도 등을 증가시킨다. 단백질의 변성은 불가역적 (irreversible)인 것으로 생각했으나 어떤 단백질은 가역적 (reversible) 반응을 하고 있다.

(2) 단백질의 팽윤 (Protein swelling)

Katz는 팽윤의 현상을 다음과 같은 세 가지 기준으로 정의하였다.

고체가 액체를 흡수할 때 (1) 외관상의 동질성을 잃지 않고 (2) 부피가 증대되고 (3) 분자 응집력이 감소되어 단단하고 부서지기 쉬운 성질이 부드럽고 유연한 성질로 바뀌는 현상을 '팽윤 (澎潤)'이라 한다.

팽윤의 정도는 액체가 분자 입자 사이에 스며드는 정도에 따라 다르다. 단백질 분자의 내부까지 침투하거나 액체와 고체가 상호작용하여 느슨한 물질을 만들기도 한다.

팽윤이 되는 물질은 일정양의 액체를 흡수하는데 대부분의 단백질 교화체 (gel)가 여기에 속하고, 계란 알부민과 같은 몇 가지 단백질은 액체 흡수량에 제한이 없어 처음에는 팽윤이 되다가 결국은 용액으로 변한다. 흡수량의 제한성, 무제한성에 속하는 물질을 구별하는 특정한 기준이 없는데, 같은 물질이라도 조건에 따라 양쪽 성질을 모두 가진다.

밀가루 반죽을 세척하여 젖은 글루텐 (wet gluten)을 얻으면 그 안에 약 3분의 2가 물인데 이것이 글루텐 팽윤의 최대치이다. 여러 가지 희석된 산 용액을 사용하여 강력분과 박력분에서 얻은 글루텐의 팽윤비율을 보면 강력분 글루텐이 박력분보다 훨씬 크다.

글루텐의 구조 특성은 1차적으로 품종, 2차적으로 재배 환경여건, 밀의 성숙도, 저장 등에 의해 결정된다. 나쁜 환경 요소는 밀이 본래 지니고 있는 고유의 우수성에 손상을 줄 수 있다.

단백질 함량이 높고 강한 글루텐을 형성하는 밀이나 밀가루도 높은 온도와 다습한 조건에서 장기간 저장하면 제빵적성이 나빠지기 때문이다.

유럽의 곡물학자와 제빵 기술인들은 밀가루의 질을 판정하는 방법으로 희석된 산 (酸)에 팽윤되는 글루텐의 역량을 측정해 왔는데 글루텐의 팽윤가와 그 밀가루로 만든 빵제품의 부피와는 만족할만한 정 (正)의 상관관계가 있다고 한다.

제4절 소맥의 단백질 (Proteins of wheat)

밀은 제분되어 밀가루로 되었을 때 발효와 굽는 과정 등에서 발생하는 가스를 보유하여 가볍고 잘 부푼 빵을 만들게하는 가장 적절한 곡물이다. 이 특성은 밀의 단백질에 의한 것이며 이 단백질은 물과 결합하여 소위 글루텐을 형성한다.

1. 글루텐 구성 (Gluten composition)

밀가루와 물이 반죽으로 혼합될 때 응집성의, 신장성의, 탄력성의 물질이 얻어진다.

이것이 조글루텐 (crude gluten) 또는 젖은 글루텐인데, 65~70%의 물과 나머지 고형질은 보통 75~80%의 단백질, 세척해내기 어려운 5~15%의 전분, 5~10%의 지방과 소량의 광물질로 구성되어 있다. 전형적인 분석치는 다음과 같다.

〈표 10〉 젖은 글루텐과 건조 글루텐

성분	젖은 글루텐	건조 글루텐	
	% 또는 100g중 g	건조 후 g	구성비율(%)
물	67	–	–
단백질	26.4	26.4	80
전분	3.3	3.3	10
지방	2.0	2.0	6
회분	1.0	1.0	3
섬유질	0.3	0.3	1
계	100.0	33.0	100

밀가루 단백질의 약 80%를 차지하는 글루텐 형성 단백질은 글리아딘과 글루테닌이고 비글루텐 형성 단백질은 글로불린의 로이코신과 알부민의 에데스틴이 대표적이다.

조글루텐에 70%의 알코올을 넣으면 글리아딘이 용해되고 글루테닌은 남게 되어 두 물질을 분리하여 얻을 수 있다.

아미노산	글루텐	글리아딘	글루테닌	알부민	글로불린
알라닌 (Alanine)	2.1	1.6	2.0	3.4	3.3
아르기닌 (Arginine)	2.3	2.5	2.8	5.9	8.2
아스파르트산 (Aspartic acid)	2.8	2.2	2.3	5.9	7.1
시스틴 (Cystine)	2.0	2.2	1.3	3.7	1.9
글루탐산 (Glutamic acid)	35.8	38.0	36.2	19.5	11.6
글리신 (Glycine)	2.6	1.3	4.2	3.2	9.0
히스티딘 (Histidine)	2.1	1.8	1.7	3.4	5.2
이소로이신 (Isoleucine)	3.8	3.8	2.9	3.6	11.4
로이신 (Leucine)	6.5	6.7	5.9	6.7	
리신 (Lysine)	1.1	0.7	1.2	3.9	3.0
메티오닌 (Methionine)	1.8	1.5	1.1	1.8	1.1
페닐알라닌 (Phenylalanine)	4.8	6.3	4.3	3.8	3.5
프롤린 (Proline)	12.6	13.9	12.5	10.0	2.2
세린 (Serine)	4.7	3.7	4.6	4.6	6.7
트레오닌 (Threonine)	2.3	1.9	2.6	2.4	2.0
트립토판 (Tryptophan)	1.0	0.8	1.7	2.8	1.2
티로신 (Tyrosine)	3.8	2.9	4.1	3.9	3.2
발린 (Valine)	3.8	3.4	3.3	5.7	4.6
암모니아 (Ammonia)	5.6	5.7	5.0	3.8	1.2

앞의 표는 글루텐을 형성하는 단백질 글리아딘과 글루테닌에는 글루탐산이 예외적으로 많고 프롤린이 상대적으로 많음을 보여준다. 글루텐에는 다른 단백질에 비하여 나선형 폴리 펩티드 사슬이 적은데, 이것은 프롤린 비율이 높아서 전체 사슬을 휘게 함으로 나선형 형성을 방해하기 때문인 것으로 생각하고 있다.

Dimler가 밝힌 밀 글루텐 단백질의 대표적인 아미노산 연결은 〈그림 7〉과 같다.

글루텐을 형성하는 주요 단백질 중 글루테닌의 분자량은 50,000에서 1,000,000이고, 글리아딘은 평균 20,000에서 40,000 정도이다.

이 두 물질이 완전히 수화되었을 때 글루테닌은 매우 질기고 탄력성이 있는 물질이 되고 글리아딘은 점성이 있고 유동적인 물질이 된다. 정상적인 글루텐은 응집성,

탄력성, 점성 등의 물리적 성질을 보이는데 이는 이들 두 성분의 조합에 의한 것이다.

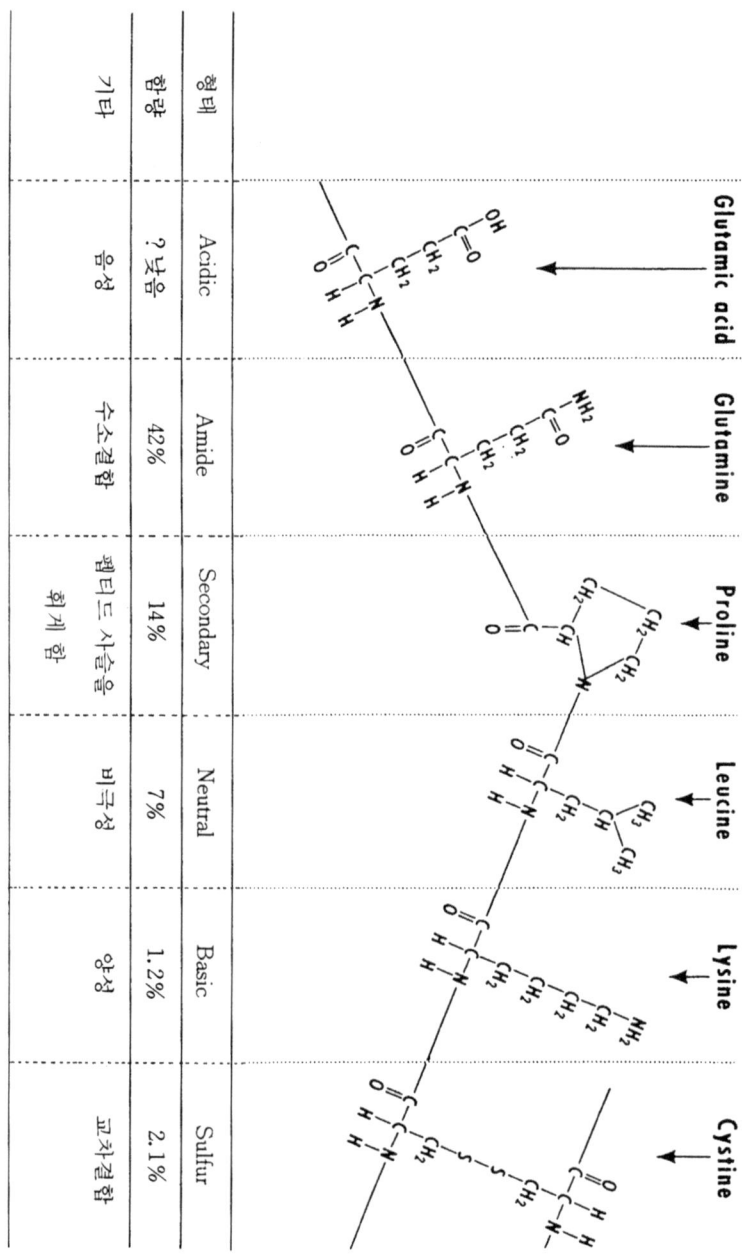

형태	Acidic	Amide	Secondary	Neutral	Basic	Sulfur
함량	?낮음	42%	14%	7%	1.2%	2.1%
기타	음성	수소결합	펩티드 사슬을 휘게함	비극성	양성	교차결합

〈그림 7〉 밀 글루텐 단백질의 대표적인 아미노산

2. -SH와 -S-S-결합 (Sulfhydryl and disulfide)

밀가루 단백질 중에 유황을 함유한 아미노산이 있다는 것이 밝혀진 1936년 이래로 이의 중요성이 인지되어 많은 연구가 진행되고 있다.

빵 반죽 중의 -SH 집단은 밀가루 산화제인 브롬염과 요오드염에 의해 다른 폴리 펩티드 사슬을 공격하여 -S-S- 교차 결합을 형성시키면 단백질 사슬이 뒤얽힌 망상구조를 만들어 반죽의 유동성이 감소하는 반면 교질성과 탄성이 증가하게 된다.

글루텐을 약화시키고탄성이
적어 질척한 반죽이 된다.

반죽의 탄성이 크고
결합이 강하다.

위 약식 그림에서 보는 바와 같이 밀가루 단백질의 유황 함유 아미노산인 시스테인은 -SH기를 가지고 있어 쉽게 산화하여 2개의 아미노산 사슬로 재조정되는 시스틴이 된다.

반죽의 특성에 중요한 영향을 주는 이들도 양에 있어서는 미량으로 아미노산 1,000에 대하여 -SH기는 0.8, -S-S-기는 8 정도이다. 분자량이 큰 글루테닌은 분자량이 더 작은 폴리 펩티드 단위를 -S-S-결합에 의해 연결된 것으로 보고 있다.

환원제를 사용하여 -S-S-결합을 끊어버리면 글루테닌의 강하고 탄력적인 성질이 없어지고 분자량도 글리아딘 수준으로 줄어든다.

-SH와 -SS-에 대한 이론은 많은 증명을 통해 뒷받침되고 있으며 산화-환원의 형식으로 상호교대를 할 수 있다.

제4장 효소 (Enzymes)

효소란 생체조직에서 복잡하게 만들어진 단백질 종류의 '생물학적 촉매'이다. 촉매란 다음과 같은 특성이 있다.

① 화학반응 속도를 증가시킨다.
② 촉매는 관여한 반응에 의해 근본적으로 변화되지 않아야 한다.
③ 촉매는 가역적 화학반응의 평형에 영향하지 않고 단지 과정을 가속한다.
④ 촉매는 화학반응의 어느 특정한 형태에만 그들의 촉매적 능력을 가지고 있다.

효소는 250개 이상이 알려져 있고, 대부분이 순수한 단백질로 구성되어 있으나 그들의 활성에 필요한 아연, 철, 칼슘과 같은 특성 금속을 필요로 하기도 하며, 때로는 유기태의 비단백질 구성 혹은 보조단 (prosthetic group)을 갖고 있기도 한다.
이 보조단을 소위 **조효소 (coenzyme)**라 하여 이것이 떨어져나가면 불활성이 된다.

제1절 효소의 분류 (Classification of enzymes)

1. 일반 분류

일반적으로 효소의 이름은 작용하는 기질의 어미에 'ase'를 붙여 '~아제'로 명명 하지만 트립신, 펩신, 파파인과 같은 효소는 명명법 이전의 이름으로 통용되고 있다.
효소는 촉매하는 반응의 형태에 따라서도 이름이 붙여지는데 자당을 전화시키는 반응에 관여하는 효소를 인베르타아제 (invertase)라 하는 것과 같다. 이와 같이 기질의 이름, 역사적인 이름, 반응에 따른 이름 등 혼돈의 우려가 있어 국제생화학연합회는 1961년에 촉매반응의 형태에 따라 분류하고 명명할 것을 제안하였고 그 분류는 다음과 같다.

① 산화-환원효소 (oxidoreductase) : 산화와 환원을 촉매하는 효소
② 전달효소 (transferase) : 메틸 그룹이나 아미노 그룹을 다른 물질에 전이 시키는 효소

③ 가수분해효소 (hydrolase) : 어떤 물질에 물을 첨가하여 분해시키는 효소

④ 분해효소 (lyase) : 가수분해 이외의 방법으로 물질을 분해시키는 효소

⑤ 이성질화효소 (isomerase) : 어떤 기질에 작용하여 입체 이성체의 변화, 이중 결합의 위치 전환, 알도스를 케토스로 전환하는 등 분자 내 배열을 바꾸는 효소

⑥ 연결효소 (ligase) : 2개의 분자를 축합하는 결합을 촉매하는 합성효소

2. 작용 기질에 의한 분류

(1) 탄수화물 분해효소 (Carbohydrase)

가수분해효소의 일종으로 단순 또는 복합 탄수화물의 배당체 결합을 분해한다.

1) 셀룰라아제 (cellulase)

① 섬유소를 용해, 분해

② 맥아분, 목재 파괴 박테리아나 곰팡이에 존재

2) 이눌라아제 (inulase)

① 돼지감자 등의 이눌린을 과당으로 분해

② 땅속 줄기와 뿌리 식물에 존재

3) 아밀라아제 (amylase)

① 전분 또는 간장의 글리코겐을 가용성 전분이나 덱스트린으로 전환시키는 액화작용과 맥아당으로 전환시키는 당화작용

② 디아스타제, 알파-아밀라아제, 베타-아밀라아제라고도 하며 침에 들어있는 효소를 프티알린 (ptyarin)이라 한다.

③ 맥아추출물, 밀가루, 침, 특정 박테리아와 곰팡이에 존재

4) 2당류 분해효소 (disaccharases)

① 인베르타아제 (invertase)

자당을 포도당과 과당으로 분해하며 제빵용 이스트, 장액, 췌액 등에 존재

② 말타아제 (maltase)

맥아당을 2분자의 포도당으로 분해하며 제빵용 이스트, 장액, 췌액 등에 존재

③ 락타아제 (lactase)

유당을 포도당과 갈락토오스로 분해, 췌액과 장액에 존재하나 제빵용 이스트

에는 없다.

5) 산화효소 (oxidases)

① 치마아제 (zymase)

포도당, 과당, 갈락토오스 등 단당류를 알코올과 이산화탄소 전환시키며 이스트에 존재

② 페르옥시다아제 (peroxidase)

카로틴 계통의 황색색소를 무색으로 산화하며 대두 등에 존재

(2) 단백질 분해효소 (Proteolytic enzymes)

단백질과 펩티드 결합을 끊어주는 효소이다.

1) 프로테아제 (proteases) = 단백질을 펩톤, 폴리 펩티드, 아미노산으로 전환시킨다.

① 프로테아제 : 밀가루, 발아중의 곡식, 곰팡이류 등에 존재

② 펩신 (pepsin) : 위액에 존재   ③ 트립신 (tripsin) : 췌액에 존재

④ 레닌 (rennin) : 단백질을 응고시키며 반추동물의 위액에 존재

2) 펩티다제 (peptidases) = 펩티드를 분해하여 아미노산으로 전환시키는 효소이다.

① 펩티다제 : 췌장에 존재   ②에렙신 : 장액에 존재

(3) 지방 분해효소 (Esterase)

1) 리파아제 (lipase)

① 지방을 지방산과 글리세롤로 전환시키며 이스트, 밀가루, 장액 등에 존재한다.

② 스테압신 : 췌장에 존재

2) 기타

① 인산에스테르 분해효소

② 핵산의 중합을 분해하는 효소 등이 있다.

제2절 효소의 성질 (Properties of Enzyme)

1. 선택성 (Specificity)

효소의 아주 중요한 특성의 하나는 선택성으로, 어느 특정한 기질에만 작용할 수 있는 능력인 '절대적 선택성'과 다르지만 서로 관련된 기질의 어느 특정한 형태의 반응에만 촉매작용을 하는 '상대적 선택성'이 있다.

또, 대부분의 효소들은 한 화합물의 2개 입체이성체 (stereoisomers) 중 하나에만 반응하는 효소의 능력인 '공간적 선택성' 또는 '입체적 선택성'을 나타낸다.

D-아미노산 산화효소는 D-아미노산을 산화시킬 수 있어도 L-아미노산에는 아무런 영향력이 없다. 자당에 아무리 많은 말타아제가 작용하여도 자당은 가수분해되지 않는다. 즉, 효소와 기질은 마치 열쇠와 자물쇠의 관계로 비유할 수 있다.

효소는 작용할 기질을 공격하여 먼저 중간물질을 형성하는 반응에 참여하여 효소-기질 (ES)이 되고 이어서 새로운 산물을 생성시킨 후에 효소 자신은 분리된다.

> * E = Enzyme, S = Substance
>
> 효소-기질 (ES) + 물 ⇒ 산물 A + 산물 B + 효소
>
> (인베르타아제-자당 + 물 ⇒ 포도당 + 과당 + 인베르타아제)

초기상태의 생성물 생산속도는 효소-기질 화합물의 농도에 따라 결정되며, 기질이 충분하게 존재할 때는 효소의 농도에 정비례한다. 그러나 작용기질이 한정되어 있는 경우에는 효소의 농도에 비례하지 않는다.

효소의 촉매 활동은 믿기 어려울 정도로 빨라서 적정 조건하에서 1몰 (mole)의 순수한 효소는 1분간에 10,000에서 3,000,000 몰의 기질을 변화시킨다.

2. 온도의 영향 (Effect of temperature)

효소도 일종의 단백질이므로 열에 의해 변성되기도 하고 파괴되기도 한다. 반대로 낮은 온도는 촉매반응 속도를 0으로까지 감소시키나 온도가 적정하면 그 활성이 회복된다.

불안정한 상태의 화합물은 반응을 시작하기 위하여 외부의 에너지(열의 형태) 공급이 필요한데 이것을 활성에너지라 한다. 효소의 촉매반응은 무기물 촉매반응 보다 낮은 수준의 활성에너지가 든다. 자당을 가수분해 하여 포도당과 과당을 만들 때, 산을 이용하면 1몰당 25,000 칼로리가 드는데 제빵용 이스트에 있는 인베르타 아제를 사용하면 1몰당 8,000 내지 10,000 칼로리로 충분하다.

효소적 반응에 미치는 온도의 영향은 근본적으로 이중적인 것이다.

① 반응 최대속도에 도달할 때까지 온도가 상승하면 반응속도도 증가한다.

적정한 온도범위 안에서는 매 10℃ 상승에 따라 효소의 활성은 약 2배가 된다.

② 최적 온도수준이 지나면 반응속도는 다시 감소하기 시작한다.

고온에서의 활성 감소는 효소 자체의 단백질 변성과 관계가 깊은 것으로 알려져 있다.

효소 활성에 대한 온도의 영향은 〈그림 8〉과 같다.

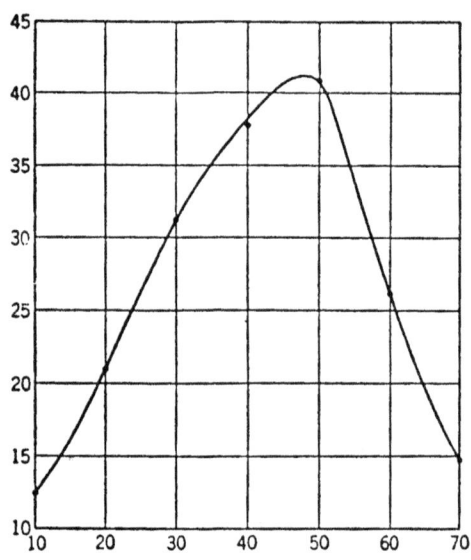

〈그림 8〉 맥아 아밀라아제 작용에 의한 맥아당 생성에 대한 온도의 영향

맥아 아밀라아제에 의해 전분이 맥아당으로 가수분해 되는 것은 실온에서 시작하지만 38℃에서 55℃까지 속도가 빨라지다가 60℃가 지나면 급감한다. 이것을 다시 38℃ 이하로 냉각해도 원래의 효소활성은 회복되지 않는다.

3. pH의 영향 (Effect of pH)

반응 혼합물의 pH(수소이온 농도)는 효소활성에 중요한 영향을 미치는데 pH가 달라지면 그 활성도도 달라진다. 효소가 최대의 활성을 보이는 적정 pH도 효소 종류에 따라 크게 다르며 그 작용 기질에 따라서도 달라진다.

〈표 12〉 가수분해 효소의 적정 pH

효소	기질	적정 pH
펩신	계란 알부민	1.5
펩신	글루타밀티로신	4.0
알파 글루코시다제	맥아당	7.0
유레아제	요소	6.4 ~ 6.9
췌장 아밀라아제	전분	6.7 ~ 6.9
맥아 아밀라아제	전분	4.5
알기나아제	알긴	9.5 ~ 9.9

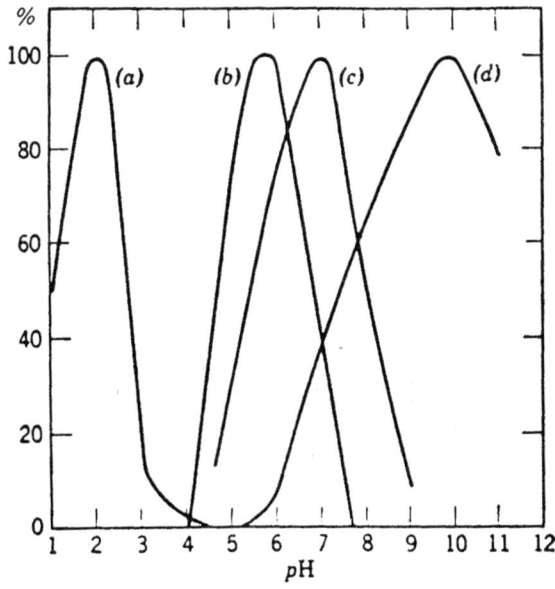

〈그림 9〉 효소 작용 속도에 대한 pH의 효과

(a)펩신
(b)글루탐산 탈카르복실라제
(c)침의 아밀라아제
(d)알기나제

제빵용 아밀라아제는 pH 4.6~4.8에서 맥아당 생성량이 가장 많다. 그러나 높은 온도에서는 감소하는데 pH나 온도는 동시에 일어나는 사항이며 이외에 반응시간, 수분의 존재, 반응산물의 성질과 영향 등 부가적인 요소도 함께 참고해야 한다.

제3절 아밀라아제 (Amylase)

1. 베타 아밀라아제 (Beta-amylase)

전분 반죽에 베타 아밀라아제를 첨가하면 전분보다 분자량이 훨씬 작은 맥아당이 생성된다. 반죽 점성의 감소는 상대적으로 느리며 이론상 약 60%의 맥아당이 생성되면 효소작용은 중지된다. 나머지 덱스트린은 비환원성으로 원래 전분의 성질을 가지고 있으며 요오드 용액에 적자색을 나타낸다.

이 효소는 전분의 알파-1,4 결합을 공격하여 2개의 포도당 단위로 된 맥아당을 만들어 내기 때문에 당화효소 (糖化酵素)라 한다. 베타 아밀라아제는 가지가 달리지 않은 직선 사슬로만 구성된 아밀로오스를 가수분해 하지만 알파-1,6 결합으로 측쇄를 이룬 부분에는 작용하지 못하므로 외부 아밀라아제 (exoamylase)라고도 한다.

〈그림 10〉 전분분자의 측쇄부위에 대한 베타 아밀라제의 작용

그림에서 보는 바와 같이 가지가 분기되는 환원 말단에 홀수의 포도당 단위가 있으면 포도당 3분자를 남겨 말토트리오스 (maltotriose)가 되고 아밀로펙틴인 경우 약 52%까지 가수분해 할 수 있다.

이 효소는 손상된 전분이나 알파 아밀라아제가 만든 덱스트린에서 맥아당을 만들기 때문에 이스트내의 말타아제와 치마아제에 의해 빵반죽에서 꾸준한 발효를 가능하게 한다.

2. 알파 아밀라아제 (Alpha-amylase)

알파 아밀라아제는 베타 아밀라아제에 비하여 전분 분자에 대한 작용이 복잡하다. 이 효소의 특징은 전분을 덱스트린으로 만드는 능력을 가지고 있어 **액화효소 (液化 酵素)**라 한다. 또한 아밀로오스와 아밀로펙틴 사슬의 내부 결합을 가수분해 할 수 있기 때문에 내부 아밀라아제 (endoamylase)라 불리기도 한다.

이 효소는 전분 분자의 알파−1,4 결합뿐만 아니라 알파−1,6 결합을 가진 아밀로 펙틴에도 작용하여 알파−1,6 결합을 가진 다당류를 생성한다. 알파 아밀라아제는 천연 상태의 전분에 직접 작용하여 전분을 액화하고 호화하지만 베타 아밀라아제 는 젤라틴화된 전분에서 이론상의 약 60%까지 직접 맥아당을 생성한다.

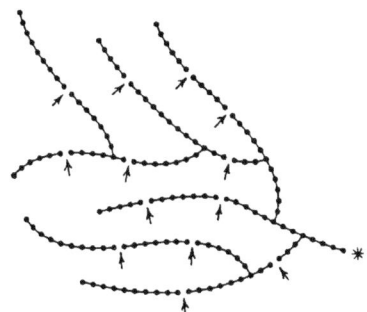

〈그림 11〉 전분분자의 측쇄부위에 대한 알파 아밀라제의 초기 작용

실온에서의 적정 pH는 알파가 4.5, 베타가 5.2~5.3 인데 pH 안정성은 베타 아밀 라아제가 넓은 편이다(pH 4.5~9.2). 열 안정성은 알파 아밀라아제가 더 커서 70℃ 에서도 활성에 큰 영향이 없지만 베타 아밀라아제는 활성이 반으로 감소한다.

pH를 높이면 알파 아밀라아제가, 온도를 높이면 베타 아밀라아제가 **불활성**이 되 어 이 두 효소를 분리할 수 있다.

제빵에 있어 발효하는 동안 전분으로부터 맥아당을 생성하는 간접적 가수분해와 굽기 초기 상태에서 전분을 덱스트린으로 만들어 개선된 기공과 부드러운 속결을 가지게 하는 역할을 담당한다. 밀가루 100파운드당 6,000단위 즉, 맥아로 0.2~ 0.4% 정도가 권장된다.

3. 곰팡이류 아밀라아제 (Fungal amylases)

아밀라아제 역가가 5,000~20,000 단위로 된 제품이 제빵공장에서 사용되는데 미국의 경우, 정제(錠劑)는 알파 아밀라아제 역가 5,000 단위로 표준화 되어 밀가루 100파운드당 1개나 2개가 권장되며 60℃ 이하의 물에 풀어서 사용한다. 분말로 된 제품은 용해도를 높이고 계량을 편리하게 하기 위하여 밀가루, 옥수수전분, 설탕, 소금 등 부형제를 첨가한 정도에 따라 밀가루 100파운드당 2~8 온스를 사용한다.

곰팡이류 알파 아밀라아제와 단백질 분해효소가 적정하게 공급된 밀가루로 만든 빵은 다른 효소를 공급한 빵보다 기공과 속결의 부드러움, 전체 균형이 우수하다는 연구발표가 있으며 최근에는 이스트푸드에 미리 혼합하여 제공하는 제품도 있다. 그러나 단백질 분해효소가 과도하게 들어있는 제품을 약한 밀가루에 사용하는 것은 위험하다.

〈표 13〉 공급원이 다른 알파 아밀라아제의 열안정성

온도 ℃	효소활성 %		
	곰팡이류	밀 맥아류	박테리아류
65	100	100	100
70	52	100	100
75	3	58	100
80	1	25	92
85	–	1	58
90	–	–	22
95	–	–	8

맥아에서 추출한 알파 아밀라아제는 열안정성이 크지만 곰팡이류 아밀라아제는 열에 대한 안정성이 적어 60~63℃까지는 안정하나 65℃ 이상에서는 급격히 파괴되기 시작한다.

빵 반죽은 굽는 과정에 자체 온도가 60~75℃가 되는 동안 젤라틴화가 진행되는데 알파 아밀라아제에 의한 덱스트린 형성이 과도하면 빵 속이 찐득찐득하고 모양도 나빠지므로 곰팡이류 아밀라아제는 이런 관점에서 안전한 편이다.

4. 박테리아류 아밀라아제 (Bacterial amylases)

바실루스 수브틸리스 (Bacillus subtilis)로부터 얻는 알파 아밀라아제는 전분의 젤라틴화 온도에서 뿐만 아니라 굽기공정의 말기에도 그 활성이 남기 때문에 맥아나 곰팡이류에서 얻는 아밀라아제 보다 열안정성이 크므로 전분을 지나치게 분해하여 빵 속이 끈적거리기 쉽다.

Rubenthaler 등은 공급원이 다른 알파 아밀라아제의 농도를 맞춘 후 무설탕 스트레이트법으로 빵을 만들어 부피와 기공을 조사한 결과 박테리아류 아밀라아제를 첨가한 것이 최대의 부피를 가졌으나 전분의 지나친 가수분해로 빵 속이 나빠지는 것을 알았다.

박테리아류 알파 아밀라아제를 밀가루 100파운드당 240 S.K.B. 단위로 사용하면 빵의 품질 특성에 나쁜 영향을 주지 않으면서 노화가 지연되는 유용한 효과를 나타낸다.

효소처리 빵과 일반 빵을 비교할 때, 구운 후 첫날에는 큰 차이가 없으나 5일이 지날 때까지 유의적인 우위성을 보여준다고 한다. 박테리아류 아밀라아제를 아주 세심하게 조절하여 사용한다면 빵 속이 단단하게 굳는 것을 지연시킬 수 있는 실질적 수단이 된다.

※ 요약

아밀라아제는 배당체 결합을 가수분해하는 효소로 동물의 조직, 고등식물, 곰팡이류, 박테리아류 등에 존재하며, 공급원과 작용기질에 따라 적정 pH와 온도가 다르고 산에 대한 저항성이나 열안정성 등 성질에도 차이가 있다.

전분 반죽에서는 다음과 같은 변화를 일으킨다.

(1) 전분의 포도당 단위의 사슬을 끊어 덱스트린이나 맥아당을 생성시키므로 점성을 감소시킨다.

(2) 요오드에 의한 청색이 되는 전분의 성질을 잃게 한다.

(3) 환원단이 발생한다.

당화효소인 베타 아밀라아제가 많은 맥아당을 생산하기 위해서는 알파 아밀라아제에 의한 액화작용이 많이 일어나야 한다.

제4절 아밀라아제 활성의 측정
(Determination of amylase activity)

1. 린트너법 (Lintner method)

린트너법은 주로 맥아에 있는 베타 아밀라아제의 활성을 측정하는 방법이다.

이것은 시간과 온도를 표준조건으로 두고 2%의 전분 완충용액에 맥아추출물을 작용시킬 때 맥아당이 생성되는 원리를 이용한 것이다.

린트너의 눈금은 청산제2철 (ferricyanide) 방법이나 펠링 (Fehling) 용액 방법으로 측정하는데 전분에서 전환된 맥아당 함량을 계산한다. 이 수치에 4를 곱하면 맥아당 당량이 된다.

린트너 수치는 맥아의 당화력을 나타내는 당화효소력의 세기를 의미한다.

2. 맥아당법 (Maltose method)

맥아당은 완충액(pH 4.5~4.8) 46㎖에 5g의 밀가루를 풀고 30℃에서 1시간을 배양하여 측정한다. 이렇게 하면밀가루에 들어있는 아밀라아제가 이용이 가능한 전분에 작용하여 맥아당을 생성하는데 이것을 청산제2철을 사용하여 정량하는 것이다.

맥아당가 (maltose value)는 규정된 시험조건에서 10g의 밀가루로부터 생산되는 맥아당의 ㎎으로 정의하는데 아밀라아제의 활성이 낮은 것은 250, 높은 것은 400 정도이다. 이 방법은 밀가루에 원래부터 들어있는 비환원당을 측정하지 못하기 때문에 반죽이 발효되는 동안 가스를 생산할 수 있는 밀가루의 능력을 정확하게 알 수 없다는 단점이 있다.

3. 가스발생력 측정법 (Gssing power method)

가스발생력 측정법은 밀폐된 금속 용기에 수은압력계(기압계)를 부착시킨 기구를 사용하여 10g의 밀가루에 7㎖의 물과 0.3g의 이스트를 넣어 빵반죽을 발효시킬 때 생산되는 이산화탄소의 압력을 계기로 측정하는 것이다.

결과는 수은주 ㎜로 표시하는데 정상적인 밀가루는 4시간째에 350~500mm 사이가 된다.

빵반죽에서 생성되는 맥아당을 이용하여 이스트가 생산하는 가스를 측정하는 방법으로 베타 아밀라아제의 활성을 간접적으로 알 수 있다.

비환원당을 포함하지 않는 맥아당가 측정법에 비하여 밀가루에 이미 들어있는 당과 실험중 생성하는 당 모두를 포함한다는 측면에서 실제의 제빵성 판단에 더 합리적이다.

4. 에스 케이 비법 (S.K.B. method)

전분이 완전하게 덱스트린으로 바뀌면 정색반응 (呈色反應)이 일어나는 원리를 이용하여 덱스트린화 활성을 측정하던 방법을 수정한 Sandstedt, Kneen, Blish 의 머리글자를 딴 측정법이다.

이것은 맥아추출액에 들어있는 베타 아밀라아제의 일정하지 않은 효과를 배제하기 위하여 충분한 베타 아밀라아제를 넣고 호화시키는 방법이다.

그 결과는 독단적으로 S.K.B. 단위로 표시하는데 30℃에서 1시간에 1g의 맥아에 의해 덱스트린화 되는 수용성 전분의 g 수가 된다.

이 시험에서 표준종점 시약으로 적황 덱스트린-요오드 (red-brown dextrin-iodine) 용액이 사용된다.

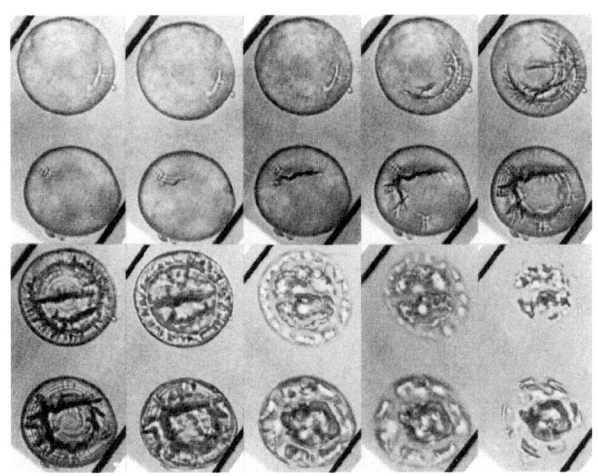

〈아밀라아제 활성에 의한 전분입자의 분해과정〉

5. 아밀로그래프법 (Amylograph method)

아밀로그래프법은 빵반죽의 온도를 높이면서 전분에 대한 아밀라아제의 효과를 측정하는 것으로 효소의 활성이 최대 수준에 이르는 굽기 초기와 같은 조건을 만들었다.

아밀로그래프는 매분 1.5℃씩 자동으로 균일하게 온도를 높이도록 하고 결과를 그래프로 나타내게 한 염력 점도계이다.

밀가루와 물이 죽 상태로 되어 균일하게 가열하면서 계속 저어주면 전분이 젤라틴화 되면서 점도가 증가하지만 온도의 상승에 따라 알파 아밀라아제의 활성이 증가하여 결국에는 점도가 감소한다.

이 장치는 점도를 나타내는 브라벤더 유니트 (Brabender Unit=BU)로 표시하는데 눈금은 0에서 1,000까지로 되어있고, 아밀로그래프의 수치와 밀가루 아밀라아제 활성과는 반비례 관계이다.

밀가루 아밀라아제의 활성이 낮으면 아밀로그래프 수치가 높아 900도 될 수 있으나 빵의 제조에 적당한 그래프는 400~600 BU 이다.

그러나, 이 기계는 곰팡이류 알파 아밀라아제를 첨가한 밀가루에는 부적합한데 그이유는 밀가루 전분이 젤라틴화 되는 온도에서 효소가 크게 불활성화 되기 때문이다.

6. 낙하시간법 (Falling number method)

연구실에서는 낙하시간법이란 간단하고 믿을만한 방법을 많이 이용한다. 이 방법도 밀가루를 기질로 사용하여 알파 아밀라아제의 활성을 측정하는 것이다.

특수한 통에 일정량의 증류수를 넣고 계량한 밀가루를 넣어 풀어준 후 끓는 물이 들어간 수조에 담가 특수한 플런저 (plunger)로 계속 저으면서 젤라틴화가 일어나도록 한다.

젤라틴화가 일어나서 밀가루 풀이 되면 그 위에 규정된 플런저를 놓아둔다. 젤라틴화 된 밀가루 전분이 액화되는 정도에 따라 플런저가 밑으로 가라앉는 시간에 차이가 생긴다. 낙하하는 시간을 초로 나타낸 것이 낙하시간이다.

밀가루의 알파 아밀라아제의 활성이 낮으면 낙하시간이 길어지며 제빵용 밀가루의 평균 낙하시간 범위는 250 에서 290 사이이다.

제5절 제빵에 관계하는 기타 효소들
(Other enzymes in baking)

1. 단백질 분해효소 (Proteases)

단백질과 그 분해산물을 더 간단한 화합물로 만드는 효소를 단백질 분해효소라 한다. 프로테아제는 단백질의 –CO–NH– 결합 또는 펩티드 결합을 가수분해하여 더 간단한 물질인 폴리 펩티드, 펩티드, 펩톤을 만든다.

펩티다아제 (peptidase)는 이런 물질을 더 가수분해하여 단백질의 기본 구조인 아미노산을 생산한다.

이 효소들은 그 특성이 각각 달라서 (1) 사람과 동물의 췌장에서 생산되는 트립신은 중성이나 약알칼리(pH 7~8)에서, (2) 위에서 분비되는 펩신은 산성(pH 1.5~2)에서 최대의 활성을 가진다. (3) 밀가루에 존재하는 단백질 분해효소를 비롯한 파파이나아제는 산화제에 의해 불활성, 환원제에 의해 활성을 갖는다. (4) 세포질에 기원을 둔 효소는 약산에서 활성이 높은 것이 많다.

곡물이 발아할 때 아밀라아제 함량은 현저히 증가하지만 단백질 분해효소는 별다른 변화가 없으며, 밀 배아가 빵반죽을 약하게 하는 원인으로 단백질 분해효소가 작용한다는설과 배아에 많이 함유된 글루타티온에 의한 것이라는 설이 있으나 명쾌한 이론적 받침이 없다. 이 효소들을 측정하는 방법으로 헤모글로빈법, 젤라틴 점도법, 패리노그래프법 등이 있다.

2. 에스테라아제 (Esterases)

에스테라아제는 에스테르를 공격하여 반응산물로 유기산과 알코올을 생산시키는 효소를 총칭한다. 밀과 밀가루에 있는 에스테라아제 중 가장 중요한 리파아제 (lipase)는 지방을 가수분해하여 디-글리세리드, 모노-글리세리드를 거쳐 결국 지방산과 글리세린을 만드는 반응에 촉매작용을 한다.

리파아제가 밀과 밀가루의 지방에 작용하면 유리 지방산이 생산되어 산패를 유도하기 때문에 장기간 저장에 나쁜 영향을 준다. 밀가루의 수분도 리파아제의 활성속도에 영향을 주지만 실제로 정상 수분인 밀가루의 품질을 악화시키는 경우는 드물다.

두 번째로 중요한 에스테라아제는 피타아제 (phytase)인데 이노시톨괴 인산으로 구성된 피트산의 가수분해를 촉매 한다. 피트산은 밀 전체 인산의 75%를 차지하는 데 칼슘과 결합하여 불용성 염을 형성하면 **칼슘의 소화흡수를 방해**한다.

소화에 불리한 피트산은 밀의 껍질과 배아에 몰려 있으므로 제분을 하면 상당량 이 제거되어 제분율 72%인 밀가루 100g에 25~50mg 정도가 들어있다. 피타아제는 빵반죽이 3시간 발효되는 동안 피트산의 60%를 가수분해하며 적정 pH는 5.2 근처이다.

3. 산화-환원 효소 (Oxidoreductases)

산화-환원 효소계는 생활과정에 필요한 에너지를 세포에 공급하는 작용을 통하여 생명체에 아주 중요한 역할을 한다. 살아있는 세포가 직접 이용할 수 있는 형태의 에너지를 식품으로부터 방출해 준다.

제빵에서 중요한 산화효소는 밀가루의 카로틴 색소를 산화시킴으로 표백하고, 대기 중 의 산소와 함께 불포화 지방산을 산화시키는 리폭시다아제 (lipoxidase)라 할 수 있다.

리폭시다아제는 실제로 빵 속을 희게 하는데 많이 사용되고 있으며 리노레산, 리놀렌산, 아라키돈산과 그 에스테르만을 공격하는데 이들 물질에는 활성 메틸렌 그룹이 있다.

제빵업체에서 사용하는 리폭시다아제는 효소활성 대두분으로 밀가루 대비 0.5 ~ 1%를 첨가하여 믹싱시간을 단축하면서도 반죽 내구성을 증가시킨다.

특히, **연속식제빵공정 (continuous dough mixing process)**을 이용하는 경우, 0.5%의 정제 대두유나 면실유를 사용하면 1%의 효소활성 대두분 사용 효과와 같은 색상과 저작(詛嚼)을 개선할 뿐만 아니라 밀 향기나 견과와 같은 향을 강화시킨다.

밀과 밀가루, 기타 제빵재료에 존재하는 산화-환원 효소로서는 카탈라아제(catalase), 페르옥시다아제 (peroxidase), 데카르복시라아제 (decarboxylase), 방향성 아민 산화효소 (aromatic amine oxidase), 탈수소효소 (dehydrogenase), 환원효소(reductase) 등이 있다.

제5장 이스트와 다른 미생물
(Yeast and other microorganisms)

제1절 이스트 (Yeast)

제빵공정은 고도로 복잡한 물리, 화학, 생물학적 상호작용을 수반한다. 이들 중에서도 가장 중요하고 기본적인 것이 단세포 식물, 현미경적 존재인 이스트 세포의 생활작용으로 일어나는 **발효과정**일 것이다.

1. 형태 (Morphology of yeast)

제빵용 이스트는 엽록소가 결여되어 있는 **타가영양체**이며 에너지로 설탕류를 이용하기 때문에 기시식물 (Saprophytes)의 부류에 속한다.

대표적인 것이 **사카로미세스 세레비시에 (Saccharomyces cerevisiae)**로 전자는 속명, 후자가 종명이다.

그 모양은 여러 가지 변형이 존재하기 때문에 정확하게 표현 하기는 어렵다. 사카로미세스 세레비시에인 경우에 보통은 원형이나 타원형으로 되어 있다.

세포의 크기도 변종, 성장조건, 세포의 나이 등과 같은 요소에 따라 현저한 변화가 있으나 보통은 길이가 1~10μ, 폭은 1~8μ의 범위에 들어있다.

이스트 세포는 다른 식물세포와 같이 **세포벽** 안에 분화된 원형질로 구성되어 있다.

세포벽은 식물세포 특유의 원형질에서 분비한 셀룰로오스 막으로 거의 모든 용액을 통과 시키며 어린 세포는 얇고 노쇠하면 두꺼워 진다.

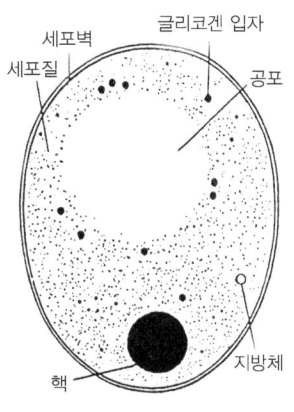

〈그림 12〉 이스트의 구조

세포벽 안쪽에 있는 원형질막 (plasma membrane)은 원형질을 둘러싸고 있으며 세포막과는 달리 이스트에 필요한 용액만을 선택적으로 통과시킨다. 즉, 이것은 영양을 세포 안으로, 최종 대사산물을 밖으로 내보내는 통로를 조절한다.

1개의 핵은 원형질로부터 분명한 경계를 이루고 있으며 직경 1μ 정도로 영양과 분비 등 대사의 중추역할을 담당하고 고도로 복잡한 유전인자를 가지고 있다. 핵을 둘러싸고 있는 젤리 같은 원형질에는 여러 가지 형태의 저장식량인 많은 입자와 공포도 있다.

이스트 세포에 저장되는 기본 탄수화물은 글리코겐 형태로 건조중량의 25%까지 차지하며 수용성이다. 불용성 다당류는 이스트 셀룰로오스를 이루어 이스트의 구조를 형성하고 건조중량의 10% 정도이다.

이스트는 인지질의 형태로 1% 이하의 지방을 함유하고 있는데, 유장과 목당을 배지로 하여 배양한 특수한 이스트에는 건조중량으로 지방이 50~60%나 되는 것도 있다.

이스트 세포질에서 발견되는 단백질의 종류로는 알부민, 글로불린, 인단백질, 핵단백질, 당단백질과 그 유도물인 펩티드와 아미노산 등으로 다양한데 가장 중요한 것은 당발효와 이스트의 호흡에 관련되는 복잡한 반응을 촉매하는 효소라 할 수 있다.

이스트에서 생물학적으로 아주 중요한 물질은 핵산 (nucleic acid)으로 RNA (ribon-ucleic acid)와 DNA (deoxiribonucleic acid)의 두 가지 형태가 있다.

DNA는 핵의 염색체에 존재하고 RNA는 핵 주위의 세포질 전역에 분포되어 있다. 건조중량으로 4~8%인 이 물질은 에너지의 저장, 에너지대사의 전이반응에 관여하고, 세포에서 특정 단백질의 생합성을 조절하는 기본 유전물질을 만드는 것이다.

2. 생식 (Reproduction)

(1) 무성생식 (Asexual Reproduction)
1) 출아법 (budding)
성숙한 이스트 세포는 먼저 핵이 두 개로 갈라지면서 유전자도 분리되어 어미세포 (mother cell)의 핵과 세포질 물질이 출아된 세포로 이동하여 딸세포 (daughter cell)를 새롭게 형성한다.

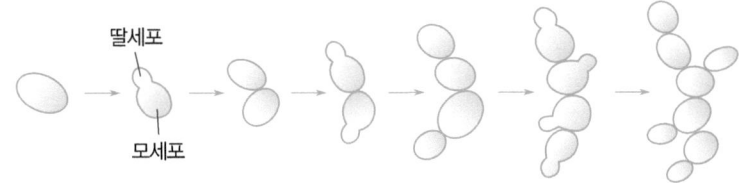

〈그림 13〉 이스트 세포의 발아

이러한 생식형태에는 염색체가 같은 수로 갈라져서 새로운 세포는 모든 면에서 원래의 어미 세포와 동일하다. 정상적인 조건에서 이 과정은 2시간이 걸린다.

2) 포자형성 (sporulation)

이스트는 주위의 조건이 부적합할 때 포자를 형성하여 번식하기도 한다. S. cerevisiae는 4개의 핵을 형성하기 위하여 2개의 연속적인 부분으로 나누어 포자를 형성한다. 작은 포자는 포자낭 속에서 성장하다가 낡은 세포벽이 터지면 밖으로 방출되어 있다가 적당한 조건이 되면 발아하여 정상적인 성장 및 생식을 시작한다.

포자낭 속의 포자는 이스트 식물세포보다 열저항성, 영양과 수분의 결핍, 독성물질의 존재 등 불리한 환경조건에 견디는 힘이 강하다.

시조사카로미세스 속의 이스트 몇 종류는 이원체 분열에 의해 생식한다. 세포가 일정한 크기로 자라면 1개의 핵이 똑같은 크기로 갈라지고 두 개의 새로운 핵 사이에 가로막 (transverse wall)이 만들어진다. 두 개의 새로운 세포는 즉시 분리되거나 물리적 접촉이 있을 때까지 붙어 있다가 결국은 떨어져나간다. 박테리아와 같은 생식방법이다.

(2) 유성생식 (Sexual reproduction)

몇 가지의 이스트 종류가 유성생식을 한다는 것이 1902년경에 처음으로 발표되었지만 제빵용 이스트의 균주는 유성생식이 아닌 단성생식만을 하는 것으로 알려져 왔다. 그러나 1935년에 공업적으로 생산하는 사카로미세스 속의 이스트도 포자가 발아할 때 접합 또는 융합이 일어날 수 있음을 발견하였다.

제빵용 이스트를 포함한 〈1조의 염색체〉를 가진 이스트 세포는 상대적인 배우자 인 이형 엽상체를 만나면 두 세포의 내용물이 섞이고 핵이 접합자 (zygote) 안으로 결합한다. 이 접합자는 2개의 배우자가 결합하여 만든 〈2조의 염색체〉를 가진 잡종으로 원래의 접합자와 똑같은 딸세포를 만들어 출아법으로 증식하거나 포자를 형성한다.

1개의 포자낭에 있는 4개의 포자를 현미해부 (顯微解剖)의 방법으로 분리시켜 서로 대응이 되는 세포를 목적에 맞도록 교잡시키는 원리로 잡종교배를 하는 것이다.

일반적인 특성, 발효력, 견실성, 저장성 등 이스트의 능력을 개선하기 위하여 이스트의 균주를 교잡에 의해 개선하려는 연구가 계속되고 있다.

3. 화학적 구성 (Chemical composition)

화학적인 관점에서 생이스트는 68~83%가 수분이고 나머지가 단백질, 탄수화물, 지방, 광물질 등인데 그 함량은 이스트의 형태와 배양조건에 따라 크게 달라진다.

〈표 14〉 생이스트의 화학적 구성

수분, %	회분, %	단백질, %	인산, %	pH
68 ~ 83	1.7 ~ 2.0	11.6 ~ 14.5	0.6 ~ 0.7	5.4 ~ 7.5

제빵용 생이스트의 수분은 73% 전후가 많다.

이스트는 고형질 기준으로 단백질과 글리코겐이 전체의 82%를 차지하고 회분의 91%는 인과 칼륨의 화합물이다. 칼륨, 마그네슘, 인, 유황, 염소, 칼슘, 철과 같은 무기화합물은 이스트의 성장에 필수적이거나 유익한 물질로 알려져 있다. 각 광물질의 중요도가 똑같다거나 이스트 내의 함량이 필수성과 정비례 하는 것은 아니다.

이스트는 단백질 함량이 높고 경제적인 비용으로 생산되기 때문에 동물의 사료와 사람의 음식물에 고단백 자원으로 등장하고 있다.

〈표 15〉는 이스트 단백질과 근육 단백질을 아미노산 측면에서 비교한 것이다.

〈표 15〉 이스트 단백질과 근육 단백질의 아미노산 비교

아미노산	이스트 단백질, %	근육 단백질, %
아르기닌 (Arginine)	4.3	7.1
히스티딘 (Histidine)	2.8	2.2
* 리신 (Lysine)	6.4	8.1
트리오신 (Triosine)	4.2	3.1
* 트립토판 (Tryptophan)	1.4	1.2
* 페닐알라닌 (Phenylalanine)	4.1	4.5
시스틴 (Cystine)	1.3	1.1
* 메티오닌 (Methionine)	+	3.3
* 트레오닌 (Threonine)	5.0	5.2
* 로이신 (Leucine)	13.2± 2.6	12.1± 1.1
* 이소로이신 (Isoleucine)	3.4± 0.2	3.4± 0.2
* 발린 (Valine)	4.4± 0.8	3.4± 0.4

*표는 필수 아미노산

이 표에 의하면 이스트와 근육 단백질을 이루는 필수 아미노산 조성이 아주 유사하며, 이스트 단백질은 모든 필수 아미노산을 함유하고 있기 때문에 생물학적으로 완전 단백질이라 할 만큼 우수하다.

4. 이스트에 있는 효소 (Enzymes in yeasts)

이스트로부터 추출, 여과한 물질에는 발효에 관계하는 여러 가지 효소가 들어 있다.

(1) 프로테아제 (Proteases)

단백질을 분해하는 효소로 빵반죽의 글루텐을 약화시키는 작용을 하지만 건전한 이스트에는 세포내적 효소이기 때문에 세포 밖으로 침출되지 않아 실제적인 문제가 없다.

죽은 이스트 세포인 경우에는 프로테아제가 확산되어 나올 수 있으니 신선한 이스트 인가를 확인하고 사용해야 한다.

(2) 리파아제 (Lipases)

세포액에 존재하는 이 효소는 지방을 지방산과 글리세린으로 분해한다.

대부분의 이스트에 들어있는 리파아제는 세포내적 효소로 원형질 내의 지방대사에 작용하는 것으로 알려져 있다.

(3) 인베르타아제 (Invertase)

세포 내적 효소로 세포벽을 통해 들어간 자당을 포도당과 과당으로 분해한다.

최적 pH는 4.2 근처이고 적정 온도는 50~60℃ 이다.

(4) 말타아제 (Maltase)

맥아당을 2개의 포도당으로 분해한다. 이스트 내의 말타아제 활성은 제조방법에 따라 달라지며 발효 초기에는 포도당, 과당, 자당이 먼저 이용되지만 지속적인 발효를 위해서는 맥아당의 분해가 필요하다. 그래서 이스트에는 충분한 양의 말타아제를 함유한 것이 좋으며 최적 pH는 6.0~6.8, 적정온도는 30℃ 전후이다.

(5) 치마아제 (Zymase)

빵반죽 발효의 최종단계를 담당하는 효소이다. 이 효소에 의해 직접적으로 알코올 발효를 할 수 있는 당은 포도당, 과당, 만노오스 등이다.

최적 pH는 5.0 근처, 적정온도는 30~35℃ 이다.

제2절 이스트의 제조 (Yeast manufacture)

1. 제조공정 (Process)

이스트 제조회사가 일반적으로 사용하는 이스트 제조법은 당밀-암모니아 공정이다.

종자 효모의 배양을 위하여 당밀과 암모니아(수산화암모늄+암모늄염 혼합물)에 광물질을 혼합한 배양액을 만든다. 여기에 이스트 균주를 종균 (種菌)으로 넣고 배양한다.

증식된 종균은 새로 만든 본 배양액으로 옮겨 본 배양에 들어간다.

본 배양액의 온도는 28~32℃, pH는 4~5로 맞추고 무균공기를 충분하게 공급하여 증식을 가속한다. 공기 공급은 자체 발효를 억제하고 용액에 있는 탄수화물을 보다 효율적으로 이용하게 한다. 배양액의 온도, 수소이온 농도, 기타 이스트 성장과 증식에 영향하는 요인들을 철저하게 조절해야 한다.

본 배양에서 7~8배로 증식하여 성장이 중지되면 원심분리나 여과의 방법으로 배양액으로부터 분리한다. 이 이스트 덩어리를 냉수로 세척한 후 사출기를 통하여 정형하고 포장하여 5℃ 이하에서 2~3일간 숙성시키고 출고한다.

국내의 이스트 제조회사에서 만드는 압착 이스트는 몇 가지 특성에 다소의 차이는 있으나 가스발생력 등에 유사성이 많아 서로 교환하여 사용할 수 있다.

2. 제품 (Products)

(1) 압착 이스트 (Compressed yeast)

본 배양기에서 꺼낸 이스트 용액을 여과한 후 입자를 곱게 하고, 유화제와 소량의 물을 첨가하여 믹싱하면 균질화가 이루어진 가소성 덩어리가 된다. 이것을 사출기로 정형하고 포장한다. 압착 이스트는 수분 함량이 많기 때문에 가스 발생력의 손실을 막기 위하여 균일하고 낮은 온도에서 보관하여야 한다.

0℃에서 보관한 이스트는 2~3개월이 경과되어도 별다른 지장이 없지만 13℃에서는 2주, 22℃에서는 1주를 넘기기 어렵다.

이스트를 −18℃, −6.7℃, −1℃, 7℃에 3개월간 저장한 후 제빵실험을 한 결과 −1℃에서는 이스트가 얼지 않으면서 일관성도 잃지 않는 보관온도로 적합하다는 것을 알았다.

즉, 냉장온도가 현실적인 이스트 보관온도이다.

(2) 활성 건조효모 (Active dry yeast)

활성 건조효모는 수분함량이 7.5~9.0%로 낮지만 빵발효에 필요한 효소를 가지고 있는 이스트이다.

질소충전이나 진공포장을 하면 저장성 안정도가 1년 이상으로 연장되며, 수분함량 을 4~5%로 낮추면 열안정성이 크게 증가된다. 이스트 내의 지방성분의 산화를 막기 위하여 건조 전에 항산화제를 첨가하면 저장 안정성을 질소포장 수준으로 높일 수 있다.

공정상 건조효모와 생이스트가 다른 점은 건조과정 이므로 건조공정과 저장에 견디는 균주를 사용한다. 이 균주는 압착효모보다 활성이 적고, 건조공정과 장기 저장 중, 사용할 때 수화시키는 과정에서 활성 세포가 감소하기 때문에 사용량을 조정해야 한다.

이스트 내의 고형질을 기준으로 할 때, 생이스트에는 30% 이하, 건조 이스트에는 90%가 넘으므로 이론상 1/3만 사용해도 되지만 실제로는 40~50%를 사용한다.

사용할 중량의 4배가 되는 물을 40~45℃로 데운 후 5~10분간 수화시켜 사용한다. 낮은 온도의 물로 수화시키면 이스트로부터 글루타티온 (glutathione)이 침출되어 나와 빵반죽을 연하고 끈적거리게 만들고 발효력을 저하시킬 수 있다.

활성 건조효모의 장점으로 ① 발효력의 균일성 ② 취급의 편리성 ③ 계량의 정확성 ④ 공정의 경제성 등을 들 수 있다.

(3) 불활성 건조효모 (Inactive dry yeast)

높은 온도에서 건조시킴으로 이스트내의 효소계가 불활성화 된 효모로서 발효력이 없고 빵, 과자제품의 영양 보강제로 사용한다. 이 효모는 당밀이나 유장의 배지 에서 생산하거나 맥주발효 부산물 등인데 우유나 계란의 단백질과 같은 영양가를 가지고 있다.

이외에 압착 이스트의 대용량 포장인 벌크 이스트와 활성 건조효모의 단점을 보완하고 개선한 '인스턴트 이스트 (instant yeast)' 등이 있다.

3. 취급과 저장 (Handling and storage)

이스트도 생물이므로 ① 설탕, 유효질소, 광물질, 비타민, 물과 같은 영양소와 ② 온도, 효소, 산소, pH, 시간, 영양물질의 농도, 독성물질과 같은 환경요소에 지배된다.

(1) 이스트의 작용

빵반죽의 발효에 있어 이스트의 주요 기능은 ① 팽창 ② 반죽의 숙성 ③ 향의 발달이라 할 수 있는데 이스트의 가스 발생력은 온도, pH, 알코올 농도, 탄수화물이 성질, 삼투압, 이스트의 농도 등 작업조건의 변화에 영향을 받는다.

일반적으로 온도가 상승하면 발효속도도 빨라지지만 38℃가 넘으면 감소하기 시작한다.

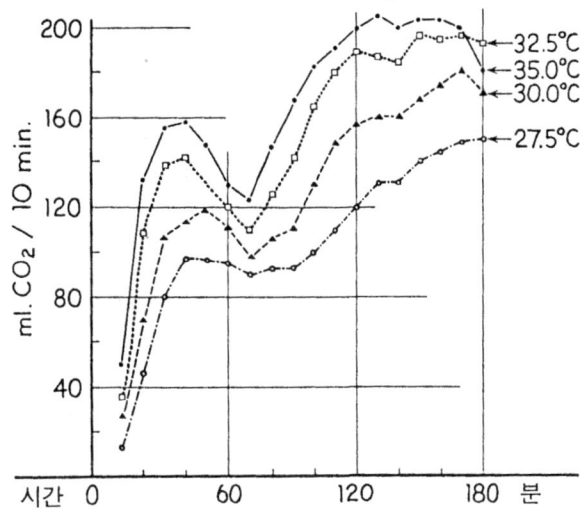

〈그림 14〉 온도에 따른 빵 반죽의 가스발생 곡선

발효 배양체의 pH가 4~6 범위에서 이스트의 가스발생 능력이 최대로 되는데 이스트는 세포내의 pH가 5.8이 유지되도록 하는 자체 능력이 있기 때문이다.

제빵용 이스트가 양조용과 포도주용 이스트 보다 알코올에 대한 내구성이 약하다고 해도 스펀지발효 말기에 이스트의 활성이 떨어지는 것은 알코올 농도도 영향을 주지만 발효성 탄수화물의 고갈에 기인하는 것으로 생각하고 있다.

발효가 최대로 된 스펀지 반죽에는 밀가루 100에 대해 약 3%의 알코올이 생기는데 반죽의 유리수에 대해서는 다소 높은 농도이므로 발효활동이 20% 정도 감소한다고 한다.

이스트는 포도당, 과당과 같은 단당류를 쉽게 이용하여 발효를 하지만 맥아당을 발효시키는 속도는 느리며 락타아제의 결핍으로 유당을 이용하지는 못한다.

또한, 제빵용 이스트는 **삼투압**에 민감해서 반죽 중에 5% 이상의 설탕류가 있거나 과량의 소금이 있으면 발효속도는 크게 감소한다. 그런데 물:소금:이스트 = 10:1:1로 혼합하여 실온에서 6시간 정치한 후 사용하면 발효내구성과 빵 부피가 개선된다는 보고도 있다.

빵 반죽 내에서의 이스트의 작용을 요약하면 다음과 같다.

① 2~3시간 발효 중에는 이스트 세포 수의 증가는 적다.

② 이스트는 포도당, 과당, 자당, 맥아당을 발효성 탄수화물로 이용하지만 유당을 발효시키지 못한다.

③ 발효 최종산물은 이산화탄소 가스와 에틸알코올이다. 이산화탄소는 팽창에, 에탄올은 다른 과정을 더 거쳐서 반죽의 pH를 낮추고 향을 발달시킨다.

④ 빵 발효 목적 중의 하나는 발효 동안 발생하는 이산화탄소 가스를 적당하게 보유할 수 있도록 '글루텐을 조절'하는 것이다. 가스생산의 최대점과 반죽 가스 보유능력의 최대점을 일치하도록 조절하는 것이며 이때가 굽기로 들어가는 이상적인 시점이 된다.

⑤ 이스트 세포는 63℃ 근처에서, 포자는 69℃에서 죽는다.

(2) 취급과 저장

① 이스트는 너무 높은 온도의 물에 넣고 풀지 않는다. 이스트는 48℃에서 세포가 파괴되기 시작한다.

② 믹서의 기능이 불량한 경우에는 이스트를 물에 풀어 사용하면 고르게 분산한다.

③ 이스트와 소금은 가급적 직접 닿지 않도록 한다.

④ 작은 규모의 공장에서는 날씨를 비롯한 작업환경을 감안한다.

온도가 높고 습기가 많은 날에는 반죽에 들어있는 이스트의 활성이 증가되므로 반죽에 사용하는 물이나 우유의 온도를 낮춘다. 공장 내부 온도의 상승은 반죽온도를 높인다.

※ 이스트의 사용량과 관계되는 사항은 다음과 같다.

　가) 다소 증가하여 사용하는 경우

　　　(ㄱ) 글루텐의 질이 좋은 밀가루 사용　(ㄴ) 미숙한 밀가루를 사용할 때

　　　(ㄷ) 소금 사용량이 조금 많을 때　(ㄹ) 반죽온도가 다소 낮을 때

　　　(ㅁ) 물이 알칼리성일 때

　나) 증가하여 사용하는 경우

　　　(ㄱ) 설탕 사용량이 많을 때　(ㄴ) 우유 사용량이 많을 때

　　　(ㄷ) 발효시간을 감소시킬 때　(ㄹ) 소금 사용량이 많을 때

다) 다소 감소하여 사용하는 경우

　　㉠ 손으로 하는 작업공정이 많을 때　　㉡ 작업장 온도가 높을 때

　　㉢ 작업량이 많을 때

라) 감소하여 사용하는 경우

　　㉠ **자연효모와** 병용하는 경우　　　　㉡ 발효시간을 지연시킬 때

⑤ 이스트는 도착 즉시 냉장고에 저장한다. 적정한 저장온도는 −1~5℃ 이다.

⑥ 먼저 배달된 이스트부터 사용한다 (선입선출의 원칙).

⑦ 사용직전에 냉장고에서 꺼낸다. 장시간 실온에 방치하지 않는다.

제3절 다른 미생물 (Other microorganisms)

1. 곰팡이 (Molds)

대부분의 빵, 과자 재료는 곰팡이에 오염되기 쉽고 완제품은 곰팡이의 성장에 이상적인 배지라는 점에서 각별한 관심과 관리가 필요하다. 공장의 관리가 소홀하면 1,2차발효실, 냉각장치, 나무로 된 도구 등에 곰팡이 균체가 번식하고 불쾌한 냄새를 풍긴다.

곰팡이는 **담자균류** (Basidiomycetes), **접합균류** (Phycomycetes), **자낭균류** (Ascomycetes), **불완전균류** (Fungi Imperfecti)의 4개 강(綱)으로 분류한다.

접합균류에는 거미줄곰팡이 (Rhizopus)와 털곰팡이 (Mucor)와 같은 **빵** 곰팡이가 있다.

담자균류는 밀과 같은 식물의 녹병 곰팡이로부터 버섯과 겨우살이 등 종류가 다양하다. 자낭균류는 이스트를 포함하여 고지곰팡이와 푸른곰팡이 (Penicillium)가 대표적이다.

접합균류강의 뮤코와 리조푸스는 **검은 빵곰팡**이로 알려진 것인데 딸기 넝쿨처럼 빵 표면에 번지며, 수분이 많고 탄수화물이 풍부한 제품을 배지로 삼아 번식한다.

이들은 격벽이 없는 균사를 가지고 있으며 검은색 계열의 포자낭 포자를 만든다.

자낭균류의 아스페르길루스 (Aspergillus glaucus)는 녹색 또는 회녹색으로, 페

니실륨은 푸른색 또는 녹색으로 오래된 빵·과자 제품을 오염시킨다.

페니실륨 노타툼 (Penicillium notatum)은 항생제 페니실린을 만드는 것으로 유명하다.

오이디움락티스는 사워 (sour)우유와 유제품에 존재하고, 모닐리아 (Monilia sitophila)는 오렌지색과 연어살빛 계열인데 빵제품에 오염되면 상당히 유해하다.

이들의 포자는 열저항성이 커서 건조 상태에서는 120℃에서 30분간 가열해도 살아남기 때문에 많은 주의와 철저한 관리가 필요하다.

2. 세균 (Bacteria)

세균은 의학상의 병원균을 비롯하여 식품의 부패균, 낙농발효에 관계하는 것 등 그 종류가 다양한 미생물인데 시조미세테스 (Shizomycetes) 강에 속하는 단세포 식물이며 주로 분열에 의해 번식하므로 분열균 이라고도 한다.

번식속도가 빨라서 어떤 세균은 적정 조건하에서 성장 및 분열이 20분 내에 일어난다.

(1) 형태

세균의 형태에는 여러 가지가 있으나 그 기본형은 세포의 모양에 따라 구형 (球形 : coccus), 간형 (桿形:bacillus), 나선형 (螺旋形:spirillium)의 세 가지로 나눌 수 있다.

1) 구균 (球菌)

세포의 형상이 구형인 것으로 세포가 하나로 분리된 것을 단구균 (monococci), 1쌍인 것을 쌍구균 (diplococci), 4개인 것을 사련구균 (tetracoccus), 육면체 형태를 팔련구균 (sarcina), 사슬을 형성하는 것을 연쇄상구균 (streptococci), 포도처럼 송이를 이룬 것을 포도상구균 (staphylococci)이라 한다.

2) 간균 (桿菌)

막대 모양의 세균으로 포자형성 능력이 있는 것을 바실리 (bacilli)라 하고 능력이 없는 것을 박테리아 (bacteria)라 한다.

박테리아의 포자는 고열, 수분의 결핍, 한랭, 일광, 화학적 살균제에 대한 내성이 크므로 식물세포가 사멸할 조건에서도 살아남는다.

3) 나선균 (螺旋菌)

나선균은 나사와 같이 균체가 꼬부라진 것인데, 한번 꼬부라진 것을 비브리오 (vibrio)라 하고 S자형인 것을 스피릴룸 (spirillum)이라 한다. 나선이 길고 잘 꼬부라지는 것을 스피로헤타 (spirochaeta)라 한다. 이들에 속하는 세균에 병원균이 많다.

(2) 발육 조건

일반적으로 박테리아의 발육은 수분, 온도, 영양 물질, pH, 방부제나 살균제의 유무, 설탕과 염류의 농도, 산소, 일광 등에 영향을 받는다.

밀가루, 분유, 분말계란 등 제빵에 사용하는 건조 재료는 수분함량이 낮아서 박테리아에 의한 변질이 적지만 수분이 많은 완제품에는 부패의 위험성이 높아진다.

세균의 종류에 따라 발육 적온이 다른데, 대체로 빙점에서는 성장이 정지되어도 살아있으며 식물세포는 65.5℃ 근처에서 사멸하지만 포자는 열저항성이 커서 121℃에서 20분간 가열해야 파괴되는 것도 있다.

발육 적정온도가 20℃ 이하인 것을 **저온균**이라 하며 발광균 및 수균이 여기에 속한다. 적정온도 25~40℃인 **중온균**에는 많은 병원균과 부패균이 있으며 50~80℃인 **고온균**에는 퇴비균, 온천균 등이 있다.

곰팡이와 효모는 pH 2~6 범위의 산성에서 잘 자라지만 세균은 유산균이나 초산균 등을 제외하고는 일반적으로 중성이나 알칼리성에서 발육을 잘한다.

보통 pH 6.5~8.0 범위가 세균의 발육에 적절한 산도이다.

세균에는 공기중의 산소를 필요로 하는 **호기성균**과 산소를 필요로 하지 않는 **혐기성균**으로 나눌 수 있는데, 혐기성균에도 다소의 산소가 있어도 발육할 수 있는 **통성혐기성균**과 산소가 있어서는 발육할 수 없는 **편성혐기성균**이 있다. 콜레라균, 장티프스균은 전자에 속하고 낙산균 (酪酸菌)은 후자이다.

박테리아의 발육을 저해하는 화학약품을 **방부제** (antiseptics)라 하고 사멸시키는 것을 **살균제** (disinfectants)라 하는데 같은 약품이라도 농도가 낮을 때는 방부효과를, 농도가 높을 때는 살균효과를 나타내기 때문에 경우에 따라 서로 교환되는 용어 이기도 하다.

※ 이와 같은 미생물의 일반 성질을 요약하면 다음과 같다.

① 이스트, 곰팡이, 세균은 세포벽을 가지고 있는 식물 (植物)이다.

② 엽록체가 없기 때문에 균류에 속한다.

③ 곰팡이는 포자 생산, 이스트는 출아와 포자 생산, 세균은 분열법으로 증식한다.

④ pH에 대한 내구성은 박테리아, 이스트, 곰팡이 순이다.

산화-환원 전위의 측면에서 ㉮ 곰팡이는 대개가 호기성이라 식품의 표면에서 자란다. ㉯이스트는 수의성 (隨意性:facultative anaerobes)이다. ㉰ 대부분의 박테리아는 수의성 이지만 호기성인 파상풍, 혐기성인 보틀리눔도 있다.

⑥ 곰팡이와 이스트는 세균보다 삼투압에 강하다.

⑦ 곰팡이는 이스트와 세균 (35~40%) 보다 수분에 견디는 힘이 크다.

(3) 빵 제품과의 관계

1) 빵에 생기는 실 모양의 점질물 (roppy bread)

고온다습한 여름철에 빵을 찢어보면 가늘고 끈적끈적한 실 모양의 점질물이 늘어나는 현상이 있는데 이것은 바실루스 (Bacillus mesentericus)에 의한 것이다.

이 세균은 빵의 단백질과 전분을 분해하는 효소를 분비해서 멜론 냄새를 내면서 갈색으로 변하고 빵속을 끈적거리게 한다.

제빵에 유해한 세균이나 포자를 완전히 방지하기는 어렵지만 우리가 항상 사용하고 있는 밀가루 등 재료와 믹서, 발효실, 기타 기계 및 기구의 위생을 철저히 해야 한다.

2) 빵에 혈색 반점이 피는 것 (bleeding bread)

빵에 혈색과 같은 붉은 반점이 피는 것은 세라티아 마르세스센 (Serratia marcescens)에 의한 현상이다. 열저항성이 약해 굽기 과정에서 모두 죽지만 냉각중에 감염되면 초기에는 무색이었다가 점차 붉은 핏빛으로 변한다.

제4절 식중독과 제품 감염관리
(Food Poisoning & control of bread infections)

1. 식중독

박테리아에 의한 식중독은 대개가 (1) 인간에게 병이 될 살아있는 세균에 오염된 식품을 섭취하는 경우와 (2) 세균이 생성한 **독성물질**이 함유된 식품을 섭취할 경우 이다.

살모넬라 (Samonella)균은 간균으로 포자를 생성하지 않으므로 가열하면 살균이 되는데 계란, 우유, 유제품, 밀가루, 대두분, 건조효모, 견과류 등이 감염원이다.

노약자나 건강하지 못한 사람이 감염되면 위와 장에 복통을 일으키고 복부경련, 설사, 구토 등 증세가 나타난다. 병균이 오염된 식품을 섭취한 후 식중독이 발생하는 잠복기간은 7~72시간으로 차이가 많지만 평균은 12~24시간 이다.

제과제품으로는 굽기 과정을 거치지 않는 아이싱과 계란, 우유, 버터 크림, 합성 충전물, 머랭 등에 오염 가능성이 크다. 특히, 하절기에 커스터드 크림에 의한 식중독이 많은데 재료와 용기는 물론 개인위생에 철저해야 하고 보관 중 감염을 근원적으로 막아야 한다. 감염형 식중독은 살모넬라 외에 장염 비브리오, 병원성 대장균, 아리조나균 등이 있다.

독소형 식중독은 포도상구균 외에 보툴리누스균, 웰치균 등이 있는데 이 균들이 생성한 독성물질에 오염된 식품을 먹으면 각종 장해를 일으키는 것이다. 포도상구균이 생성하는 독소 엔테로톡신 (enterotoxin)은 구토, 복통, 설사 등 증상을 보이며, 보툴리누스균이 생성하는 신경독인 **뉴로톡신** (neurotoxin)은 복통, 설사 등 소화기 장해 이외에도 복시. 시력저하, 동공확대. 인후마비 등 신경증상을 일으키는데 치사율도 높은 편이다.

식중독을 일으키는 세균들은 재료, 오염된 물, 불결한 용기, 공기, 작업자의 비위생적 관리로 인해 **빵·과자제품**에 쉽게 감염된다. 크림 충전물이나 완제품을 냉장보관 하는 것은 세균이 사멸되지는 않지만 휴면상태가 되어 증식하지 않는 점을 이용하는 것이다.

레몬, 파인애플, 오렌지와 같은 과일의 유기산은 세균의 성장을 억제하거나 살균하는 능력을 가지고 있으므로 여름철 빙수나 커스터드 크림의 대용으로 사용할 것을 권장한다.

2. 제품의 감염관리 (Control of bread infection)

미국에서는 '곰팡이와 로프 (rope)'균에 감염된 빵·과자 제품으로 인한 손해가 연간 수백만 달러에 이르고 이를 줄이기 위한 많은 노력이 진행되고 있다.

Spicher의 용적법에 의한 미국 빵공장의 곰팡이 포자 측정에 의하면 공기 $1m^3$ 당 포자수가 평균 1,000~2,500개이고 오래된 빵을 보관하는 방에서는 125,000~175,000개 이었다고 한다. 대기중 곰팡이 포자는 사방 30cm에 1시간당 포장실은 700개, 냉각실은 420개씩 떨어지고 있다는 보고도 있다. 그러므로 오븐에서 나온 빵·과자제품은 표면온도가 미생물 사멸온도 이하로 내려가면 미생물의 감염이 시작된다고 보아야 한다.

미생물의 감염을 줄이기 위하여 몇 가지 방법을 시도해 오고 있다.

① 식초와 같은 산을 사용하여 제품의 산도를 높여 곰팡이와 로프균을 억제한다.
② 허가된 특정 억제제 (inhibitors)를 사용범위 안에서 사용한다.
③ 살균성 자외선을 조사하여 공기중의 미생물을 살균하므로 감염 기회를 줄인다.
④ 포장한 제품에 초단파열선을 쏘여서 제품에 남아있는 미생물을 파괴한다.

Glabe가 요약한 곰팡이와 세균에 대한 억제제의 필요조건은 다음과 같다.

① 제품의 pH에 영향을 주지 않는 낮은 농도에서 효과가 있어야 한다.
② 정상적인 사용범위에서 무독성이며 무해해야 한다.
③ 빵반죽과 빵제품의 특성에 유해한 작용이 없어야 한다.
④ 제조공정상 취급에 아무런 문제가 없어야 한다.
⑤ 사용하기에 부담이 없는 경제적인 가격이어야 한다.

제과제품에는 프로피온산 소다를 사용하고 빵제품에는 프로피온산 칼슘을 사용하는데 과량을 사용하면 발효시간이 길어지고 치즈와 비슷한 냄새가 발생하니 주의해야 한다.

프로피온산 칼슘을 케이크 반죽에 사용하지 않는 것은 칼슘이온이 베이킹 파우더와 반응하기 때문인 것으로 알려져 있고, 최근의 많은 소비자는 억제제 사용을 기피하고 있다.

여름철에 '로프'빵을 만드는 바실루스 메센테리쿠스 (Bacillus mesentericus)는 산도에 민감해서 pH 4.6에서는 완전히 억제되고 5.0~5.2 에서는 활성이 크게 감소되므로 로프에 대한 안정성 확보를 위해 발효를 더 많이 시키고 식초나 산성 인산칼슘을 첨가한다. 유산 (乳酸)을 밀가루 대비 0.5%를 사용하면 로프 억제와 동시에 이스트의 발육을 돕고 빵의 품질을 개선한다. 억제제는 이미 빵·과자 제품 내외에 존재하고 있는 곰팡이나 세균이 일정기간 동안 더 이상 증식하지 못하게 하는 것이지 살균하는 것은 아니다.

자외선 등은 대기 중의 미생물을 파괴시켜 제품이 구워져서 포장이 될 때까지 감염의 기회를 줄이고자 하는 것이며, 고주파 초단파열선은 포장된 빵·과자 제품에 조사하여 제품에 남아있는 미생물을 살균하는 감염 감소방법이다. 포장지내의 수증기는 제거한다.

Clark는 미생물 감염을 감소시키기 위한 현실적인 조치로 공장위생에 대한 효율적이고 조직적인 계획이 수립되어야 한다고 주장하였다. 그 내용은 다음과 같다.

① 소독액을 사용하여 주기적으로 벽, 바닥, 천정을 세척한다.

② 기구, 수돗물 탱크와 수도관, 밀가루 저장용기, 컨베이어 등을 깨끗이 청소하고 소독한다.

③ 뚜껑이 있는 깨끗한 재료 통을 사용한다.

④ 재료는 적절한 환기와 조명시설이 갖추어진 저장실에 보관하고 선입선출한다.

⑤ 적정량의 이스트를 사용하여 정상적인 제조공정으로 활발한 발효를 시키면 반죽의 pH가 내려가 로프를 억제시킨다.

⑥ 굽기를 충분히 하여 수분함량을 조절한다.

⑦ 공기를 세척하고 여과한 곳에서 제품을 냉각하고 썰거나 포장한다(제품 내부 33℃). 공기의 세척과 여과는 미생물 포자가 붙어있는 먼지 입자를 거르는 것이다.

⑧ 노화된 제품, 오염된 제품은 절대로 공장에 반입하지 않는다.

⑨ 빵상자, 수송차량, 매장 진열대, 제품 저장실 등은 청결하고 온도, 환기를 유지한다.

제6장 물리화학의 측면
(Aspects of physical chemistry)

제1절 교질화학 (Colloid chemistry)

콜로이드 화학은 "극히 미세한 입자가 주위의 물질과 관련하여 나타내는 물리, 화학적 행위"로 단위는 미크론, 밀리미크론인데 1 미크론(μ)은 1/1,000mm이고, 1 밀리미크론($m\mu$)은 1/1,000,000mm의 크기로 육안으로 볼 수 있는 크기는 100 미크론 정도이다.

1. 물질의 상태 (States of matters)

물질의 상태는 기체, 액체, 고체의 3가지 상(相)으로 존재한다.

고체는 형태와 부피가 단단한 특성을 가지고 있는데 이것은 원자와 분자가 서로 고정된 위치를 차지하고 서로 묶어두는 인력이 운동에너지를 압도하는 상태이다.

액체는 고정된 부피는 있으나 형태가 없다. 즉, 분자간의 거리는 고정되어 있으나 분자들의 상대적 위치는 정해지지 않고 불규칙한 운동을 하며 끊임없이 움직이는 것이다.

기체는 고정된 부피와 형태가 없다. 각개 분자간의 거리나 상대적인 위치가 정해지지 않고 끊임없이 변화하고 있는 상태이다.

2. 분자력 (Molecular forces)

고체나 액체의 내부에 있는 분자나 원자는 모든 방향에서 똑같은 인력을 받지만 표면에 있는 분자나 원자는 바깥쪽으로부터 미치는 힘이 없어서 자신의 인력이 부분적으로 불안정한 상태이므로 고체 표면에 다른 액체와 기체를 끌어당겨 붙게 하는 흡착성이 있다.

두 가지 다른 물질 사이의 분자가 가깝게 위치할수록, 접촉면이 많을수록 인력이 커지지만 기름 위에 물을 떨어뜨리면 조그만 구형의 물방울로 뭉치는 것은 기름 분자가 훨씬 크고 성질이 다르기 때문이다.

물방울과 같은 구형을 만드는 것은 액체의 표면장력에 의한 것인데 물방울 표면의 분자들은 내부를 향해 끌어당기는 힘이 가장 크게 작용하므로 표면적을 최소화 하는 것이다.

단백질과 같은 고체는 강한 인력을 가지고 있으나 적정 조건 하에서 물과 접촉하면 팽윤이나 수화가 일어난다. 단백질 분자 사이의 틈에 물이 침투하면 간질표면에 층을 만들어 입자의 부피를 증가시키기 때문이다.

3. 콜로이드계 (Colloidal systems)

콜로이드계는 2개 이상의 물질이 혼합되어 만들어지는데 물질의 3가지 상태를 2가지씩 조합하면 9개의 콜로이드가 되지만 기체는 기체상만 만들기 때문에 실제는 8개가 된다.

〈표 16〉 이질분산(異質分散)의 형태

분산 상(相)	연속 상(相)	콜로이드 계(界)
기체	액체	거품
기체	고체	고형 거품, 다공성 고체, 빵
액체	기체	안개, 물보라
액체	액체	유상액 : 우유
액체	고체	젤리
고체	기체	연기
고체	액체	현탁액
고체	고체	색유리, 보석

앞의 표에서 보는 바와 같이 콜로이드계는 대부분이 연속적이고 분산된 상으로 되어 있지만 2개의 '두 종류의 실이 천을 짜듯이' 연속적인 고체상을 이룰 수 있다.

젖은 글루텐은 글루텐 가닥과 물의 막이 연속적인 고체상과 액체상을 구성하는 동시에 미세한 공기 세포가 불연속적으로 분산된 상태로 혼합되어 있는 콜로이드라 할 수 있다.

4. 졸과 겔 (Sols and gels)

액체에 고체 입자가 분산된 콜로이드계를 순수용액과 구분하여 졸이라 한다. 설탕을 물에 녹이면 투명한 용액이 되어 설탕분자를 검출하지 못하지만 젤라틴과 같은 단백질을 물에 용해시킨 용액이나 졸에 한외현미경, X-선 회절, 초원심분리기 등 방법을 사용하면 용매와 확실히 구별되는 크기의 단백질 입자가 존재하고 있음을 알 수 있다.

졸은 물리적 성질이 액체와 유사해서 유동적이며 단단한 고체 형태를 만들지 않는다. 졸이 단단한 형태로 된 것을 '겔'이라 하는데 젤라틴 용액이 냉각되면 반투명의 탄성이 있는 교화체가 되는 예와 같다.

졸이나 겔은 콜로이드 입자와 용매 사이에 강한 친화력이 있어 **친액체성** (lyophilic) 특성을 나타내며 **유상액 (乳狀液)** 상태를 만든다.

한편 콜로이드 입자가 용매에 대하여 친화력이 없거나 적은 것을 **소액체성**(lyophobic) 이라 하며 **현탁액 (懸濁液)**을 만든다. 현탁액중의 입자는 동종의 전기부하(+ 혹은 -)를 가지고 있어 서로 반발하기 때문에 큰 덩어리를 만들지 않는다. 여기에 전해질을 가하여 콜로이드 입자의 전하를 중화시키면 덩어리로 침전하고 다시는 용매에 분산되지 않는다.

5. 유상액 (Emulsion)

유상액은 두 가지의 형태가 있는데 하나는 물에 기름이 분산된 O/W 이고, 다른 하나는 기름에 물이 분산된 W/O 이다. 이러한 유상액은 안정성이 아주 제한되어 기름방울들은 합동하여 큰 방울이 되면서 표면 위로 올라와 물과 분리되는 층을 형성한다.

그러나 적당한 유화제 또는 계면활성제를 첨가하면 유상액을 안정시킬 수 있다. 유화제의 기능은 물과 기름 사이의 내면장력을 감소하여 상호간의 반발력을 줄여주는 것이다.

우유는 단백질, 유당, 염류의 용액에 우유지방이 분산되어 있는 유상액으로 지방입자를 둘러싸고 있는 단백질의 보호막을 교반에 의해 파괴하면 지방입자가 서로 엉겨 붙게 된다. 이 원리는 교유기로 버터를 생산하는데 이용된다.

6. 균질화 (Homogenization)

유상액에 분산된 여러 가지 크기의 지방 덩어리를 거의 균일한 직경을 가진 작은 입자로 만드는 **균질화** 과정을 거쳐 안정성을 높인다.

원유를 가만히 놓아두면 크림이 쉽게 생성되지만 균질화를 거친 우유는 교유기에 의한 교반으로 버터를 분리하기가 어렵고 균질화를 시킨 크림으로 거품을 올리기가 어렵다.

이러한 변화는 천연상태의 지방 덩어리를 작은 입자로 세분한 결과인데 입자수가 천배로 증가하고 이에 따라 흡착 표면적이 크게 증가되었기 때문이다.

7. 거품 (Foams)

거품은 다수의 안정한 액체-공기 내면체로 구성되어 있는데 이 공기세포나 공기방울은 연속적인 상으로 구성된 액체 막으로 둘러싸여 있다.

거품은 개별적인 공기방울과는 다르게 상당한 내구성을 갖기 위하여 콜로이드 크기가 필요하다. 그래서 순수한 액체는 거품을 형성하지 못하다.

제과와 제빵에 있어 흰자거품과 크림, 공기를 혼입시킨 케이크 반죽, 발효하는 빵반죽도 특별한 형태의 거품이라 할 수 있다.

흰자로 거품을 올리는 작업은 공기를 혼입시킬뿐만 아니라 단백질 표피의 구조적 강도를 높이고 동시에 표면장력을 감소시킨다.

머랭을 만들 때 흰자에 기름이 섞이거나 노른자가 들어가면 거품형성이 어려워지는 것은 필요한 콜로이드 형성을 방해하기 때문이며 흰자에 산을 첨가하여 거품을 일으키면 거품 안정성이 증가한다.

글루텐 단백질에 피복된 수화 전분은 액체-고체-고체의 3상이고, 글루텐 단백질에 피복된 생전분이 지방의 단막 층으로 둘러싸인 경우는 고체-고체-고체의 3상이다.

제2절 빵반죽의 콜로이드 구조
(Colloidal structure of dough)

밀가루와 물이 믹싱을 거쳐 혼합되면 미세한 입자가 탄성, 점성, 가소성을 가진 물질로 변화되는데 이것은 반죽의 콜로이드 구조에 의해 만들어지는 결과물이다.

빵반죽은 그 구성 물질이 물리, 화학, 생물학적 작용을 통하여 물리적 특성이 끊임없이 수정되는 고도로 복잡하고 불안정한 콜로이드계 이다.

기본재료는 밀가루와 물인데 개개의 밀가루 입자는 유리 (遊離) 전분입자와 단백질입자, 세포벽 조각, 껍질입자, 내배유 집적체 (agglomerates) 등 종류와 크기가 다양하다.

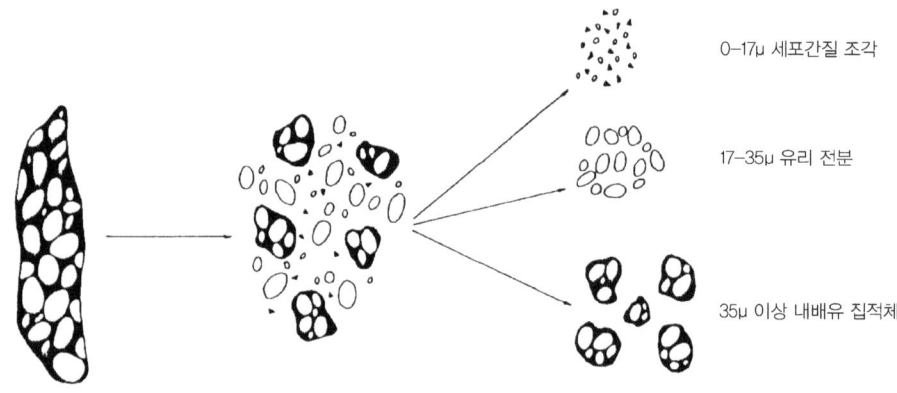

0–17μ 세포간질 조각

17–35μ 유리 전분

35μ 이상 내배유 집적체

〈그림 15〉 내배유 세포가 밀가루 입자로 전환되는 도식표 (Kent 와 Jones)

일반 제분으로 만든 밀가루도 공기분급 (air-classification)을 하면 입자를 크기별로 분류할 수 있으며 입자에 따라 단백질 함량도 크게 변화한다.

입자크기가 감소하면 표면적은 증가한다. 밀가루의 입자크기가 130μ 이하이므로 밀가루 1g이 갖는 전체 표면적은 235㎡나 된다.

1. 밀가루 입자의 성질 (Nature of flour particles)

제빵용 밀가루의 입자 크기는 상당한 차이가 있어서 8~21%는 미세한 입자이고,

16~28%는 중간 입자, 55~74%는 거친 입자로 구성되어 있다.

제빵적성에 차이가 나는 것은 입자의 비면적, 노출된 전분알갱이의 표면과 단백질 표면 , 입자의 구열, 입자 크기 등 물리적 요인과 단백질, 전분, 지방 등 복합물의 분해, 중합, 산화, 밀가루 입자 내에서의 배치 변화 등 화학-생물학적 조건에 영향을 받는다.

단백질 함량과 크기가 같은 입자인 경우 경질맥에서 제분한 밀가루의 회분이 연질맥의 회분보다 많다. 또한 밀가루의 세포벽 물질은 빵반죽의 특성, 점성, 색상과 제빵적성에 중요한 영향을 미친다.

실험에 의하면, 밀가루 단백질은 자기 중량의 1.5, 생전분은 1/2, 손상된 전분은 2배의 물을 흡수한다. 일반적인 빵반죽에서 성분별 흡수량을 보면 전분은 46%, 단백질은 31%가 되는데 밀가루의 1%인 펜토산 (pentosan)은 23%를 차지하고 있다.

2. 전분과 덱스트린 (Starch and dextrin)

(1) 전분

밀가루에 들어있는 전분은 입자크기에 따라 3가지로 대분하는데 직경 8μ까지가 작은 입자, 9~14μ이 중간 입자, 15~35μ이 큰 입자이다. 중량비로는 작은 입자가 4%, 중간 입자가 3%, 나머지 93%는 큰 입자로 되어 있는데, 큰 입자의 형태는 구형이 아니라 얇고 렌즈처럼 생겼다.

전분 입자는 2가지 측면에서 중요한 의미가 있다. 하나는 글루텐과 전분 사이를 밀착시키는 점착력을 갖게 하는 표면 특성으로 굽기 중의 내부압력에도 공기세포를 유지시킨다. 두 번째는 전분이 젤라틴화하는 과정에서 많은 수분을 빨아들이는 성질이다.

가까이 있는 단백질 막으로부터 물을 빨아들여 단백질이 변성되고 탈수되어 반정도 굳은 단백질 막을 만든다. 이것이 오븐에서 무너지지 않고 빵, 과자 제품의 형태 유지에 큰 역할을 하는 것이다.

(2) 덱스트린 (호정:糊精)

전분이 효소나 열에 의하여 가수분해되어 생성되는 중간물질로 호정(풀)이라고도 하며, 베타 아밀라아제에 의해 맥아당을 생산하면 빵 발효에 필요한 발효성 탄수화물을 공급할 뿐만 아니라 여러 측면에서 빵반죽의 물리적 특성에 영향을 준다. 적정량의 덱스트린은 껍질의 특성과 색상을 개선하고 빵속을 부드럽게 한다. 그러나 덱스트린 생성이 너무 많으면 공기-반죽의 내면관계가 불안하여 빵 속이 끈적거리고 주저앉기 쉽다.

온전한 전분입자가 제분공정을 거치는 동안 기계적으로 부서진 **손상전분**이 밀가루에 4.5~8% 정도 함유되면 반죽의 흡수를 증가시키고 효소의 작용을 쉽게 한다.

밀가루에 2% 정도 들어있는 **펜토산**도 흡수율을 증가시키고 빵의 수분 보유능력을 높여서 노화를 지연시키는 것으로 알려져 있다. 너무 많으면 덱스트린의 경우와 같게 된다.

3. -SH와 -SS-의 교대 (Sulfhydryl-disulfide interchange)

밀가루 단백질에 있는 -SH 결합은 산화제에 의해 -SS- 결합으로 산화되어 단백질의 3차원적 구조에 강력한 연결의 다리를 만들어 반죽에 탄력성과 강인성을 제공하는 것으로 알려져 있다. 믹싱은 -SH에 직접 산화를 일으킬 산소 분자와 결합하기도 하고 기존의 -SS- 결합을 분해해서 새로운 -SS- 결합을 만들기도 한다.

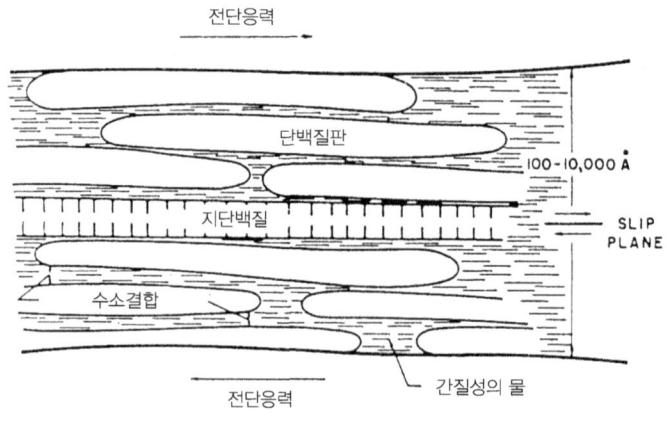

〈그림 16〉 글루텐의 평면구조 모형도

레시틴과 같은 인지질은 친수성기와 소수성기를 함께 가지고 있어서 극성기는 단백질의 비극성기와 붙고 소수성 지방산 사슬은 인접한 지단백질의 지방산과 판상구조를 만든다.

빵반죽은 믹싱에서 발효하는 동안 발생한 이산화탄소 가스에 의해 전단응력(剪斷應力)이 가해지면 소수성 표면이 미끄러진다. 그 결과 글루텐은 가소성 변형이 일어난다.

4. 반죽의 가소성 (Dough plasticity)

빵반죽의 물리적 성질은 액체와 고체의 특징을 조합한 것이라 할 수 있다.

고체에 충분한 힘을 가하면 모양이 변하지만 그 힘을 제거하면 원래의 모양으로 되돌 아오는 현상을 그 고체의 탄성 (elasticity)이라 하는데 반죽은 이 특성을 가지고 있다.

반면에 반죽을 공처럼 만들어 상당시간 방치하면 평평하게 되는데 이것은 액체가 갖는 유동성 이다. 그래서 빵반죽은 압력을 가하면 부서지지는 않지만 변형된 모양을 유지하는 가소성이 있는 것이며 다양한 모양의 빵제품을 만들 수 있는 것이다.

빵반죽의 탄성은 근본적으로 글루텐으로부터 오는 것이고 양적으로 많은 전분은 가소성을 좌우하며 반죽 중의 물은 다른 물질과 연합하여 점성을 나타낸다,

5. 가스세포의 기원 (Origin of gas cells)

빵반죽에 함유된 공기세포는 반죽의 물리적 구조와 콜로이드 성질에 중요한 위치를 차지한다. 빵반죽에 들어있는 가스세포의 자원은 다음과 같다.

① 밀가루의 내배유 입자 내에 있는 가스세포는 반죽으로 혼입된다.
② 내배유 입자와 입자 사이의 빈 곳에 있는 가스세포는 반죽으로 혼입된다.
③ 믹싱은 가스를 반죽에 밀어 넣고 그것을 더 나누어 미세한 가스세포로 만든다.
④ 이스트에 의해 생긴 가스압력은 새로운 가스세포를 발생시킨다.
⑤ 믹싱과 발효 후에 밀어펴기 등 성형작업을 통하여 가스세포 크기를 잘게 나누어 가스세포 수를 증가시킨다.

빵반죽이 믹싱에 의해 공기를 혼입하는 속도는 믹싱 초기에는 느리며 양도 적으나 반죽의 탄성과 신장성이 최대로 커지는 믹싱 말기에는 빠르며 그 양도 많아진다.

믹싱에 의해 혼입되었거나 발효에 의해 생성된 빵반죽 속의 가스세포는 둥글리기를 비롯한 접기, 밀어 펴기, 정형과정을 통해서 미세하게 분할되고, 글루텐이 더욱 숙성되어 가스세포를 온전하게 보유할 수 있도록 하는 것이다.

6. 가스세포의 구조 (Structure of gas cells)

가스세포벽은 단백질 45%, 미세한 입자의 전분 55%의 성분으로 된 점착성을 가진 물질로 되어있다. 이 물질을 진공실에 넣으면 원래 부피의 10배까지 팽창한다.

산화가 불충분한 빵반죽은 글루텐 막에 상당량의 전분이 들어있어 표면을 거칠게 하고 완제품의 속이 생기를 잃게 되는 반면에 산화가 적정한 빵반죽 글루텐은 광택이 좋은 세포벽을 만들고 양질의 속결이 된다. 공기방울이 팽창될 때 글루텐 표면이 만족할 만큼 신장할 수 있는 것은 내배유 물질의 전분-글루텐 간질에 달려있고 이것은 전분에 대한 글루텐의 점성과 유동성에 의해 조절될 수 있다.

믹싱에 의하여 빵반죽이 발달하는 것은 믹서의 치대는 작업으로 내배유 입자 간질에 있는 글루텐을 입자 표면으로 끌어내어 글루텐을 응집시키기 때문이며 가스의 핵을 잡을 수 있게 한다. 또한, 가스세포의 표면을 둘러싸고 있는 글루텐의 얇은 막은 가스를 새지 않게 하는 성질과 힘을 가지고 있다.

가스세포에 대하여 현미경 관찰을 한 결과

① 이스트에 의해 생성된 이산화탄소는 이스트 세포 주위에 있는 액체 물질에 확산되어 용액으로 남는다. ② 이산화탄소 가스가 더 많이 발생하면 용액중의 가스 증기압이 증가하여 기포가 발생된다. ③ 계속 발생하는 가스는 다른 공기방울을 크게 만들고 증기압이 높아져서 다른 기포를 생성한다.

굽기 초기에는 이스트 내 효소의 활성이 활발해져서 가스 생산이 증가되지만 60℃가 넘으면 효소작용도 불활성이 되기 시작하고 글루텐의 응고가 진행된다. 이산화탄소도 온도가 상승하면 용해도가 작아져서 가스가 용액으로부터 빠져나와 부피 팽창에 들어간다.

굽기 말기에는 기체들의 방출 이외에도 알코올, 유기산, 물이 증발하며 단백질의 응고와 전분의 젤라틴화가 일어나서 빵의 구조를 완성한다.

제3절 산화와 환원 (Oxidation and reduction)

산화는 산소가 어떤 물질에 화학적으로 부가되거나 결합하는 반응을 말한다. 환원이란 화합물에서 산소를 떼어내는 산화의 역과정인데 어떤 경우에는 산소의 이동이 없이 전자의 이동만으로 산화-환원이 성립되는 경우도 있다.

1. 제빵에 있어서의 산화의 역할 (Roll of oxidation in baking)

밀가루에 적정수준의 산화제가 들어 있거나 밀가루를 장기간 저장할 때 공기중의 산소가 산화작용을 하면 제빵적성이 좋다는 것이 밝혀져 있다.

제분 직후의 밀가루로 만든 빵은 미숙 (green) 특성이 나타나 반죽이 약하고 탄력성이 결여되어 오븐팽창도 작다.

이런 밀가루로 만든 빵은 ① 부피가 작고 ② 속 색상이 나빠지고 ③ 세포구조가 열리고 ④ 조직이 거칠어지며 ⑤ 브레이크 (break)가 없는 연한 껍질이 된다.

적정하게 숙성시킨 밀가루로 만든 반죽은 ① 부피가 크고 ② 부드러운 〈브레이크〉가 있는 껍질을 형성하고 ③ 얇은 세포벽을 지닌 균일한 기공 구조를 보이며 ④ 조직이 부드럽고 촉감이 좋은 빵을 만든다.

프로테아제와 글루타티온의 유해한 영향이 적정량의 산화제 사용으로 회복되거나 산화제 과다사용으로 악화되는 관계는 〈그림 17〉에서와 같이 요약할 수 있다.

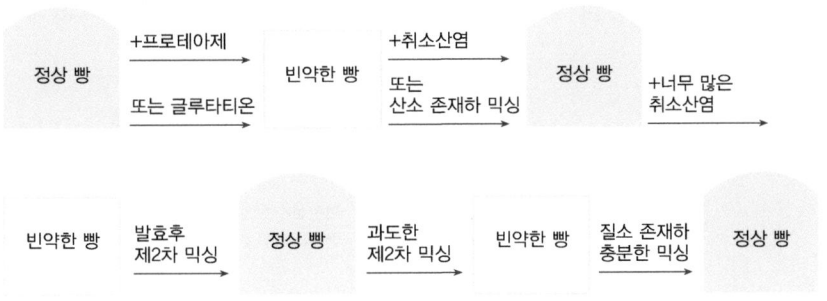

〈그림 17〉 산화제와 환원제의 영향

2. –SH 그룹의 역할 (Roll of sulfhydryl group)

밀가루 단백질 분자에 있는 2개의 –SH 그룹이 산화되어 –SS– 결합이 형성되면 제빵적성을 개선한다는 것이 오래전에 증명되었다. –SH 그룹은 밀알의 내배유보다 껍질 안쪽과 배아에 많이 들어있어서 이 부분이 밀가루에 많을수록 –SH도 비례하여 많아진다.

밀가루에는 1,000개의 아미노산 중 –SH가 0.1개, –SS–가 8개로 구성비가 낮으나 –SH의 산화가 갖는 빵반죽의 영향은 매우 크다.

반대로 글루타티온과 같은 환원제가 글루텐의 특성과 빵 품질에 악영향을 미치는 것은 오히려 이미 존재하는 –SS– 결합을 파괴하여 –SH로 환원하기 때문이다.

글루텐을 만들지 않는 단백질에 있는 –SH 그룹은 반죽의 간질을 약하게 하지만 계란의 알부민 분자를 첨가하면 산화효과가 있다. 이것은 수용성 단백질 분자에 있는 –SH 그룹이 글루텐의 –SH 그룹보다 산화되기가 쉬워 빨리 반응한다고 알려져 있다.

3. 밀가루 지방의 역할 (Role of flour lipids)

밀가루에 있는 지방과 리폭시다아제, 불포화 지방산은 밀가루 단백질의 –SH 그룹과 산화제 사이의 매개물로 불포화 지방의 산화는 –SH 그룹의 산화를 돕는다.

불포화 지방의 산화로 생긴 과산화수소는 –SH 그룹과 반응할 수 있기 때문에 –SH는 1차적으로 산소와 직접 반응하고 2차적으로 과산화지방과 반응하게 된다.

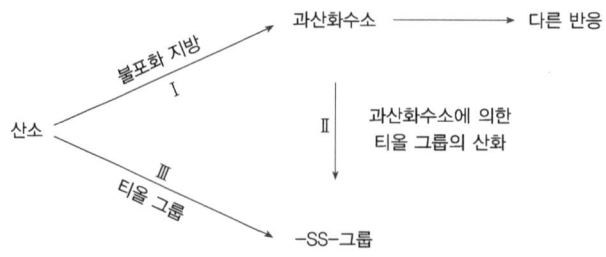

〈그림 18〉 티올 그룹과 밀가루 지방간의 상호작용

제2편 제과 · 제빵재료

제1장 밀가루 (Wheat flour)

고대문화가 발달되었던 이집트, 메소포타미아에서는 일찍이 밀을 이용하여 빵을 만들어 먹었다고 하는데 빵의 기원은 「인류의 농경생활과 더불어 시작되었다.」고 할 정도로 오래된 것이다.

옛날부터 한민족이 번영을 누려온 중국대륙의 양자강 연안은 논이 발달되어 있었지만, 문화의 중심은 북쪽의 밀 생산지로 이곳은 주로 밀을 상식 (常食)하는 곳이었다.

쌀밥은 그 자체에 단맛이 있고, 수분을 포함하고 있어서 소금이나 장유류, 기타 반찬이 있으면 훌륭한 맛을 내는 식품이다. 그러나 밀가루 식품은 수프, 육류, 야채류, 과일 등의 식품과 조화를 이루어야 뛰어난 식품이 되므로 이러한 형태로 발달되어 왔다.

밀가루 식문화를 형성해 온 나라 사람들의 체위, 건강이 좋은 것은 이런 영양상의 균형에 기인한 것이라 할 수 있다.

전 세계 반 이상의 나라에서 먹는 빵류는 전체 식품의 50~80%를 차지하는데, 그 이유는 많지만, 밀은 수확량이 많고 재배하기가 쉬운데다 웬만한 기후와 토양조건에 잘 적응하는 곡식이기 때문이다. 또한 성숙한 곡식은 저장성이 뛰어나고 식품가도 높으며, 제분 부산물도 사료로 이용되기 때문에 일체의 낭비물이 없다.

글루텐을 생성하는 밀 단백질의 독특한 특성은 이스트 팽창에 의한 가볍고 부드러운 빵의 생산을 가능하게 하여 역사의 여명 이래 인류의 기본 식품중의 하나로 발전해 왔다.

a Kernel of What
밀알의 구조도

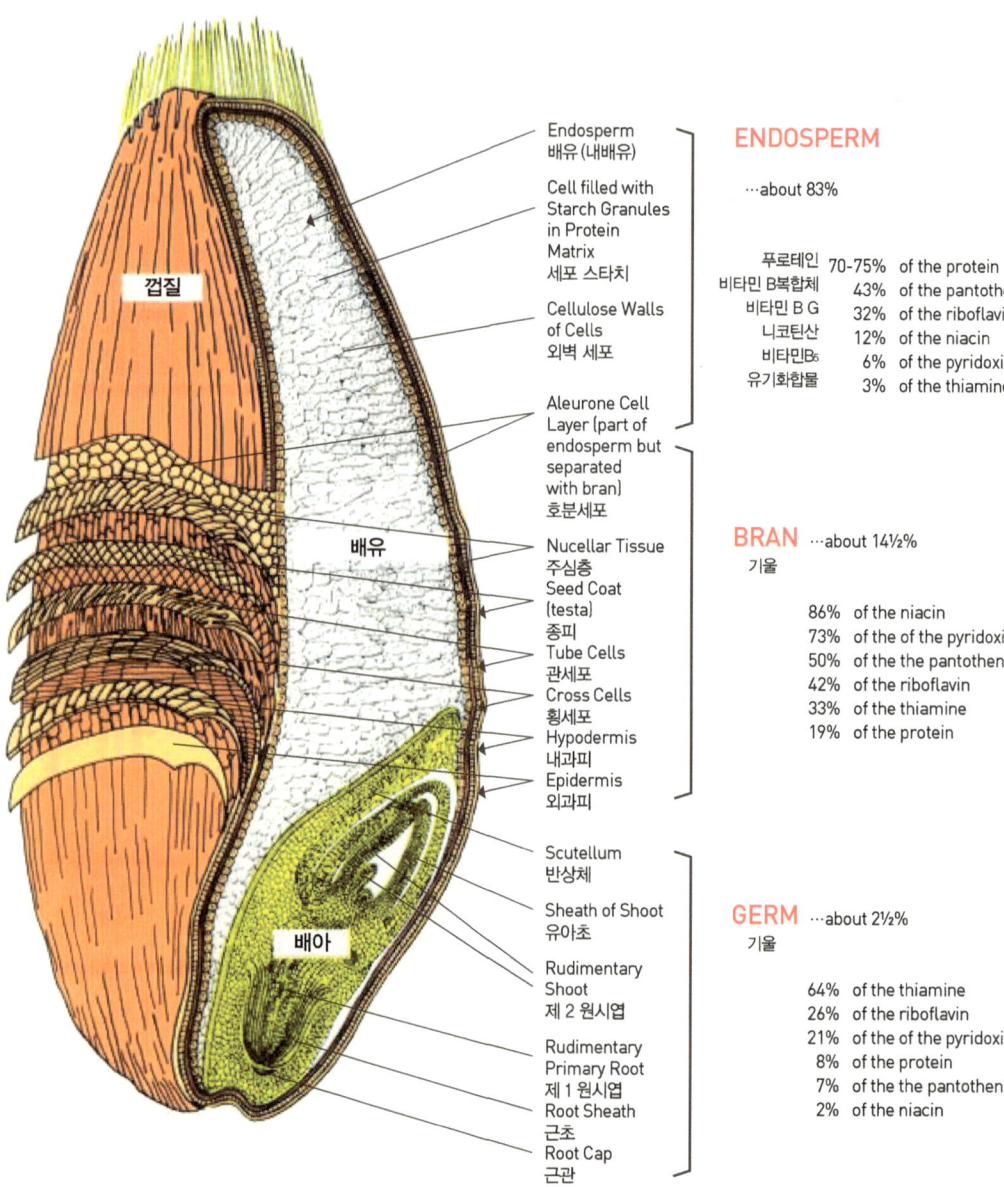

Endosperm
배유 (내배유)

Cell filled with
Starch Granules
in Protein
Matrix
세포 스타치

Cellulose Walls
of Cells
외벽 세포

Aleurone Cell
Layer (part of
endosperm but
separated
with bran)
호분세포

Nucellar Tissue
주심층
Seed Coat
(testa)
종피
Tube Cells
관세포
Cross Cells
횡세포
Hypodermis
내과피
Epidermis
외과피

Scutellum
반상체

Sheath of Shoot
유아초

Rudimentary
Shoot
제 2 원시엽

Rudimentary
Primary Root
제 1 원시엽
Root Sheath
근초
Root Cap
근관

껍질

배유

배아

ENDOSPERM

···about 83%

푸로테인	70-75%	of the protein
비타민 B복합체	43%	of the pantothenic ocid
비타민 B G	32%	of the riboflavin
니코틴산	12%	of the niacin
비타민B$_6$	6%	of the pyridoxine
유기화합물	3%	of the thiamine

BRAN ···about 14½%
기울

86%	of the niacin
73%	of the of the pyridoxine
50%	of the the pantothenic ocid
42%	of the riboflavin
33%	of the thiamine
19%	of the protein

GERM ···about 2½%
기울

64%	of the thiamine
26%	of the riboflavin
21%	of the of the pyridoxine
8%	of the protein
7%	of the the pantothenic ocid
2%	of the niacin

밀의 품종

Durum (듀럼밀)

Hard Red Spring (경질 적 춘맥)

Hard Red Winter (경질 적 동맥)

Hard White (경질 백맥)

Soft Red Winter (연질 적 동맥)

Soft White (연질 백맥)

제1절 밀알의 구조 (Structure of wheat kernel)

밀알은 배아, 내배유, 껍질의 3부분으로 구성되어 있다.

1. 껍질층 (Bran layers)

껍질 부분은 전 밀알의 약 14%로 보통은 밀기울이라 하여 밀가루로부터 분리되어 사료로 많이 쓰인다. 영양적으로는 소화가 잘 되지 않는 셀룰로오스를 많이 함유하며 다음과 같은 물질이 들어있다.

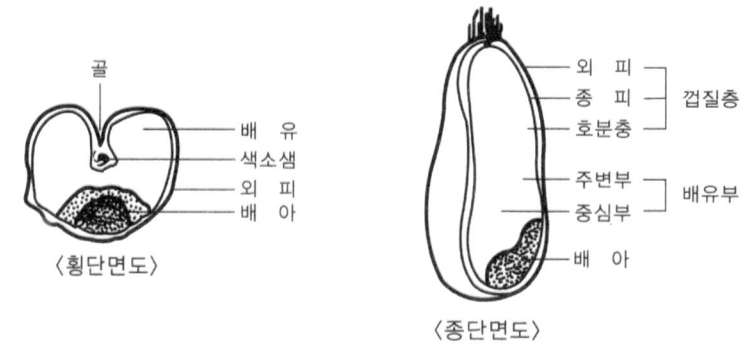

〈그림 19〉 밀알의 단면도

단백질	니아신 niacin	피리독신 pyridoxine	판토텐산 pantothenic acid	리보플라빈 riboflavin	티아민 thiamine
19 %	86 %	73 %	50%	42 %	33 %

껍질층은 가장 바깥쪽에 있는 외피세포, 하피, 세포관, 내순섬유 등 과피 (果皮)와 종피, 배주심 외피, 호분세포층과 같은 내부 껍질층으로 구성되어 있다.

적맥과 백맥의 독특한 색은 종피에 들어있는 색소물질의 양, 농도, 색조, 외피의 투명성과 내배유의 성질에 따라 달라진다.

껍질층의 두께는 보통 67~70.4μ이며 부위별 구성비는 다음과 같다.

<표 17> 껍질층의 화학적 구성 근사치

부위/항목	구성비 %	회분 %	단백질 %	지방 %	셀룰로오스 %	펜토산 %
외피	3.9	1.4	4	4	32	35
내순섬유	0.9	13	11	0.5	23	30
종피	0.6	18	15	0	0	17
투명체-호분세포	9.0	5	35	7	6	30

2. 배아 (Germ)

밀알 전체의 약 2~3%를 차지하는 배아는 발아하는 부위가 된다. 여기에는 지방이 상당량 함유되어 있으므로 저장성에 지장을 준다. 그래서 제분할 때 분리되어 가축의 사료로 많이 이용되지만 배아유 (胚芽油) 등은 식용, 약용으로도 쓰인다.
이 부위의 영양소는 다음과 같다.

단백질	티아민 thiamine	리보플라빈 riboflavin	피리독신 pyridoxine	판토텐산 pantothenic acid	니아신 niacin
8 %	64 %	26 %	21 %	7 %	2 %

배아에는 약 9.4%의 지방이 들어있는데 이중의 97%는 비극성 지방이고, 나머지인 3%가 인지질, 당지질, 지단백질 등의 극성지방으로 되어 있다.

<표 18> 밀 배아의 화학적 구성(경질 적동맥)

성분	%
수분	12.56 ± 0.29
단백질	24.44 ± 0.01
산 용해성 질소	0.50 ± 0.21
* 지방질	9.38 ± 0.37
조섬유질	2.66 ± 0.34
무질소물	45.03 ± 0.21
회분	4.91 ± 0.72

* 밀 배아의 지방 구성은 중성지방이 9.02%, 인을 함유한 극성지방이 0.130%, 갈락토오스를 함유한 극성지방이 0.071%, 지단백질 중의 단백질 등이 0.1558%로 되어 있다.

3. 내배유 (Endosperm)

밀알의 약 83%를 차지하며 밀가루를 만드는 주요 부위로 중요한 영양소는 다음과 같다.

단백질 protein	판토텐산 pantothenic acid	리보플라빈 riboflavin	니아신 niacin	피리독신 pyridoxine	티아민 thiamine
70~75 %	43 %	32 %	12 %	6 %	3 %

내배유에는 모양, 크기, 위치가 다른 3가지 형태의 전분이 있는데 그것은 호분세포층 바로 아래에 있는 **주위세포**, 낟알의 표면에 대하여 수직으로 도끼처럼 길게 늘어선 **각주세포**, 가운데 부분을 채우고 있는 **중심세포**이다.

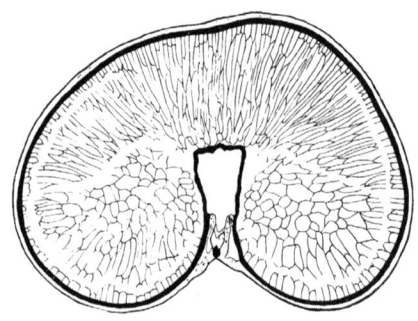

〈그림 18〉 밀알의 횡단면도 주위세포,
각주세포, 중심세포

크고 수정 모양을 한 각주세포의 전분은 평균직경이 28~33μ이며 중심세포에 있는 구형의 전분입자는 직경이 2~8μ이다. 주위세포에 있는 전분입자의 크기는 위 2가지의 중간 정도로 비교적 균일하다.

경질소맥으로 만든 밀가루는 초자질의 내배유 조직을 가지고 있어 모래알 같은 특성을 나타내고 연질소맥으로 만든 밀가루는 작은 세포 입자와 유리 전분을 가지고 있어 고운 밀가루가 된다.

Geddes의 밀 분석에 의하면 중량비로 껍질은 13~17%, 배아는 2~3%, 내배유는 80~85%를 구성 하는데, 껍질에는 단백질, 섬유질, 회분 등이 많고 배아에는 단백질, 지방, 회분이 높은 편이다. 내배유는 밀 대부분의 전분과 얼마간의 단백질로 구성되어 있다.

제2절 제분 (Milling of wheat)

제분은 내배유 부분으로부터 가능한 한 완전히 껍질 부위와 배아 부위를 분리하는 것이고 아울러 내배유 부위의 전분을 손상되지 않게 가능한 한 고운 가루로 만드는 것이다.

1. 제분공정

실제의 제분공정은 상당히 복잡하고 제분공장에 따라 특유의 공정을 거치겠으나 기본 원리에 따른 일반적인 공정은 다음과 같이 요약할 수 있다.

① 밀 저장소 : 밀을 종류별로 저장
② 제품 통제 : 품종별 특성 조사와 분류, 용도에 따른 혼합비 결정
③ 분리기 : 왕복운동을 하는 그물 위에서 돌, 막대기 등 불순물 제거
④ 흡출기 : 공기를 불어넣어 가벼운 불순물을 제거
⑤ 디스크 분리기 : 밀알만이 들어가도록 만든 둥근 분리기로 보리, 귀리 등 제거
⑥ 스카우러 (scourer) : 밀알에 붙어있는 먼지, 까락 등 불순물과 불균형 물질 제거
⑦ 자석 분리기 : 철 등 금속물질 제거
⑧ 세척-돌고르기 : 밀을 물과 섞은 후 고속으로 일어서 돌을 제거
⑨ 템퍼링 (tempering) : 밀의 과피가 잘 분리되도록 하고 내배유를 부드럽게 조절
⑩ 혼합 : 밀을 용도에 맞도록 조합
⑪ 엔톨레터 (entoleter) : 파쇄기에 주입되는 부분으로 부실한 밀을 제거
⑫ 제1차 파쇄 : 톱니처럼 된 롤러로 밀을 파쇄하여 거치른 입자의 가루를 만든다.
⑬ 제1차 체질 : 체의 그물눈을 단계별로 곱게 하면서 밀가루를 얻는다.
체에 걸려서 남는 거치른 과피와 밀가루는 별도의 정선기로 보내어 다시 마쇄
⑭ 정선기 : 기류와 체 그물로 과피 부분을 분리하고 입자를 분류
⑮ 리듀싱 롤 (reducing roll) : 정선기에서 넘어온 밀가루를 마쇄하여 미분화
⑯ 제2차 체질 : 고운 밀가루는 다음 단계로 넘어가고, 배아와 밀가루를 분리
⑰ 정선 → 마쇄 → 체질 과정을 연속적으로 진행하여 필요한 밀가루를 만든다.
⑱ 표백 → 저장 → (영양강화)

2. 제분율과 용도

(1) 제분율

제분율이란 밀을 제분하여 밀가루를 만들 때 밀에 대한 밀가루의 백분율로 표시한다.

밀 전체를 빻아서 만든 전립분은 제분율이 100%이며, 미국의 경우 평시에는 72%, 전시에는 80%를 밀가루로 만든다. 즉, 100kg의 밀을 제분하여 72kg의 밀가루를 얻은 후 용도에 따라 더 분리하면 고급분을 만들 수 있다.

그러나 국가의 식량정책에 의해 제분율은 다양하게 조절될 수 있으며 우리나라에서는 각 제분회사의 자율적인 생산을 허용하고 있다.

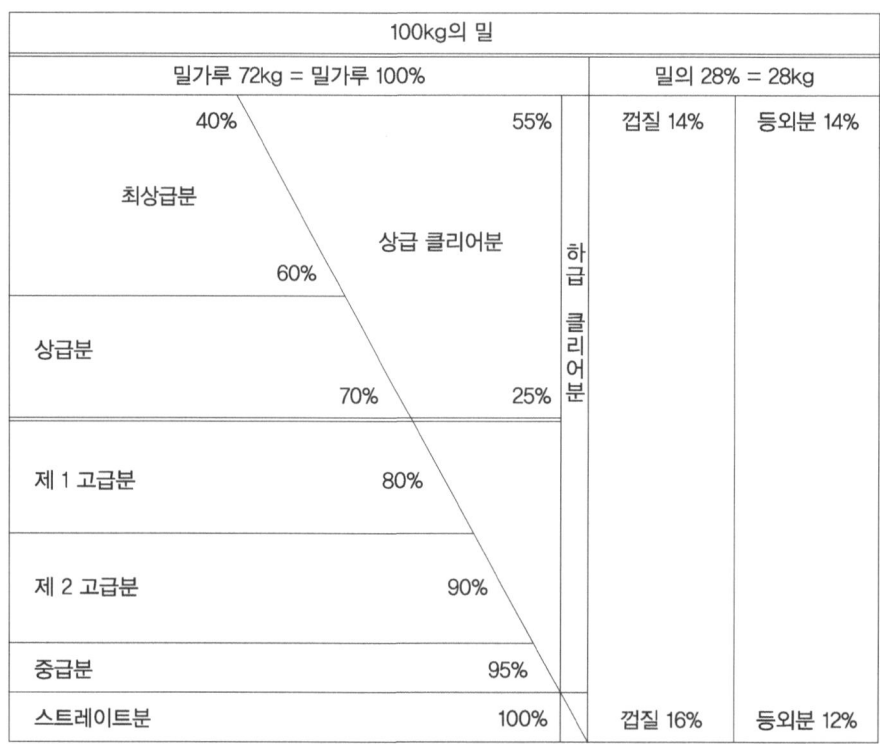

〈그림21〉 100kg의 밀로 제분한 밀가루의 분류(Swanson, c.o.)

(2) 분리

분리란 제분된 밀가루를 100으로 기준하여 이것을 다시 몇 %로 나누는 것이기 때문에 %가 작을수록 밀가루 입자가 곱고 내배유 부위가 많이 함유되어 있는 것이다.

고급 제과용은 40~60% 또는 60~70%로 **연질소맥**을 제분한 **박력분** 계통이고, 70~80% 분리는 경질소맥을 제분한 고급 강력분 계통으로 제빵용이 된다.

밀 제분에 의한 밀가루 및 부산물의 화학적 구성은 다음 표와 같다. 여기에서 레드도그(red dog)란 제분 공정중 마쇄와 체질을 반복한 최후의 밀가루로 색상이 진하고 껍질과 배아성분이 많이 함유되어 제빵용으로는 부적합한 밀가루이다.

〈표 19〉 밀가루 및 부산물의 화학적 구성

밀가루 제품	수분, %	전체질소, %	지방, %	섬유질, %	회분, %	전체 당, %
밀	10.3	2.05	2.1	–	1.73	2.6
상급분	11.5	1.82	1.0	0.2	0.40	1.3
상급 클리어분	11.0	2.13	1.7	0.2	0.81	1.8
하급 클리어분	10.4	2.33	2.0	0.3	1.34	2.1
레드 도그	9.2	2.87	5.4	2.4	3.15	6.4
껍질	8.8	2.33	4.1	10.8	6.38	5.4
등외분	8.9	2.47	5.2	8.4	4.10	6.0
배아	8.5	4.84	11.9	1.8	4.80	15.1

〈표 20〉 밀가루, 밀의 성분 변화 "예"

성분	밀(%)	밀가루(%)	과피(%)
수분	12.00	13.50	13.00
회분	1.80	0.40	5.80
단백질	12.00	11.00	15.40
섬유소	2.20	0.25	9.00
지방	2.10	1.25	3.60
무질소물	69.90	73.60	53.20

(3) 용도

1) 제빵용

제품 용도에 따라 그 규격이 다양하지만 일반적으로 경질소맥에서 얻는 강력분을 주로 사용하는데 단백질 함량은 13~14%로 최소 10.5% 이상이 요구되며, 회분은 0.40~0.50%가 된다.

〈표 21〉 제빵용 밀가루의 품질 규격

품질 요인	식빵		하스브레드	소프트 롤	과자빵
	양산	제과점			
1) 사용 밀	춘맥	경질동맥	춘맥	춘맥-동맥	춘맥
2) 흡수율, %	60~64	60~65	63~68	59~64	60~64
3) 회분, %	0.39~0.46	0.40~0.50	0.44~0.52	0.39~0.45	0.39~0.45
4) 표백	ClO_2	ClO_2	ClO_2	ClO_2	ClO_2
숙성제	과산화벤조일	$KBrO_3$	$KBrO_3$	$KBrO_3$	과산화벤조일
			과산화벤조일	과산화벤조일	
5) 색상	크림백색	크림백색	크림백색	크림백색	크림백색
				또는 백색	
6) 효소활성					
아밀로그래프, BU	475~625	450~600	400~600	475~625	475~625
7) 입자 크기, μ	0~140	0~140	0~140	0~140	0~140
8) 단백질					
① 양, %	11~12.5	11.5~13.0	13.5~15.5	11.5~12.5	11.5~13
② 수화	중간	중간	중간~장시간	중간	단시간~중간
③ 발달시간, 분	6~8	6~8	7~9	6~8	5~8
④ 안정성, 분(최소)	7.5	9	10	8	8
9) 손상전분	5.5~7.8	6.0~8.0	7.0~8.5	5.5~7.8	5.5~7.8

2) 제과용

연질소맥을 제분하여 얻는 박력분으로 평균 7~9%의 단백질 함량과 0.40% 이하의 회분을 함유하며, 제빵용 강력분에 비하여 흡수율이 낮고 믹싱 내구성도 작다.

몇 가지 제품에 대한 권장되는 규격은 다음과 같다.

〈표 22〉 제과용 밀가루의 품질 규격

품질 요인	케이크		케이크도넛	페이스트리	쿠키	비스킷
	고율배합	거품류				
1) 사용 밀	연질동맥	연질동맥	경질동맥	연질동맥	연질동맥	경질동맥
			+연질동맥			+연질동맥
2) 흡수율, %	46~52	44~48	52~58	50~56	48~52	50~54
3) 회분, %	0.30~0.36	0.29~0.33	0.40~0.44	0.40~0.46	0.40~0.46	0.36~0.44
4) 표백	염소가스	염소가스	불필요	불필요	불필요	약간
5) 색상	백색	백색	크림색	크림색	크림색	백색
6) 효소활성						
아밀로그래프, BU	무의미	무의미	무의미	무의미	무의미	무의미
7) 입자 크기, μ	10~60	20~60	0~100	0~100	0~100	0~90
8) 단백질						
① 양, %	7~8	5.5~7.5	9.5~10	10.5~13.0	7.5~8.5	9~10
② 수화	단시간	단시간	단시간	단시간	단시간	단시간
③ 발달시간, 분	1~2	1~1.5	2~3	1~3	1~3	2~3
④ 안정성, 분	1~1.5	1~1.5	2~5	1~2	1~2	1~3
9) 손상전분	높음	낮음	중간	극소	극소	극소
10) 점도						
맥미카엘	35~50°	30~45°	80~110°	45~60°	35~55°	60~90°

제3절 밀가루의 성분 (Composition of flour)

1. 밀 단백질 (Wheat protein)

각각 다른 밀의 구성은 단백질의 함량뿐만 아니라 품종간에도 차이가 있다.

내배유에 함유된 단백질은 전 단백질의 약 75%를 차지하며 주로 알코올에는 용해되는 프롤라민(글리아딘)과 산-알칼리 용해성인 글루테린(글루테닌) 계통이 거의 동량으로 들어 있다. 배아 부위에는 주로 수용성인 알부민과 염수용성 글로불린이 존재하며 효소, 핵단백질과 같은 형태의 생물학적 활성단백질을 함유하고 있다. 배아의 약 10% 정도가 알부민이고 5% 정도가 글로불린이다.

껍질 부위에는 전 단백질의 15~20%가 글로불린, 알부민, 글리아딘과 같은 단백질 형태로 존재하며, 이것은 원소나 아미노산 조성이 배아나 내배유의 것과 근본적으로 다르다.

밀 단백질과 밀가루 단백질의 아미노산 구성을 보면, 리신, 글리신, 아르기닌, 알라닌, 아스파르트산은 밀가루가 되었을 때 감소하며, 프롤린, 글루탐산, 페닐알라닌은 밀가루에 증가한다.

레드 도그와 등외분의 아미노산 구성은 모유 (母乳) 단백질의 아미노산 조성과 유사하여 이유기의 어린이 식품으로 가능성이 크지만 많은 섬유질과, 칼슘과 철의 흡수를 방해하는 피트산 (phytic acid)을 감소시켜야 하는 과제가 남아있다.

밀 단백질 중에서 가장 중요한 특성은 글루텐 (Gluten)을 형성한다는 것이다. 글루텐의 전체가 순수한 단백질이 아니지만 건조 글루텐의 80%가 단백질이며 탄력성과 신장성의 특성을 지니고 있다. 글루텐 단백질은 대체로 다음과 같다.

글리아딘 36% (70% 알코올에 용해성)
글루테닌 20% (중성용매에 불용성)
메소닌 17% (묽은 초산에 용해성)
알부민, 글로불린 7% (수용성)

글리아딘, 글루테닌, 메소닌은 물에 녹지 않으나 밀가루에 물을 넣으면 먼저 글루테닌이 팽윤되면서 글리아딘, 메소닌과 일부의 수용성단백질을 흡수하여 완전히 새로운 물질인 글루텐을 만든다.

2. 탄수화물 (Carbohydrates)

밀의 중요한 탄수화물은 전분, 덱스트린, 셀룰로오스, 여러 가지 형태의 당류와 펜토산이지만 셀룰로오스와 펜토산은 제분과정 중에 대부분이 제거되어 밀가루에는 아주 적다.

전분은 소맥분 중량의 약 70%를 차지하고 있으며 손상전분 (damaged starch)입자는 알파아밀라아제가 공격하기 쉬워서 제빵에 다음과 같은 영향을 준다.

① 스펀지와도 발효에 필요한 가스 생산을 지원하는 발효성 탄수화물을 생성한다.
② 굽기 과정 중에 적정한 수준의 덱스트린을 형성한다.
③ **흡수율을 높인다.**

손상된 전분은 단백질 함량과 상호관계가 있으며, 적정수준으로 권장된 함량은 4.5~8% 이지만 실제 양은 단백질 함량에 지배된다.

수용성 탄수화물은 자당, 맥아당, 포도당, 과당, 라피노오스 등 단당류로부터 3당류의 형태로 1~1.5% 정도 들어있고 덱스트린도 o.1~0.2% 수준이 된다.

다당류 중의 하나인 펜토산은 밀에 8~9%가 함유되지만 밀가루에는 2~3%가 남는다. 이중 약 20~25%는 수용성으로 점성을 가진 용액이 되지만 산화제를 사용하면 교질을 형성한다. 나머지 불용성 펜토산은 세포벽에 집중적으로 몰려 있어서 제분과정에서 대부분이 제거된다.

이것은 밀가루의 흡수율을 증가시키고 빵의 수분 보유력을 높여 노화를 지연 시킨다.

수용성 펜토산이 교질로 변하면 반죽을 팬에 넣었을 때 반죽의 모양을 유지시켜 줄 뿐만아니라 2차 발효 중에 생산되는 가스세포가 무너지지 않게 하여 빵의 구조를 유지시킨다.

셀룰로오스는 전분과 아주 유사한 탄수화물이지만 매우 거칠고 불용성이며 사람에게는 소화가 잘 되지 않는다. 그러나 식이섬유는 1g당 2cal로 계산하고 있다.

이것은 주로 식물 세포벽의 구성물질로 밀에는 껍질에 집중되어 10% 가량 되지만 밀가루에는 0.2% 정도가 함유되어 있으므로 큰 의미가 없다.

3. 지방 (Lipids)

지방과 그 유사물은 밀 전체의 2~4%, 배아에는 8~15%, 껍질에는 6% 정도가 들어있는데 밀가루에는 1~2% 정도로 감소한다.

밀가루 지방은 에테르와 같은 용매로 60~80%가 추출되는데 이것을 유리 지방이라 한다. 부탄알코올과 같은 용매로 추출되는 밀가루 지방을 「결합지방」이라 하는데 이것은 유리 지방에 비하여 인의 함량이 5배 이상이나 된다. 밀가루에 물을 넣고 믹싱을 하면 밀가루의 인지질이 단백질과 반응하여 지단백질을 형성한다.

글루텐을 글리아딘과 글루테닌으로 분리하면 지방은 주로 글루테닌과 결합되어 있다.

〈표 23〉 밀과 제분 제품의 지방산

항목	밀 (%)	밀가루 (%)	껍질 (%)	등외분 (%)
전체 지방	2.32	1.55	4.25	7.51
전체 지방산	1.69	1.04	3.46	6.01
팔미트산	0.30	0.21	0.62	1.08
스테아르산	0.02	0.01	0.03	0.06
올레산	0.24	0.12	0.59	1.01
리놀레산	1.05	0.65	2.02	3.44
리놀렌산	0.09	0.05	0.19	0.34
기타	0.03	0.01	0.04	0.01
계	1.73	1.05	3.49	5.92

밀가루 중의 지방이 산화와 가수분해에 의해 산패가 되면 저장성이 크게 악화되기 때문에 제분공정을 통하여 가능한 한 함량을 낮추려 한다. 지방을 가수분해하는 효소 리파제는 고온과 다습한 상태에서 활성이 크므로 여름철에 장기간 저장하면 산패로 인한 제빵적성을 해치기 쉽다.

4. 광물질 (Minerals)

밀에 들어있는 광물질은 토양, 강우량, 기타 기후조건과 밀 품종에 따라 다르지만 보통 1~2%를 차지한다. 그러나 부위별로는 큰 차이가 있어 내배유에는 0.28~0.39%, 껍질 부위에는 5.5~8.0%가 들어있다.

밀가루의 회분은 주로 껍질 부위로부터 온 것이기 때문에 회분 함량을 측정하는 것은 제분공정을 점검하는 효율적이고 편리한 수단으로 이용되어 왔다. 즉, 같은 밀을 제분할 때 제분율이 높을수록 껍질 부위가 많이 혼합되어서 회분함량이 높아진다.

밀가루의 제분율과 회분함량과의 관계는 다음과 같다.

마니토바 (Manitoba) 밀의 제분

제분율 %	회분 %	비고
75	0.44	* 캐나다의 마니토바 지역에서 재배하는 경질소맥은
77.5	0.49	단백질 함량이 높고 질이 뛰어나 제빵용 밀가루
80	0.58	생산에 세계적으로 인정받는 밀이다.
100	1.50	

원맥이 다르면 제분율이 같아도 회분 함량이 달라질 수 있다. 예를 들어 마니토바와 다른 밀은 제분율이 72%일 때 회분이 0.45%이고, 제분율 100%일 때 1.80%인 경우이다.

빵에 함유된 나트륨과 칼슘은 반죽에 첨가한 재료에 의하여 원래의 밀보다 많은 수준이 된다. 밀가루 회분함량의 의미는 다음과 같다.

① **정제도 표시** : 고급 밀가루의 회분함량은 밀의 1/4~1/5 정도로 낮아진다.

② 제분공장에서 **제분상태**를 점검하는 기준이 된다.

③ **제빵적성**을 나타내지는 않는다. 밀가루들의 혼합으로 회분함량을 조절할 수 있다.

④ 일반적으로 **경질소맥**은 연질소맥에 비하여 회분함량이 높다.

밀에 들어있는 비타민 B 복합체와 비타민 E는 제분 중 제거되어 밀가루에는 아주 적다.

제4절 표백–숙성과 개선제
(Bleaching–maturaton and improvers)

1. 표백–숙성

표백이란 밀가루의 황색색소를 제거하는 것이고 숙성은 –SH 그룹을 산화시키는
것이다. 최근에는 제빵적성에 영향을 주지 않고 단지 표백만 하는 것과 표백작용은
없으나 숙성작용만 하는 것, 두 가지를 겸하는 작용제로 분류하고 있다.

제빵용 고급 밀가루에는 카로테노이드로 표시해서 1.5~4 ppm 정도의 황색색소
물질이 들어있다. 이 물질들은 긴 불포화 탄소 사슬을 가지고 있어서 산소나 염소
가 이중결합에 쉽게 작용하여 무색 화합물을 만든다. 이것이 표백이다.

숙성제와 표백제의 기능은 다음과 같이 요약할 수 있다.

① 자연 숙성과 인공 숙성은 직접 제빵적성을 개선한다.
② 밀가루의 황색색소를 변화시키는 화학적 표백작용을 한다. 이 색소들은 극히
소량으로 존재하며 동물에 있어 비타민 A로 전환되지 않는 엽황소 (xanthophyll)
와 그 에스테르를 포함하고 있다.
③ 좋은 색택, 고운 속결과 기공을 가진 빵을 만든다.

밀가루에 사용하는 화학적 산화제로 기체 상태인 과산화질소와 고체 상태인 과산
화벤조일은 정상적인 사용 범위 내에서 표백의 역할만하지 숙성작용은 없다.

염소가스, 염화니트로실 (nitrosyl chloride), 이산화염소, 과산화아세톤 등은 색
소물질을 제거하면서 강한 숙성작용을 한다.

염소 가스는 농도가 높을 경우에는 표백작용을 하지만 농도가 낮으면 숙성작용
을 한다.

밀가루의 색은 대체로 다음의 3가지 요소가 영향을 미친다.

① 입자 크기 : 입자가 작을수록 밝은 색이며 크기는 표백에 영향을 받지 않는다.
② 껍질입자 : 껍질입자가 많을수록 어두운 색이 되며 껍질의 색상물질은
표백제에 의하여 표백되지 않는다.
③ 카로텐 색소물질 : 내배유에 천연상태로 존재하며 표백제에 의해 탈색된다.

2. 밀가루 개선제 (Flour improver)

밀가루 개선제란 취소산칼륨, 아조디카본아미드, 비타민 C와 같이 두드러진 표백작용이 없이 숙성제로 작용하는 물질을 말한다.

〈표 24〉 밀가루 표백 숙성제

산화제	사용량	작용	
		숙성	표백
산소 (O₂)	–	O	O
브롬산칼륨 (Potassium bromate : KBrO3)	50 ppm 이하	O	X
요오드산칼륨 (Potassium iodate : KIO3)	50 ppm 이하	O	X
과산화벤조일 (Benzoyl peroxide)	100~160 ppm	X	O
이산화염소 (Chlorine dioxide ; CIO2)	5~50 ppm	O	O
비타민 C (Dehydro–l–ascorbic acid)	200 ppm	O	X
아조디카본아미드 (Azodicarbonaide)	45 ppm 이하	O	X
과산화아세톤 (Acetone peroxide)	20~40 ppm	O	O
염소가스	1,300~1,700 ppm	X	O
염소가스	200 ppm 이하	O	X

아조디카본아미드를 첨가한 밀가루는 이산화염소로 처리한 밀가루보다 반죽의 응집성과 기계적성이 좋으며 산화작용이 빨라서 요오드염 대신에 사용할 수 있다.

비타민 C는 오래전부터 효율적인 밀가루 개선제로 알려져 왔는데 독일이나 프랑스에서는 법적으로 허가된 유일의 천연 개선제이다. C 자신은 환원제이지만 일반적인 반죽 제조공정에서 데히드로–L–아스코르브산 (dehydro–L–ascorbic acid)로 산화된다. 이것은 다른 산화제와 같이 밀가루 단백질의 –SH 결합을 –SS– 결합으로 산화시킨다. 그러나 연속식 제빵법에서는 기계구조가 공기 중 산소의 공급을 제한받기 때문에 비타민 C는 본래 가지고 있던 환원제의 역할을 한다.

또 콩이나 옥수수로부터 얻는 산화효소인 리폭시다아제 (lipoxidase)를 반죽에 첨가하면 발효기간에 걸쳐 색소물질을 파괴하는 성질이 있어 실용화 되고 있다.

제5절 밀가루 저장과 프리믹스
(Flour storage and prepared mixes)

1. 밀가루의 저장

제분한 지 5일이 안된 밀가루를 사용한 빵반죽은 신장성이 결여되어 거칠게 터지기 쉽고 빵속도 거칠어 빨리 굳게 된다. 밀가루는 발한 (發汗:sweating)을 하는 호흡기간을 지나는 동안 생화학적, 산화적 변화가 일어나 숙성이 되며 제분 후 4~5일부터 개시하여 3주까지 계속된다.

밀가루는 흡습성을 가지고 있어 공기 중의 상대습도에 따라 자체 수분함량도 변화하는데 습도 60% 이하에서 저장하면 수분을 잃어서 무게가 준다.

일반적으로 수분함량이 높을수록 변화속도가 빠르고 그 폭도 커진다.

밀가루를 장기간 저장할 때 일어나는 반응은 복잡해서 1차 악화가 일어난 후 다시 개선된 상태가 되었다가 2차 악화가 되는 사이클을 반복한다. 이 주기는 pH, 완충능력, 산, 수용성질소, 글루텐의 양과 질 등 여러 가지 특성에 관계가 있는 것으로 알려져 있다.

밀가루를 공기 중에 저장하면 상당량의 산소를 흡수하지만 동시에 곤충의 발생, 곰팡이와 박테리아의 번식, 화학적 산화도 일어난다. 카로틴의 황색색소를 제거하기도 한다.

Jones와 Gersdorff가 2년 이상 조사한 밀가루 단백질과 저장조건과의 영향에 의하면

① 단백질의 용해도가 감소
② 단백질의 부분적 분해로 순수 단백질은 감소하고 아미노산 질소가 증가
③ 단백질의 소화율이 감소한다고 밝혔다.

이러한 변화는 저장온도, 저장용기, 저장기간, 재질 등에 영향을 받는데 24℃에서 2년간 지대 (紙袋)포장으로 저장할 때 단백질 용해도는 61%나 감소한다는 보고가 있다.

McCormick의 연구에 의하면 지대를 사용한 밀가루는 30일 동안에 수분함량이 10.5%로부터 13.9%까지 3.4%의 차이를 나타내는데 이 차이 1%는 믹서 **흡수율 1.8%**에 해당된다.

여러 가지 밀가루를 30℃에서 90일간 저장하면서 관찰한 결과에 따르면

① 공기 저장은 pH가 6.1에서 5.6까지 점차적으로 내려가지만 질소충전은 변화가 없다.
② 공기 중 저장은 곰팡이의 번식은 증가되지만 박테리아는 거의 일정하다.
③ 공기 중 저장으로 −SH 그룹의 수용성 부분은 현저하게 감소한다.
④ 과산화물가는 변동이 없지만 지방산은 곰팡이의 수와 정비례한다.
⑤ 밀가루−물 현탁액의 점도는 저장기간이 길수록 증가한다.

배아가 밀가루 기준 3% 이상이 첨가되면 배아에 함유된 글루타티온의 −SH **그룹**이 반죽을 약화시키고 끈적거리게하여 기계적성을 악화시키고 결과적으로 반죽과 완제품 빵의 특성에 유해한 결과를 초래하고 있는 것으로 알려지고 있다.

그래서 발효 내구성이 큰 강력분 사용 반죽이나, 0.3~0.5%의 이스트푸드를 사용하는 **장시간 스펀지 발효법**이나 글루타티온을 산화시키는 작용을 하는 〈분유〉를 사용하는 경우에 사용하여 그 유해성을 감소하고 있다. 근래에 들어 레시틴 형태의 인지질을 함유하는 배아 또는 **열처리를 한 배아**를 사용함으로 유해성을 극복하고 빵의 부피를 증가시키기도 한다.

그러나 **전립분**〈통밀가루(whole wheat flour, graham flour)〉은 상당히 많은 단백질, 지방, 광물질, 비타민(특히 E)과 섬유질을 함유하고 있어 밀가루의 영양학적 가치를 현저히 높임으로 영양을 강화하는 건강빵−과자제품, 특히 쿠키(건과자)에 많이 사용되고 있다. 자연 상태의 밀을 100% 제분한 통밀가루는 2~3%의 배아를 함유하고 있어 지방의 산패에 의한 **나쁜 저장성** 때문에 단기간 내에 사용한다.

자연적인 숙성에 있어, 0~30℃의 온도에서는 밀가루 품질의 변화는 크지 않으나 겨울철 영하의 온도에서는 생화학적 활성속도가 크게 감소하기 때문에 숙성이 지연된다.

포장한 밀가루는 24~27℃의 밝고 공기가 잘 통하는 저장실에서 약 3~4주를 숙성시키면 호흡기간이 끝나서 제빵적성이 좋아진다.

2. 프리믹스

프리믹스란 밀가루, 설탕, 분유, 분말 계란, 향료 등 건조 재료와 경우에 따라 이스트, 베이킹 파우더와 같은 팽창제 및 유지 등 재료를 그 제품에 알맞은 배합률에 맞추어 균일하게 혼합한 원료를 말한다.

미국에서 1920년대에 소개된 프리믹스는 ① 7~10종의 재료(미량재료 포함)를 정확하게 계량하여 제조상의 실패를 감소시키며 ② 균일한 제품 제조를 가능하게 한다. ③ 재료저장 면적을 줄이고 재고조절이 용이하며 ④ 계란, 우유 등을 손으로 다룰 때 일어날 수 있는 위생문제를 배제할 수 있다. ⑤ 인건비의 절약, 재료의 손실이나 낭비를 줄일 수 있다는 장점을 가지고 있다.

거의 모든 빵·과자 제품을 프리믹스 형태로 만들 수 있지만 무엇보다 중요한 것은 양질의 제품을 균일하게 만드는 것이다. 수십 또는 수백 개의 점포를 운영하는 프렌차이즈 회사는 자사 제품의 균일성 유지가 필요한데 프리믹스는 이 문제를 해결해 준다.

프리믹스를 만드는 일반적인 제조공정은 다음과 같다.

① 제품개발 : 배합표와 제조공정
② 배합표의 재료를 계량하여 프리믹스 믹서에 넣고 균일하게 혼합한다.
③ 유지는 액체 상태로 만들어 믹서 내부 상단에 일정한 간격을 두고 설치한 분무 노즐을 통하여 건조 재료에 혼합한다.
④ 유지 덩어리를 없애고 전 재료를 고르게 혼합하기 위해 초고속 롤러 (votator)를 통과시키기도 한다.

프리믹스 제조에 있어 중요한 것은 그 제품에 맞는 밀가루를 사용하는 것이다. 거품류케이크 믹스에는 글루텐 형성물질이 적은 박력분을 사용해야 사용자가 다시 믹싱을 하여 제조하더라도 가볍고 부드러운 제품을 만들 수 있다.

공급자는 프리믹스의 최대 장점인 편리성과 균일성을 유지하고 좋은 제품을 선도적으로 개발하여 제공할 필요가 있다.

제2장 기타 가루 (Miscellaneous flours)

제1절 호밀가루 (Rye flour)

호밀은 빵 원료 곡식으로 중요하지만 독일, 폴란드, 스칸디나비아 반도 일대와 러시아 등 나라에서도 주요한 식량자원이다. 호밀은 밀 재배에 부적합한 기후와 토양 조건에서도 재배할 수 있는 작물이다.

1. 호밀의 구성 (Composition of rye)

Morrison의 자료에 의한 호밀의 화학적인 구성은 다음과 같다.

〈표 25〉 호밀의 평균 구성

성분	%
단백질	12.6
지방	1.7
섬유질	2.4
탄수화물	70.9
회분	1.9
수분	10.5

호밀가루의 구성성분은 밀과 거의 유사하지만 호밀 단백질 중에서 알부민, 글로불린, 글리아딘 외에 글루테린은 현격한 차이가 있다.

호밀의 글루텐 형성 단백질인 프롤라민과 글루테린이 전 단백질의 25.72%인데 비하여 밀의 경우는 90%나 된다. 호밀의 글루텐 형성 단백질은 쐐기 모양으로 호밀의 고분자 껌과 작용하여 **고점도의 복합물질**을 만드는데 이것은 응집성과 신장성이 떨어진다.

호밀의 탄수화물도 밀과 유사한 구성으로 되어 있으나 펜토산의 함량이 높아서 끈적거리는 반죽을 만든다. 그것은 수화된 껌류가 글루텐 입자를 둘러싸서 글루텐이 응집하는 것을 방해하기 때문이다.

젖산이나 초산과 같은 유기산은 껌류의 글루텐 형성 방해작용을 감소시키므로 사워반죽 발효로 만든 호밀빵의 품질이 더 우수하다.

호밀 전분의 젤라틴 온도는 밀 전분보다 낮은 편이며 새로 제분한 호밀가루는 젤라틴화가 쉽게 일어나 아밀라아제가 분해활동을 하여 빵이 축축하고 생반죽 같은 속이 생긴다.

반대로 오래된 호밀가루의 전분은 젤라틴화에 대한 저항성이 커져서 호화온도가 높아지고 이것으로 만든 빵은 옆면이나 바닥면이 터지는 결점이 생긴다.

호밀가루에는 적정량의 알파 아밀라아제가 있어야 장시간 발효를 위한 발효성 탄수화물 자원을 생성하여 발효를 계속하고 향을 발달시킨다.

호밀의 지방함량은 1.7~2.3% 이고 호밀가루에는 0.65~1.25%가 들어있다. 낟알의 부위 중에서도 배아에 농축되어 있는데 함량은 약 12%가 된다.

호밀가루를 장기간 저장하면 리파아제와 같은 지방 분해효소에 의해 유리 지방산이 생성되어 굳어지는 현상이 생긴다. Schulerud에 의하면 유리 지방산은 단백질의 팽윤 능력을 줄이고 전분의 젤라틴화를 방해하여 글루텐을 이루는 단백질과 전분의 작용에 변화를 준다. 지방 함량이 높은 호밀가루는 저장성이 떨어진다.

호밀의 광물질은 다음 표와 같다.

성분	%	성분	%
칼슘	0.115	인산	0.37
마그네슘	0.14	염소	0.02
칼륨	0.53	유황	0.18
나트륨	0.04	철	0.0065

호밀에는 칼륨과 인산이 많은 양을 차지하며 인산은 유기적으로 결합되어 피틴을 구성한다. 피틴은 1분자의 이노시톨과 6분자의 인산과 결합되어 있는 피트산의 마그네슘 또는 칼슘염 물질이다.

피틴은 주로 곡식의 외각 부위에 존재하며 칼슘의 소화흡수를 방해하지만 빵발효와 굽기초기에 피티아제에 의해 가수분해 된다.

2. 호밀의 제분 (Rye milling)

호밀도 처음에는 세척하고 부실한 낟알을 제외시킨다. 낟알의 수분 함량은 제분에서 큰 의미가 있는데, 너무 건조하면 껍질이 부서지기 쉬워서 작은 입자가 되므로 호밀가루로부터 효과적으로 분리하기가 어렵다. 수분이 너무 많으면 호밀 내배유 물질이 롤러에 달라붙는 경향이 크다. 수분함량 14~16%가 적당하다.

호밀은 여러 개의 파쇄 롤러를 거쳐서 가루가 되면 그 단계마다 체질을 하고 최종적으로 '리듀싱 롤러'를 통과시켜 가루를 얻는다. 호밀은 등외분이 없기 때문에 최후에 나오는 호밀가루에는 많은 기울이 들어있다.

호밀가루는 일반적으로 백색, 중간색, 흑색으로도 분류한다.

백색 호밀가루는 고급 밀가루와 같은 등급으로 색상이 밝으며, 회분함량이 0.55~0.65%, 단백질 함량이 6~9% 정도가 되는데 표백처리를 하는 유일한 호밀가루이다. 기본적으로 사용하는 표백제는 염소가스이며 때때로 과산화질소, 과산화벤조일도 사용한다.

이산화염소와 같은 숙성제는 호밀 단백질의 특성 때문에 큰 효과가 없으며 염소는 제빵적성의 개선보다는 표백작용을 위하여 사용한다.

백색 호밀가루 40%를 밀가루에 혼합하여 사용하면 상당한 부피의 빵을 만들 수 있다.

중간색 호밀가루는 제분율 80% 정도에 해당되는 것으로 색상이 어둡고 껍질입자가 상당히 함유되어 있다. 회분함량은 0.65!1.0%로 높은 편이며 단백질은 9~12% 정도이다.

중간색 호밀가루 30%를 밀가루에 혼합하여 사용하면 빵 부피의 감소를 막을 수 있다.

흑색 호밀가루는 제분율이 높은 저급분으로 껍질 부위가 제일 많기 때문에 검은 색상이 된다. 회분함량은 1~2% 이며 단백질은 12~16% 정도이다.

흑색 호밀가루 20%를 밀가루에 혼합하여 사용하면 빵 부피의 감소는 적다.

흑색 호밀가루 **호밀 전립분** 또는 그레이엄 (graham)은 섬유질 함량이 높아서 고지방 식을 많이 하는 현대인에게 건강빵으로 자리를 잡고 있다.

제2절 대두분 (Soybean flour)

1. 구성

콩은 기본적으로 단백질, 기름, 탄수화물, 광물질로 구성되어 있으며 각 성분의 함량 비율은 토양, 기후조건, 품종 등에 따라 크게 다르다.

〈표 26〉 콩의 화학적 구성

성분	최소, %	최대, %	평균, %
수분	5.02	9.42	8.0
회분	3.30	6.35	4.6
지방	13.50	24.20	18.0
섬유질	2.84	6.27	3.5
단백질	29.60	50.3	40.0
펜토산	3.77	5.45	4.4
설탕류	5.65	9.46	7.0
전분 유사물	4.65	8.97	5.6
1,000개 중량, g	40	248	150

대두는 약 18%의 지방과 40%의 단백질을 함유하는데 제과 · 제빵 제품에 보편적으로 사용하는 대두제품은 지방함량이 1% 전후가 되는 탈지대두분이다.

〈표 27〉 제품별 대두 단백질

제품	단백질, %	지방, %	수분, %
전지대두분	41.0	20.5	5.8
탈지대두분	53.0	0.6	6.0
레시틴처리 대두분	51.0	6.5	7.0
분리 대두분	92.8	〈 0.1	4.7

레시틴처리 대두분은 정제한 탈지대두분에 레시틴을 첨가하여 용도에 따라 기능성을 높인 제품이다. 분리 대두분은 pH 8~9의 묽은 알칼리로 단백질을 추출하고

다시 pH 4.5로 산성화하여 단백질을 응고시킨 후 세척, 중화, 건조의 과정을 거쳐 식품용 제품을 만드는데 고단백 식품과 기능성 식품을 만드는 원료가 된다.

2. 대두 단백질 (Soy protein)

식품에 대두분을 사용하는 것은 소화율이 높고 아미노산 구성이 다양한 높은 영양가 때문이다. 일반 곡류의 단백질은 필수 아미노산 균형이 잘 맞지 않기 때문에 대두 단백질을 첨가하므로 영양가를 개선하는데 특히 '리신'은 밀가루 영양의 보강제가 된다.

대두 단백질의 주된 구성성분은 글리시닌과 글로불린으로 전체 단백질의 80~90%를 차지하고 나머지는 알부민과 글루테린으로 구성되어 있다.

〈표 28〉 대두 단백질과 밀 단백질의 아미노산 비교

아미노산	밀 글루텐	대두 단백질
아르기닌 (Arginine)	3.9	5.8
히스티딘 (Histidine)	2.2	2.2
리신 (Lysine)	1.9	5.4
트립토판 (Tryptophan)	0.8	1.5
티로신 (Tyrosine)	3.8	4.3
페닐알라닌 (Phenylalanine)	5.5	5.4
시스틴 (Cystine)	1.9	1.0
메티오닌 (Methionine)	3.0	2.0
트레오닌 (Threonine)	2.7	4.0
로이신 (Leucine)	12.0~2.6	6~8
이소로이신 (Isoleucine)	3.7~0.2	4.0
발린 (Valine)	3.4~0.5	4~5

대두 단백질은 밀 단백질과 화학적 구성도 다르고 물리적 특성도 크게 달라서 신장성이 결여되어 있다.

밀가루에 첨가하면 글루텐과 전분을 약하게 하는 반면에 결합력을 나타내어 신장성에 저항을 준다. 대두분 사용에 따른 실제적인 흡수량은 1:1로 한다. (대두분 1% 첨가에 흡수율 1% 증가)

3. 기타 성분

(1) 탄수화물

대두분의 탄수화물은 설탕류, 덱스트린, 펜토산, 갈락탄, 셀룰로오스 등이며 전분은 없거나 3% 이하이다. Street와 Bailey의 탄수화물 구성비는 다음과 같다.

갈락탄=4.86%, 펜토산=4.94%, 자당=3.31%, 전화당=0.07%, 라피노스=1.13%, 전분=0.5%, 덱스트린=3.14%, 셀룰로오스=3.29%, 헤미셀룰로오스=0.04% 등 21.28% 정도이다. 이외에 유기산, 밀초, 색소물질, 기타 탄수화물을 합치면 31.08% 가 탄수화물이다.

(2) 광물질

용매추출 대두분에는 약 5.5%의 회분이 들어있다.

칼슘과 인의 함량이 다른 곡물보다 많으며 철분의 공급원이 된다.

(3) 비타민

대두분은 밀가루보다 비타민이 풍부한 편이다.

〈표 29〉 밀가루와 대두분의 비타민 함량

비타민	용매추출 대두분, 1파운드	밀가루, 1파운드
카로틴 (carotene)	340 I.U.	136 I.U.
티아민 (thiamine)	3.4 mg	0.27 mg
리보플라빈 (riboflavin)	1.82 mg	0.41 mg
니아신 (niacin)	27.2 mg	4.5 mg
판토텐산 (pantothenic acid)	6.4 mg	2.7 mg
비오틴 (biotin)	331.4 mg	2.3 mg
콜린 (choline)	1.02	?

※ 영양강화 밀가루 1파운드에 비타민 B 복합체 중 티아민이 2.0 mg, 리보플라빈이 1.2 mg, 니아신이 16 mg 이상 들어있어야 하는 것과 비교가 된다.

이외에 대두에 들어있는 인지질인 레시틴은 흡습성이 높고 콜로이드 용액을 만들며, 뛰어난 유화기능 때문에 식품제조에 유용하게 사용되고 있다.

4. 이용

대두분을 빵·과자 제품에 사용하는 것은 영양가를 높이고 물리적 특성을 개선하는데 있으며 그 장점을 요약하면 다음과 같다.

① 빵·과자 제품의 저장성을 증가시킨다.
  ㈀ 빵 속으로부터의 수분 증발 속도를 감소시킨다.
  ㈁ 빵 속의 전분 겔과 글루텐 사이에 있는 물의 상호 변화를 늦추어 노화를 지연시킨다.
  ㈂ 대두의 인산화합물이 항산화제 역할을 하여 쇼트닝 등 유지의 산패를 막아준다.
② 보다 더 균일하게 팽창하는 효과가 있어 빵속의 조직이 개선된다.
③ 토스트할 때, 황금갈색이 균일하게 나고 고운 조직이 된다.
④ 단백질의 영양적 가치는 전밀빵과 같은 수준이거나 그 이상이다.
⑤ 빵 속에 적정한 강도를 주거나 또는 본체 (body)를 단단하게 구성하여 덜 익은 것 같은 촉감을 줄여준다.

Trempel에 의하면, 고지방 대두분을 케이크에 사용하면 제품의 저장성이 연장되고 식감개선 외에 외양도 좋아진다고 한다. 10% 이하를 사용하며 배합율을 조절할 필요가 있다.

① 첨가하는 대두분 중량의 100~125%에 해당하는 물을 추가하여 사용한다.
② 첨가하는 대두분 중량의 6~7%에 해당하는 베이킹 파우더를 증가하여 사용한다.
③ 소금도 다소 증가하여 사용한다.

Turro와 Sipos의 연구에 따르면 대두분은 스펀지/도법에서 스펀지 보다 도에 첨가하는 것이 좋은데 스펀지에 넣으면 발효에 악영향을 미쳐 글루텐 조직을 약하게 하여 반죽을 끈적거리게 하고, 기계 작업성이 나빠 거칠고 불균형한 조직의 빵을 만든다.

대두 단백질의 변성도에 따라 물에 대한 분산성에 차이가 나는데 물 분산성이 70% 이하인 경우에는 빵의 부피가 작아지고 조직이 거칠어진다.

대두분을 혼합하는 방법으로

① 밀가루와 함께 체질하거나 믹서에서 직접 혼합하는 방법
② 물에 풀어서 잘 휘저어주는 방법
③ 감미제, 쇼트닝, 계란과 함께 크림을 만드는 방법 등이 있다.

제3절 기타

1. 활성글루텐 (Vital wheat gluten)

밀가루로부터 특정한 공정을 거쳐 얻는 활성글루텐은 미세한 분말로 연한 황갈색이며 단백질 함량은 최소 75%이다.

활성글루텐은 ① 밀가루에 물을 넣고 믹싱하여 반죽을 만들고 ② 반죽에 들어있는 전분과 수용성 구성물질을 가능한 한 세척해낸다. ③ 글루텐을 수분 6% 이하로 건조하고 밀가루와 같은 형태로 분말을 만든다. 효소의 활성을 살리기 위하여 가능한 한 저온, 고도의 진공상태에서 건조하는 '분무 건조 (spray drying)' 방법 사용이 일반적이다.

〈표 30〉 활성 밀 글루텐 구성

성분	%
수분	4~6
단백질(N x 5.7)	75~77
광물질	0.9~1.1
지방	0.7~1.5

활성글루텐의 기능은 믹싱 내구성을 증가시키며 발효, 성형, 최종발효 동안 안정성을 높인다. 사용 중량에 대하여 1.25~1.75%의 흡수율을 증가시킨다. 이러한 기능성은 제품의 부피를 크게 하고 기공, 조직, 속을 개선하며 저장성도 연장한다.

⟨표 31⟩ 활성글루텐의 일반적인 사용수준

제품	밀가루 기준, %
하드 롤, 프랑스빵, 이태리빵	2 ~ 3
흑빵 (Dark breads)	1 ~ 3
건포도빵 (Raisin bread)	2 ~ 3
건강빵 (Health breads)	1 ~ 2
식빵,연속식 (White bread, continuously)	0.5 ~ 1
스위트 롤, 빵도넛	0.5 ~ 1.5
크래커, 프레젤	1 ~ 2

2. 감자가루 (Potato flour)

감자는 식량이 부족할 때 구황식량으로, 빵 재료로 사용할 때 특유의 향을 내는 향료제로, 빵이 굳어지는 속도를 지연시키는 노화 지연제로, 근대적인 이스트가 없던 시대에는 으깬 감자와 호프(hop)와 물을 넣어 발효시키는 팽창제로 사용되어 왔다.

⟨표 32⟩ 감자류의 구성

성분	생감자, %	감자가루, %	고구마 전분, %
수분	75	7.2	12.00
단백질 (N x 6.25)	2	8.0	–
탄수화물	20	78.7	87.60
지방, 섬유질, 회분 등	3		용해성물질 = 0.20
지방	–	1.4	–
조섬유	–	1.6	–
회분	–	3.2	0.17

감자에는 비타민 B 그룹인 티아민, 리보플라빈, 니아신이 밀가루 보다 많고 밀가루에는 없는 비타민 C도 있지만 감자가루 제조공정과 빵을 굽는 중에 대부분 파괴된다.

감자가루의 탄수화물은 아밀라아제에 의해 덱스트린과 발효성 탄수화물로 전환되기 쉬워서 발효를 가속시키며, 단백질은 용해성이 커서 이스트의 질소 공급원이 된다.

감자에 들어있는 칼륨, 마그네슘, 인 등의 광물질은 이스트의 성장을 촉진한다.

Harris 등은 밀가루 기준 4%의 감자가루를 사용하면 흡수율과 부피가 증가하지만 조직이 다소 나빠지기 때문에 적당한 유화제를 함께 쓰면 72시간 이상의 저장기간에 빵이 단단해지는 경향인 '노화'를 현저히 감소시키는 것을 알았다.

식빵과 건포도빵에 감자 플레이크 3%를 첨가하면 흡수율을 증가시키며 부드러움, 조직, 부피를 개선하는데 커피 케이크에도 같은 효과가 있다.

감자에 본래부터 들어있는 단백질, 지방, 광물질과 같은 성분을 모두 포함하는 감자가루와 거의 순수한 전분으로 이루어진 감자전분은 다르다. 고구마 전분은 아밀로오스 함량이 높고, 흡수력과 수분 보유능력이 좋아서 밀가루 기준 1% 정도를 사용한다.

3. 땅콩가루 (Peanut flour)

미국에서 1920년부터 빵 · 과자에 사용하던 땅콩가루는 향, 색상, 이물질, 영양 특성, 제조경비 등의 개선을 거쳐 1939년부터 본격적으로 사용하게 되었다.

양질의 땅콩가루는 밝은 색상, 온화한 맛, 3% 이하의 섬유질, 5~9%의 지방, 55% 이상의 단백질, 10% 이하의 수분함량으로 95% 이상이 120 메시 (mesh)를 통과한 것이다.

〈표 33〉 땅콩가루의 구성

성분	%	범위, %
단백질	60.0	55 ~ 62
지방	7.0	5 ~ 9
섬유질	2.5	2 ~ 3
물	6.0	2 ~ 10
티아민(B_1)	4.0 I.u./g	
니아신	350 r/g	
리보플라빈(B_2)	5.0 r/g	

땅콩가루는 전체 단백질함량도 높지만 필수 아미노산이 일반 곡류단백질 보다 훨씬 많아서 영양적 가치도 높다.

4. 면실분 (Cottonseed flour)

면실유를 추출하고 남은 목화씨를 분말화한 것으로 단백질, 탄수화물, 지방함량이 상당히 높은 재료이다.

〈표 34〉 면실분(棉實粉)의 평균 조성

화학적 구성		비타민		광물질	
성분	%	종류	r/g	종류	%
수분	6.3	티아민	10.4	칼슘(Ca)	0.2
단백질	57.5	리보플라빈	10.2	마그네슘(Mg)	0.65
지방	6.5	니코틴산	85.0	인(P)	1.30
섬유질	2.1	판토텐산	25.5	철(Fe)	0.012
탄수화물	21.4				
회분	6.2				

대두분, 땅콩가루, 면실분을 비교하면 그 일반적인 구성이 서로 유사하며 단백질과 지방함량이 높고, 상대적으로 탄수화물 함량이 낮은 공통점이 있다.

영양가 증대를 목적으로 빵 · 과자 제품의 원재료로 오래 전부터 널리 사용되고 있지만 과량(5% 이상)을 사용하면 반죽과 완제품에 악영향을 준다.

대두분, 땅콩가루, 면실분의 단백질은 **생물가** (biological value)가 높으며 필수 광물질과 비타민이 풍부한 식품 자원이다. 사용량은 밀가루 기준 5% 이하이다.

제3장 감미제 (Sweetening agents)

설탕류는 빵·과자 제품 생산에 사용하는 기본 재료의 하나로서 감미, 향, 수분 보유제, 발효 조절제 등 복합적인 기능을 가지고 있다.

식빵제조에 있어 적정한 이산화탄소 가스를 생산하는데 스펀지법에는 2%, 스트 레이트법에는 3%가 필요하고 이 이상의 설탕은 껍질색, 부피, 향, 저장성, 발효속 도의 조절에 영향을 준다.

자당은 이스트에 들어있는 효소 인베르타아제에 의해 포도당과 과당으로 바뀌어 발효에 직접 사용되지만 전분이 가수분해 되어 생성된 맥아당은 단당류가 존재하 는 동안 직접적으로 발효하지 않는다.

Rice의 1940년대 연구에 의하면 6%의 설탕을 빵반죽에 사용하면 이중 약 76%가 이스트에 의하여 소비되고 이때 남는 잔류당은 주로 과당인데 이것은 포도당에 비 하여 감미와 흡습성이 높고 열에 민감하다.

자당은 가수분해 되면 발효성 탄수화물인 포도당과 과당이 자당 자체보다 약 15% 가 증가되는데 이것은 이스트의 활성을 저해하여 가스 생산속도를 감소시킨다.

빵발효에 필요한 설탕량 이상을 사용하면 믹싱시간이 증가하고 나머지는 잔류당 으로 다음과 같은 기능을 나타낸다.

① 캐러멜화와 환원당과 밀가루 단백질의 아미노산이 작용하는 마이야르 (Maillard) 반응에 의해 껍질색 형성을 빠르게 하여 제품 중에 수분을 많이 남게 한다.
② 휘발성 산, 알데히드 등 물질을 만들어 향을 발생시킨다.
③ 조직, 기공을 개선하고 빵 속을 부드럽고 연하게 하며 속색을 희게 한다.
④ 설탕은 흡습성이 있어 수분 보유력을 가지고 있으므로 저장수명을 연장한다. 자당은 흡습성이 작지만 과당, 꿀, 전화당, 물엿은 흡습성이 높다.
⑤ 설탕 첨가는 빵·과자 제품에 많은 수분를 보유하게 하여 수율을 높인다.

제1절 자당 (Sucrose)

1. 사탕수수 설탕 제조 (Cane sugar manufacture)

우리가 가장 많이 사용하는 감미제가 자당이다. 자당은 원료가 사탕수수와 사탕무로서 다른 설탕류와 구분하기 위한 이름이다.

사탕수수는 수확기에 16~20%의 자당과 소량의 다른 설탕류, 광물질, 유기물, 색소물질, 방향물질을 함유하고 있다.

설탕공장으로 옮겨진 사탕수수 대를 작은 크기로 절단하고 으깨는 공정으로 설탕과즙을 추출한다. 이 액을 여과기로 걸러서 침전 탱크로 보내면 거친 부유물이 침전한다.

다시 믹싱 탱크로 보내서 이산화황과 석회로 처리하면 많은 불순물이 침전한다. 맑은 설탕액을 증발기에서 농축하면 점성이 높은 설탕시럽으로 된다.

이 시럽을 진공 용기로 옮겨 설탕이 포화될 때까지 증발시켜 농축하면 결정 (結晶) 입자 씨앗이 생기기 시작하고 이 위에 다른 설탕이 퇴적되어 결정들이 확산한다.

결정체와 시럽이 섞인 이 원액을 원심분리하면 원당과 제1당밀로 분리된다. 이 단계의 원당은 97%의 자당, 소량의 다른 설탕, 유기물과 회분 등 불순물, 수분을 함유한 황색의 제품이다.

제1당밀은 그대로 상품화하거나 진공용기로 옮겨 다시 농축하고 원심분리하면 추가로 설탕을 추출할 수 있으며 남은 시럽이 제 2당밀이다. 제 3당밀은 식품외의 용도로 쓰인다.

사탕무도 수확기에 18%의 설탕을 함유한 품종이 개발되면서 공업적으로 제조되고 있다.

세척하고 잘게 썬 사탕무는 용해조에서 뜨거운 물로 가용성 물질을 추출한다. 이 과즙을 1차 여과를 거쳐 석회와 이산화탄소로 처리하면 불순물이 침전된다. 이 과정을 반복하여 여린 황색의 여과액을 얻으면 이산화황을 넣어 최종 청정작업을 한다. 이것을 증발시키고 결정화, 원심분리, 세척, 건조하여 제품을 만든다.

2. 정제당 (Refined sugar)

설탕의 정제는 1단계로 원당을 순수한 자당으로 만들고 2단계는 설탕 사용자(소비자)의 특정 용도에 맞는 여러 가지 설탕 제품을 생산하는 두 단계를 거친다.

1단계는 정제공장에서 원당을 받아 일련의 공정을 거쳐서 원당 결정에 붙어있는 당밀과 함께 다른 불순물도 제거하는 것이다. 입자 크기가 다른 많은 종류의 설탕을 맑은 시럽 형태로 만들고 순수한 물−설탕을 설탕 씨앗으로 재결정 (seeding) 시켜 입상 (粒狀) 설탕을 만든다.

설탕시럽 모액 (mother liquor)을 원심분리 하여 얻은 결정체는 세척과 건조과정을 거쳐 체질공정을 통하여 크기에 따라 분류한다. 보편적인 품종은 입상형 (granulated) 설탕과 분당 (粉糖)으로 입상형 설탕에는 다음과 같은 종류가 있다.

(1) 입상형 설탕 (Granulated sugar)

코팅슈거 (coating sugar) : 가장 미세한 입상형으로 빵 · 과자 코팅에 사용

베이커 스페셜 (baker's special) : 전체 결정입자가 곱고 케이크류 제조에 사용

프루트 그래뉼레이트 (fruit granulate) : 고른 분산과 용해성, 케이크와 케이크 믹스용

스탠다드 (standard granulate) : 용해성이 우수, 분쇄용으로 사용

엑스트라 파인 (extra fine granulate) : 미세한 입자로 다목적용

파인 그래뉼레이트 (fine granulate) : 결정체가 균일하고 제빵이나 당과에 사용

샌딩슈거 (sanding sugar) : 입자에 광택이 있고 쿠키와 과자빵류에 뿌리기용

미디움 파인 그래뉼레이트 (medium fine granulate) : 굵은 입자로 다목적용

미디움 그래뉼레이트 (medium granulate) : 순수한 색상의 입상형 당

코스 그래뉼레이트 (coarse granulate) : 상당히 큰 입자로 쿠키와 케이크의 설탕뿌림용으로 설탕 결정체가 완제품에 특수 효과를 주는 제품에 사용한다.

이와 같은 많은 종류의 설탕은 결정입자의 조절에 의해 만들어지며 체눈금 분석은 다음과 같다.

〈표 35〉 입상형 설탕의 체눈금 분석

체눈금 크기 mesh	mediuim granulate 미디움	sanding 샌딩	fine granulate 파인	standard granulate 스탠다드	baker's special 베이커
10	5.6	–	–	–	–
16	59.0	–	–	–	–
20	27.4	9.3	–	–	–
30	7.4	49.2	4.3	0.1	–
40	0.4	37.6	74.5	13.8	0.4
50	↓	3.3	18.6	40.2	1.7
80	↓	0.3	2.3	40.6	24.8
100	↓	↓	↓	↓	32.3
140	↓	↓	↓	↓	31.6
200	↓	↓	↓	↓	↓
270	↓	↓	↓	↓	↓
325	0.2	0.3	0.3	5.0	0.2

(2) 분당 (Powdered sugar)

분당은 일반 설탕입자를 마쇄하여 고운 눈금을 가진 체를 통과시켜 만든 제품이다.

저장중 공기 중의 수분을 흡수하여 덩어리가 되는 현상을 막기 위하여 미세한 입자로 된 옥수수 전분 3% 정도를 혼합하거나 인산 3칼슘을 1% 이내로 첨가하기도 한다.

일반적으로 다음과 같은 제품이 상품화되어 있다.

퐁당과 아이싱슈거 (fondant and icimg sugar) : 모든 입자가 325메시를 통과, 퐁당 제조

콘펙셔너스 6X (confectioners XXXXXX) : 아주 미세한 조직으로 설탕충전물 제조에 사용

콘펙셔너스 4X (confectioners XXXX) : 미세한 조직으로 파이, 페이스트리 위에 뿌림용

표준 분당 (standard powdered sugar) : 4x 보다 거친 분당으로 일반 제품에 사용

거친 분당 (coarse powdered sugar) : 표준보다 거친 조직으로 도넛 위의
코팅 등에 사용

이상의 설탕 이외에 입상형도 아니고 분당도 아닌 형태의 **변형당** (transformed sugar)
도 있다. 아주 불규칙한 설탕입자 구조는 틈이 많아서 물에 쉽게 용해되며, 공기 혼
입능력이 커서 쇼트닝과 함께 크림을 만들기에 적합하다. 백색에서 암갈색 까지 색
이 다양하다.

소프트 슈거는 쉽게 수분을 흡수해서 보유하며 순수 백색인 1번부터 볶은 커피색
인 15번까지로 분류한다. 유쾌한 향이 있어 제과 · 제빵에 사용하는데 밝은 색상의
제품에는 6번부터, 호밀빵, 생강빵 등 진한 제품에는 13번까지 사용한다.

설탕제품의 계속적인 개발로 용도별 특성에 가장 적합한 형태로 다양해져서 커
피 전용, 냉음료 전용, 각설탕, 디자인 설탕 등도 출현하게 되었다.

3. 액당 (Liquid sugar)

액당은 자당, 포도당, 전화당 등이 물에 녹아있는 용액이다.

원당에 붙어있는 당밀을 떼어내고 불용성 불순물을 분리시키기 위하여 석회와 인
산으로 처리한 후 활성탄 여과장치를 거쳐 이온교환기를 통과시키면 물과 같이 맑
고 회분도 없는 액체가 된다.

〈표 36〉 액당의 평균 구성

대표적 제품	고형질, %
자당	67.0 ~ 67.4
전화당 (50%)	76.0 ~ 76.6
자당/포도당 (75/25, 65/35 등)	67.0 ~ 67.4
전화당/포도당 (80/20 등)	72.8 ~ 73.2

액당의 고형질과 수분 함량은 배합율 조절에 있어 필수적인 사항이다. 액당에
들어있는 물은 유리수이기 때문에 배합표의 물에서 사용하는 액당의 물만큼 줄여야
반죽의 고형질-수분 균형이 맞는다.

그러나 스펀지케이크와 같이 별도의 물을 사용하지 않는 반죽인 경우는 수분이 많아지면 부피가 나빠지므로 설탕 – 계란 – 공기의 적정 강도 (強度)를 얻기 위하여 액당보다 설탕 사용이 유리하다.

파이프라인과 계량기를 통하여 액당을 대량으로 사용하는 공장에서는 취급이 용이하고 위생적이어서 1927년부터 계속 사용하고 있다.

4. 전화당 (Invert Sugar)

자당을 효소나 산으로 가수분해하면 포도당과 과당이 동량으로 들어있는 혼합물이 되는데 이것을 전화당이라 한다.

자당의 전화는 몇 가지 측면에서 변화를 가져온다. 자당은 광학적 편광성이 +66.4° 인데 전화당은 −39°가 된다. 자당의 상대적 감미도가 100, 포도당이 75일 때 전화당은 175가 된다. 전화당은 수분 보유능력이 뛰어나 쿠키, 레이어 케이크, 파운드 케이크, 페이스트리,아이싱 등 제품에 비교적 많이 사용되며 상당 기간 동안 제품에 많은 수분을 보유하게 한다.

〈표 37〉 제과 제품에 사용하는 전화당

제품		권장량, 사용 설탕량 기준 %
파운드 케이크		0.3 ~ 7.5
과일 케이크 :	밝은색	10
	어두운 색	10 이상
반죽형 케이크 :	화이트 레이어	7.5 ~ 10
	옐로 레이어	7.5 ~ 10
	초콜릿 케이크	10 ~ 30
스펀지케이크 :	로프, 링	5.0 ~ 7.5
	레이어, 롤	7.5 ~ 15
쿠키		51 ~ 5
과자빵류		20 ~ 50
아이싱 :	포장용	2.5 ~ 10
	비포장용	10 이상
마시맬로		10 ~ 50

전화당은 흡습성 외에 굽기 중 착색을 빠르게 하고 향을 개선하는 기능을 가지고 있으며 드롭 쿠키와 같은 경우에는 퍼짐을 증가시킨다.

또 설탕의 결정화를 방지하거나 감소시키는 능력이 있어 크림이 굳거나 설탕이 재결정 되는 것을 막고 여러 종류의 케이크와 쿠키의 저장성을 연장시킨다.

제2절 포도당과 물엿 (Dextrose and corn syrups)

대부분의 포도당과 물엿은 옥수수를 습식으로 갈아서 만든 전분을 〈산〉이나 〈효소〉 또는 〈산-효소〉의 방법으로 가수분해하여 만든다.

1. 제조 (Manufacture)

옥수수의 껍질과 단백질 부위를 제거시킨 전분을 20~22보메 (Be)의 농도로 죽을 만들고 pH 1.8~2.0가 되도록 염산으로 산성화시킨다. 일정한 압력하에서 온도 (132~137℃)를 높이면 젤라틴화를 거쳐서 맥아당, 포도당으로 전환이 된다.

희망하는 정도로 전환이 되면 탄산소다로 산을 중화하고 이 액체를 여과하여 진공상태에서 증발을 시켜 시럽을 만든다.

포도당을 생산하려면 농축된 용액에 무수포도당을 소량 첨가하여 씨앗이 되도록 하면 포도당이 결정화되기 시작한다. 이 결정화는 물리적 연쇄반응으로 전 용액에 퍼진다.

원심분리로 결정체를 분리하고 세척하여 건조하면 포도당이 된다.

물엿은 포도당, 맥아당, 다당류, 덱스트린 등이 함유된 비교적 점성이 큰 액체이다.

구성 성분의 비율은 전분의 가수분해 정도에 따라 다르다.

포도당 당량 (dextrose equivalent)은 D.E.로도 표시하는데 환원당 함량을 포도당으로 계산하여 전체 고형질에 대한 %로 나타낸다.

무수포도당에 대하여 함수포도당은 약 9.1%의 물 분자가 화학적으로 결합된 것이다.

〈표 38〉 시중 물엿의 탄수화물 구성

전환 형태	포도당 당량	단당류	2당류	3당류	4당류	5당류	6당류	7당류	8당류 이상
산	42	18.5	13.9	11.6	9.9	8.4	6.6	5.7	25.4
산	60	36.2	19.5	13.2	8.7	6.3	4.4	3.2	8.5
산-효소	43	5.5	46.2	12.3	3.2	1.8	1.5	–	29.5
산-효소	71	43.7	36.7	3.7	3.2	0.8	4.3	–	7.6

2. 효소전환 물엿 (Enzyme-converted corn syrup)

효소전환 물엿은 점도가 여린, 맑고 흡습성이 큰 제품으로 환원당으로의 전환이 더 많이 일어나서 비결정화 성질을 가지고 있기 때문에 알갱이 상태로 재결정되는 것을 감소시킨다. **효소전환 물엿**은 전체 고형질의 87.5%가 당류인데 산-전환 물엿은 62.7%로 25%의 차이가 나며 감미도는 2배 정도 더 달다.

또, 15.5℃에서의 점도는 일반 물엿의 1/3 정도이므로 상온에서 유동성이 크기 때문에 탱크나 배송 파이프를 이용하기 쉽다.

물엿은 감미제나 발효성 탄수화물로 여러 가지 빵·과자 제품에 널리 사용되고 있다.

① 빵, 롤, 번 : 설탕의 일부 또는 전부를 대치할 수 있으며 식감과 저장성을 개선

② 과자빵 : 조직이 부드럽고 저장수명을 연장

③ 파이 충전물 : 설탕의 일부 또는 전부를 대치할 수 있으며 광택 보강, 과일 향 강화

④ 파이 반죽 : 껍질색을 개선하고 갈색화가 빨라 굽기시간을 단축

⑤ 머랭 : 거품 올리기 특성이 좋아서 조직을 개선하고 안정성을 제고

⑥ 케이크 : 껍질색 개선, 저장수명 연장, 양호한 식감, 부드러운 조직 형성

⑦ 쿠키 : 껍질색 개선, 퍼짐율 증가, 저장수명 연장

⑧ 아이싱 : 광택과 외양을 개선, 향의 강화, 신선도 유지

<표 39> 물엿의 구성

제품	수분 %	고형질 %	포도당 %	맥아당 %	과당류 %	덱스트린 %	포도당 당량	점도 poises
효소전환 물엿 43° 보메	18.2	81.8	30.6	27.9	13.1	9.9	63	58
산전환 물엿 43° 보메	19.7	80.3	17.6	16.6	16.2	29.6	42	150

물엿은 위에서 언급한 제품 이외에도 퍼지, 아이싱 원료, 마시맬로, 토핑, 잼, 젤리, 퐁당, 당과, 냉동과일, 향신료, 냉동계란 등 제과분야에서 널리 사용하고 있다.

3. 포도당 (Dextrose)

정제 포도당은 흰색의 결정형 제품으로 감미도는 자당 100에 대하여 75 정도이다.
포도당은 ① 무수 포도당과 ② 함수 포도당의 2가지가 있는데 일반적으로 함수 포도당이 제과–제빵용으로 사용된다. 입자 크기에 따라 ① 14메시 체를 통과하는 일반제품과 ② 48메시체를 통과하는 분말제품, ③ 200메시를 통과하는 미분말 제품 등으로 구분된다.

결정 입자의 크기가 다르면 용해속도도 달라지는데 일반 포도당은 식빵과 과자빵 또는 믹싱시간이 길고 수분이 많은 제품에 사용하며, 분말과 미분말 포도당은 고도의 용해도가 요구되는 제품이나 아이싱과 토핑에 사용된다.

포도당은 자당에 비하여 결정화가 느리고, 용해도와 감미도가 낮으며 삼투압이 높다.

이스트에 의해 빨리 발효되며 더 낮은 온도와 pH에서 캐러멜화가 일어나 껍질색이 좋은 제품을 만든다.

포도당은 설탕류가 녹을 때 흡수하는 열인 용액의 잠열 (潛熱)이 45.8 Btu/파운드인데 자당은 10 Btu/파운드이다. 냉각효과가 자당보다 5배나 커서 500kg짜리 믹서를 사용하는 경우 반죽온도 차이가 0.95℃ 정도 낮아진다.

〈표 40〉 감미제의 고형질 함량

감미제	전체 고형질, %	고형질 대치율
입상형 설탕	100.0	1.00
포도당 (일반)	91.0	1.10
일반 물엿	80.0	1.25
액당 (67° 브릭스)	67.0	1.50
표준 전화당	76.0	1.32

함수 포도당은 약 9.1%의 결합수가 함유되어 있기 때문에 자당과 대치할 경우 약 15%를 증가해야 하며, 물엿인 경우는 수분함량을 계산하여야 한다.

포도당 이성질화 효소에 의해 고과당시럽도 상품으로 개발되고 순수 과당을 분리한 제품도 나오고 있다.

제3절 맥아와 맥아시럽 (Malt and malt syrups)

1. 제조

여러 가지 형태의 맥아제품을 제과·제빵에 사용한 것은 1세기 전에 비엔나에서 시작하였다. 맥아시럽에는 광물질, 가용성 단백질, 반죽조절 효소 등 이스트 활성을 활발하게 해주는 영양물질이 있으며 완제품에 독특한 향미를 준다.

Freeman과 Ford는 맥아 사용의 근본적인 이유를 다음과 같이 요약하고 있다.

① 가스 생산의 증가
② 껍질색의 개선
③ 제품 내부의 수분 함유 증가
④ 향의 발생

그러나 맥아를 과용하면 반죽이 연해지고 끈적거리게되어 손작업이나 기계작업에 불편을 주게 된다. 맥아에 들어있는 알파 아밀라아제나 단백질 분해효소의 작용이 지나치기 때문이다.

맥아와 맥아시럽은 주로 보리를 발아시켜 만든다. 보리 낟알을 물에 담가 싹이 나오면 탄수화물과 단백질을 분해하는 효소가 생성된다. 발아 정도는 싹의 길이로 판단하며 이 싹(엿기름)을 건조시킨다.

맥아분은 건조한 맥아를 제분하여 만들고, 맥아분에 물을 넣고 휘저으면서 온도를 높여주면 맥아당, 덱스트린, 가용성 탄수화물, 탄수화물과 단백질 분해효소, 광물질, 기타의 맥아물질 등을 함유하는 맥아시럽이 된다. 불용성 맥아 껍질로부터 추출한 액체를 진공용기에서 넣고 용도에 맞도록 농축하며, 온도조절에 따라 아밀라아제의 활성을 조절할 수 있다.

맥아시럽은 제조공정, 사용한 보리, 제조회사 등에 따라 구성분에 차이가 나며 색상은 호박색(Lovibond 80)에서부터 아주 진한 색(Lovibond 700)까지 범위가 넓다.

아밀라아제 불활성 맥아시럽은 맥아추출물을 높은 온도로 처리하여 효소를 불활성화시킨 제품으로 맥아당, 가용성 단백질, 광물질, 천연 산을 함유하고 있어 발효를 촉진하고 향을 발달시키기 위하여 사용된다.

다른 하나는 아밀라아제 활성 맥아시럽으로 저활성 시럽은 린트너(Lintner)가가 30° 이하, 중활성 시럽은 30~60°, 고활성 시럽은 70° 이상이 된다. 린트너가는 표준화된 온도, 농도, pH 등 조건에서 가용성 감자전분으로부터 생성되는 맥아당을 정량적으로 측정하여 얻는 수치이다.

2. 사용

일반적으로 중활성 맥아시럽을 사용하면 전분과 단백질 기질에 작용하는 효소를 공급하므로 당을 생성시키고 반죽을 적절하게 조절한다.

Brown과 Ziegler는 맥아시럽 사용의 장점을 다음과 같이 요약하고 있다.

① 중활성 맥아시럽을 밀가루 기준으로 0.5%를 사용하면 이스트의 활성을 활발하게 해주는 당류, 가용성 단백질과 광물질을 공급해 준다.
② 효소의 공급으로 발효를 하는 동안 글루텐 발전과 숙성을 돕는다.
③ 맥아의 아밀라아제는 굽기 초기까지도 작용하기 때문에 밀가루전분으로부

터 맥아당을 지속적으로 생산하여 빵 부피가 증가하고 기공과 속결, 껍질색을 개선하는 효과가 있다.

④ 제품에 수분 보유능력을 높여서 신선도를 유지시키고 저장수명을 연장한다.

⑤ 6%의 분유 사용으로 지연되는 발효를 0.5%의 맥아시럽 사용으로 정상화할 수 있다.

⑥ 중활성 맥아시럽 0.5% 사용은 반죽상태, 흡수율에 영향을 주지 않고 발효를 지속시킬 수 있다.

<표 41> 맥아시럽의 사용량

제품	맥아 형태	사용량, %
식빵	저활성	0.25 ~ 0.5
소프트 롤	저활성	1.0 ~ 2.0
하드 롤	중활성	2.0 ~ 2.5
프랑스빵(하스 타입)	자활성	0.25 ~ 3.0
건포도빵	진한색	3.0
햄버거 번	저활성	0.25 ~ 0.5
호밀빵	진한색	3.0 ~ 6.0
과자빵 제품	저활성	2.0
쿠키(오트밀)	진한색	33.0
생강스낵	진한색	25.0

Buckheit에 의하면 중활성 효소계 맥아시럽 사용은 강한 밀가루, 분유 사용량이 많은 반죽, 알칼리성 물이나 경수를 사용하는 경우에 장점이 많다고 한다.

근년에는 맥아시럽, 물엿, 자당, 곰팡이류 효소를 조합한 복합 제품도 사용되고 있다.

제4절 기타 감미제

1. 당밀 (Molasses)

당밀은 사탕수수 정제공정의 1차산물이거나 부산물로 특유의 향 때문에 빵·과자 제품에 사용되고 있으며 유용한 천연 향료제 역할을 하고 있다.

미국의 경우 다음과 같은 당밀을 사용하고 있다.

① 오픈케틀 (open kettle) 당밀은 적황색으로 당 함량이 70%이고 회분은 1~2%이다.

② 1차 당밀은 연한 황색으로 당 함량이 60~66%, 회분함량이 4~5% 이다.

③ 2차 당밀은 적색으로 당 함량이 56~60%, 회분함량은 5~7% 이다.

이보다 저급은 식용으로 사용하지 않고 가축사료를 비롯해 이스트 배양, 알코올 발효 등의 식품제조용 원료로 쓰이고 있다.

오픈케틀은 사탕수수 과즙을 그대로 농축시켜 만드는 최상급으로 이스트 균주의 일종인 토룰라 (Torula)에 의해 발효되면 럼주를 만든다. 최근에는 당밀을 탈수시켜 만든 분말당밀도 있는데, 수분이 3% 미만, 당밀 고형질이 60% 이상, 부분적으로 젤라틴화시킨 밀 전분 37%를 조합한 것으로 입상형과 얇은 조각형이 있다.

2. 캐러멜 색소 (Caramel color)

캐러멜 색소는 감미제가 아닌 착색제로 쓰이며 포도당 또는 물엿이나 자당으로 만든다.

'캐러멜 색소는 식품 등급의 탄수화물을 세심하게 열처리 해서 얻는 암갈색의 무정형 물질이다. 제조 실제에 있어 캐러멜화를 돕기 위하여 적정량의 식품등급품인 산, 알칼리, 염류를 사용한다.'고 정의하고 있다.

캐러멜 색소는 액체당이나 시럽을 121℃의 일정한 온도로 가열하는 증기가열기에 넣고 교반하면서 캐러멜화를 시킨 후 79℃로 급랭하여 만든다.

제과에 사용되는 캐러멜 색소는 1% 용액이 클레트 (Klett) 비색계로 11.6~12.1, pH가 3.6, 농도가 36 보메, 고형질 함량이 약 65% 정도이다.

3. 유당 (Lactose)

　우유에 함유된 당인 유당은 순수한 결정형으로 입상형(100 메시), 분말형(200 메시), 미분말형(325 메시)의 제품으로 나눈다. 유당은 유장을 특수 증발장치에 넣어 고형질 50%의 농축액을 만들고, 엄밀한 조건 하에서 결정을 만들고 원심분리, 세척, 재용해를 한다. 재용해 농축액은 활성탄으로 탈색시키고 여과한 후 분무 건조한다.

〈표 42〉 유당의 물리 화학적 기준

수분	최고 1.5 %
산도 (유산으로)	최고 0.04 %
유당 (1분자 결정수)	최고 98.0 %
단백질 (N x 6.25)	최고 0.30 %
회분	최고 0.40 %
지방 (에테르 추출)	최고 0.25 %

　유당은 감미도가 자당 100에 대하여 16 정도이고, 포도당이나 자당에 비하여 용해도가 낮고 결정화가 빠르다. 제빵용 이스트에 의해 발효가 되지 않으므로 반죽 내에 잔류당으로 남는다. 환원당으로 단백질의 아미노산과 작용하여 갈변반응(browning reaction)을 일으켜 껍질색을 진하게 한다.

　식빵과 롤에는 밀가루 기준으로 2~3%, 케이크와 머핀에는 설탕 기준으로 10~15%, 쿠키에는 설탕 기준 15~20%, 아이싱과 토핑에는 설탕 기준 15~20%, 파이껍질에는 쇼트닝 60%인 경우 밀가루 기준 6~8%, 쇼트닝 55% 이하인 경우는 10~12%, 과일 충전물에는 설탕 기준 15~20%를 사용하면 제품의 품질수준을 높인다.

　이상의 감미제 외에 사탕수수 일종인 소어검 (sorghum) 시럽과 단풍당이 있는데 생산량이 적지만 독특한 향과 건강식품이라는 측면에서 관심이 높아지고 있다.

제4장 유지 제품 (Shortening products)

제1절 지방 고형질 계수 (Solid fat index)

1. 지방 고형질 계수의 의미

가소성 쇼트닝은 상온에서 고체와 같이 보이지만 사실은 지방결정체와 액체기름 의 혼합으로 구성되어 있다. 보통은 20~30%의 고체지방과 70~80%의 액체유로 되어 있다.

쇼트닝에 존재하는 고형질 형태의 지방을 지방 고형질 계수 (SFI)로 표시하는데 이것은 쇼트닝의 물리성, 기능성을 아는데 매우 중요하다.

〈표 43〉 몇 가지 유지의 지방 고형질 계수

제품 형태	10℃	21.1℃	26.6℃	33.3℃	37.7℃	43.3℃
라드	24~26	18~20	12~14	4~5	2.5~3	없음
가소성 동식물성 쇼트닝	31~35	22~26	20~25	15~19	13~15	8~10
가소성 유화 동식물성 쇼트닝	30~34	22~26	21~25	17~19	13~15	7~9
가소성 식물성 쇼트닝	26~32	17~23	15~21	10~16	9~11	6~8
가소성 유화 식물성 쇼트닝	26~32	17~23	16~21	11~16	9~11	5~7
액체 쇼트닝	4~8	3~5	2~4	0.5~2.5	없음	없음

지방 고형질 계수는 팽창계 방법으로 측정하는데, 일정한 중량에 대한 액체기름 부피와 고체지방 부피의 관계를 온도별(10℃, 21.1℃, 26.6℃, 33.3℃, 37.7℃, 43.3℃)로 측정한다. 온도는 고체지방 함량 변화에 결정적인 영향을 주는 요소이다.

코코넛 기름은 10℃에서 딱딱하여 부서질 정도로 반 이상이 고체지방 형태로 남아 있으나 융점은 낮아서 33.3℃에서는 완전히 액체로 변한다.

퍼프 페이스트리용 쇼트닝은 지방 고형질 계수가 10℃에서 31, 40℃에서 19로 저온에서부터 고온에 이르기까지 불과 12%의 차이가 난다. 가소성 범위가 넓다는 것은 저온과 고온에서의 지방 고형질 계수 차이가 적어서 저온에서 너무 단단하지 않으면서도 고온에서 너무 무르지 않는 것을 의미한다.

2. 결정체 구조

유지에 가소성을 주는 고체지방 또는 지방 결정체는 자연계에서 여러 가지 형태를 이루고 있는데 감마 (r) → 알파 (α) → 베타프라임 (β′) → 베타 (β)의 순서대로 융점이 높아진다. 천연 상태에서 알파형은 일시적이어서 쉽게 고융점 형태로 변형된다.
여러 가지 지방결정 형태는

① 지방의 급원, 제조공정에 따른 구성성분
② 지방을 가소성화 하는 방법
③ 온도와 시간이 함께 고려되는 템퍼링 조건
④ 유화제, 결정입자 수정제 등 첨가물의 사용
⑤ 저장조건 등에 의해 달라진다.

지방에서 흔히 발견되는 베타프라임 형태의 결정체는 여러 가지 종류의 트리글리세리드로 구성되어 빨리 고형화되며, 1미크론 미만의 미세 결정구조를 이루어 비교적 융점이 낮고, 고운 조직의 케이크를 만든다.
20~50미크론의 상당히 큰 결정체를 가진 베타 형태가 되면 공기를 끌어들이는 능력이 떨어져서 케이크 보다는 파이나 데니시 페이스트리 제조에 더 적합하다.
결정 형태의 안정성은 주로 지방의 구성성분과 저장조건에 달려있다.
고형질 지방은 비교적 동질성을 가진 지방산으로 구성되어 그들의 분자내적 인력과 밀착된 배열 때문에 서로 단결해서 뭉치려는 경향이 강하다. 반대로 이질적인 지방산으로 구성된 지방은 서로 뭉치려는 경향이 적어서 고융점의 지방으로 전환하지 않는다.
쇼트닝의 기능성을 조절하는 방법에는 다음과 같은 것이 있다.

① 블렌딩법 : 여러 가지 지방을 유화제와 함께 혼합하여 희망하는 제품을 만든다.
② 수소첨가 : 지방산의 2중 결합에 수소를 결합시켜 포화도를 높이고 융점도

높인다.

③ 글리세린 분해 : 글리세린에 있는 지방산을 떼어 모노 – 디 – 글리세리드를 만든다.

④ **고형화** : 냉각과 조직화 과정을 통해 지방 결정체의 크기와 특성을 조절한다.

⑤ **템퍼링** : 가온과 냉각과정을 거쳐 유지의 결정입자를 다시 조절한다.

백색의 쇼트닝에는 직경 2~10 미크론의 미세한 공기방울이 부피비로 10~12% 정도 골고루 분산되어 케이크 반죽이나 크림을 만들 때 유용한 효과를 준다.

제2절 가소성 쇼트닝 (Plastic shortenings)

1. 콤파운드 쇼트닝 (Compound shortening)

기름을 경화시키는 기술이 개발되기 전에는 천연의 식물성 기름과 동물성 지방을 혼합하여 가소성 유지를 만들어 사용했는데 이 제품을 콤파운드 쇼트닝이라 하였다.

동물성–식물성 지방 콤파운드 쇼트닝은 동물성지방으로 우지를 35%, 식물성 기름으로는 대두유를 65% 정도 섞어서 만들었다.

그러나 천연의 유지 2종류를 혼합한 쇼트닝은 너무 연해서 대부분의 목적에 맞지 않는 경우가 많아졌다. 그래서 경화유로 대치하는 방법이 도입되면서 원래의 콤파운드 쇼트닝 제조에 변형을 가져오고 심지어는 식물성유 단독으로 만들기도 한다.

라드 콤파운드는 라드 80%에 경화유 20%를 혼합하여 만들고, 순식물성 콤파운드는 식물성 기름에 10~15%의 경화유를 섞어서 만들기도 한다.

무색, 무미의 콤파운드 쇼트닝 제조에 10%의 식물성 스테아린과 90%의 면실유를 원료로 한다. 이제는 콤파운드라는 이름이 퇴색하고 있다.

2. 전 수소화 쇼트닝 (All–hydrogenated shortening)

전 수소화 쇼트닝의 특징은 온화한 중성 향, 뛰어난 저장성, 넓은 가소성 범위와 우수한 크림 형성능력이라 할 수 있다.

이 쇼트닝 제조에 사용하는 기본 기름은 대두유와 면실유인데 의도하는 굳기가 될 때까지 전체 기름을 부분적으로 경화시킨다. 융점을 높이거나 가소성 범위를 넓히기 위하여 필요하다면 8~10%는 고도로 경화시켜 얇은 조각 형태로 만들어 경화유에 혼합한다.

쇼트닝의 안정도는 사용하는 원유에 따라 큰 차이가 있고 기름의 경화 정도(수소 첨가 정도)에도 영향을 받는다.

같은 경화도라면 면실유보다 땅콩기름과 대두유의 안정도가 더 크다.

항산화제를 사용하면 저장기간을 연장한다.

3. 쇼트닝 형태 (Shortening types)

(1) 다목적 쇼트닝

여러 가지 용도로 폭넓게 사용되는 제품으로 기본 유지에 4~12%의 융점이 높은 지방을 첨가하여 가소성 범위를 증가시킨 것이다.

안정성을 높이려면 가소성과 크림성이 나빠질 수 있으므로 동물성과 식물성 유지의 혼합 또는 식물성에 경화식물성 지방을 첨가한 콤파운드 형태가 많다.

고형질 지방함량은 10℃에서 30%, 38℃에서 12%, 요오드가는 60~75, 유리 지방산은 0.04 %, 융점은 44~51℃ 정도이다.

(2) 유화 쇼트닝

뛰어난 표면활성을 가진 모노-디-글리세리드와 같은 유화제를 첨가한 쇼트닝이다.

물과 설탕을 많이 사용하여 수분 보유력이 높고 부드러운 제품(고율배합)을 만들기 위한 기술개발이 시작된 1933년부터 이 유화 쇼트닝이 사용되었다.

이 쇼트닝을 사용하면 빵과 케이크 반죽과 아이싱 속의 지방이 균일하게 분산된다.

케이크 반죽에 사용하는 많은 설탕을 녹일만한 많은 물을 사용할 때 물과 지방이 분리되지 않게 하는 기능이 있으므로 이 쇼트닝을 '고율 쇼트닝'이라 한다.

케이크, 아이싱, 과자빵 등 여러 제품에 널리 사용되지만 튀김기름으로는 부적합하다. 쇼트닝중의 유화제는 튀기는 고온에서 가수분해를 촉진하여 유리 지방산을 많이 생성시키므로 발연점을 낮춘다.

(3) 안정성 쇼트닝

유지의 산패와 가수분해를 방지하거나 감소시키는 쇼트닝 제품이다.

안정성 쇼트닝은 장기간 유통기간을 거치는 비스킷과 크래커의 생산에 사용되며 고온에서 장시간 노출되는 튀김기름에도 필요한 기능이다.

이러한 목적으로 고도의 안정성을 위하여 불포화지방산에 수소첨가를 하여 포화도를 높이고 요오드가를 낮춘다. 융점이 높은 지방이 들어있지 않아서 가소성 범위가 좁다.

(4) 제빵용 쇼트닝

빵제품에 부드러움을 주고 단단하게 굳는 현상을 지연시키기 위하여 사용하는 쇼트닝이다. 주로 동물성 지방을 주재료로 하였으나 경우에 따라 식물성유도 첨가하는데 기능을 강화하기 위하여 적절한 유화제를 사용하고 있다.

이러한 목적으로 사용하는 유화제에는 레시틴, 모노-디-글리세리드, 폴리 솔베이트 60, 에스에스엘(SSL) 등이 있다.

유화제 첨가량은 사용범위 이내이어야 하고 모노-디-글리세리드는 유지의 6~8% 이다.

4. 식물성유의 제조공정

(1) 정제 : 식물의 종자나 열매에서 얻은 식물성 원유에는 약 4~10%의 유리 지방산과 소량의 색소물질(엽록소, 카로틴), 지용성 비타민 A, E, K와 천연 항산화제, 껌류, 수지 등 여러 가지 물질이 들어있다.
과량의 유리 지방산은 알칼리로 검화하고, 다른 불순물도 흡착시켜 제거한다.

(2) 표백 : 정제된 기름을 가열하고 산성백토로 처리하여 여과한다.
사용목적에 따라 조리용, 샐러드용, 기타 쇼트닝용 등으로 분류한다.

(3) 수소첨가 : 정제된 기름에 활성 니켈을 촉매로 수소가스를 통과시켜 불포화지방산에 수소를 첨가시킨다. 수소첨가 정도에 따라 융점, 강도, 안정성, 물리성 등이 달라진다.

(4) 탈취 : 수소첨가 끝난 유지를 고도의 진공, 고온에서 과열 증기로 처리한다.

잔류 유리 지방산, 알데히드 등 휘발성 물질과 수분이 제거되어 온화 무취의 제품이 된다.

(5) 급냉 : 보테이터 (votator)로 77℃까지 수초 내에 냉각시켜 고운 유지입자를 만든다.

(6) 템퍼링 : 27℃에서 48시간 숙성하여 불안정한 결정 구조를 다시 배열시켜 안정하게 만든다.

제3절 제품별 특성 (Characteristics of products)

1. 버터 (Butter)

버터는 유지에 물이 분산되어 있는(W/O) 유탁액으로 독특한 향미가 특징인 제품이다.

버터지방의 특유한 풍미에 익숙해진 사람들이 좋아하는 빵·과자 제품을 만들기 위하여 오래 전부터 재료로 사용해왔으며 다른 유사제품에서도 기술적으로 복사하기가 어렵다.

버터는 유지방을 원료로 만든 것이기 때문에 계절이나 사료, 젖소의 개체 특성에 따라 색깔, 비타민 A와 D 함량, 향 등이 달라진다.

버터의 대표적인 구성은 유지방이 80~81%, 수분 14~17%, 소금 1~3%, 카세인, 단백질, 광물질, 유당 등을 합해서 1% 정도이며 부피로 1~5%의 공기가 들어있다.

버터의 향은 버터지방에 천연적으로 존재하는 낙산, 유당의 발효로 만들어지는 유산과 디아세틸 등에 의해 복합적으로 만들어지는 것이다.

대표적인 버터는 다음과 같다.

(1) 발효 버터 : 유산균을 넣어 발효시킨 제품으로 독특한 방향이 있어 마들렌 등에 사용

(2) 가염 버터 : 1~3%의 소금을 넣어 맛이 좋고 보존성이 높다.

(3) 무염 버터 : 소금을 넣지 않은 버터로 보존성이 떨어지나 제과용, 조리용으로 사용

(4)분말 버터 : 분말 상태로 빵과 케이크에 지방 대용으로 사용

또한, 버터는 비교적 융점이 낮고 가소성 범위가 좁아서 18~21℃의 온도에서 작업성이 좋으며 쇼트닝과 대치할 경우에는 유지를 기준으로 쇼트닝보다 25%를 더 많이 사용한다.

버터는 많은 사람이 선호하는 독특한 향과 맛 때문에 빵−과자에 널리 사용되고 있는데 케이크 반죽이나 빵 반죽에는 쇼트닝(유지)의 일부로 직접 넣으며, 케이크와 기타 과자용 아이싱에는 단독 또는 혼합하는 유지로 쓰이고 구운 완제품 위에는 버터를 녹여서 붓으로 칠하는, 맛과 향을 겸비하는 광택제로도 활용하고 있다.

2. 마가린 (Margarine)

마가린은 버터 대용으로 1870~1871년 사이에 프랑스에서 개발된 유지 식품이다.

처음에는 마가린의 주원료가 우지였으나 라드 등도 사용하였고 지금은 대두유, 면실유, 옥배유 등 식물성유가 많이 사용된다.

마가린의 주원료로 사용하는 식물성유는 수소첨가를 하여 경도 (硬度)를 높인 경화유인데 버터와 유사한 물성으로 만들고 비타민 A도 같은 수준인 15,000단위/파운드가 되도록 첨가한다. 버터와 마가린의 근본적인 차이는 유지방의 사용 유무이다.

사용할 지방을 46~49℃로 녹인 다음 버터향이 나도록 탈지우유를 넣고 모노글리세리드와 레시틴과 같은 계면활성제를 첨가하여 혼합한 후 고형화 한다.

그 구성은 대체로 다음과 같다.

마가린의 구성비

성분	%
지방	80.0
우유	16.5
소금	3.0
유화제	0.5
인공향료와 색소	약간

시중 마가린은 가소성에 따라 다음과 같이 분류할 수 있다.

① 식탁용 = 가장 부드럽고 체온에서 녹는 버터 대용

② 제과용 = 크림가가 높다.

③ 롤 – 인 마가린 = 가소성 범위가 넓은 데니시 페이스트리용

④ 퍼프용 마가린 = 롤 – 인 마가린보다도 가소성 범위가 크다.

〈표 44〉 몇 종류 마가린의 지방 고형질 계수

제품	지방 고형질 계수				융점
	10℃	20℃	30℃	40℃	℃
식탁용 마가린	41.5	26.0	6.0	1.0	34.2
케이크용 마가린	39.0	25.0	10.0	5.5	41.3
롤–인 마가린	24.1	20.5	18.8	16.3	46.1
퍼프용 마가린	27.4	24.2	22.6	20.1	48.3

3. 액체 쇼트닝 (Fluid shortening)

1930년대에 모노–디–글리세리드와 같은 유화제가 개발되면서 가소성 쇼트닝의 공기혼입 능력을 지니면서도 유동성이 커서 파이프로 이송할 수 있는 액체 쇼트닝을 대량생산업체에서 활발하게 사용하기 시작했다.

가소성 쇼트닝의 고체지방 20~30%를 10%의 유화제 지방으로 대치하면 유동성이 좋아지면서도 케이크의 기공과 조직, 부피, 저장성 등을 개선한다.

액체 쇼트닝에 사용하는 유화제는 글리세릴 락토 스테아레이트, 락토 스테아레이트, 락토 팔미트, 락토 올레이트 등 다양한데 제빵용으로는 올레이트 보다 팔미트산 제품이 더 좋은 결과를 가져온다.

4. 라드 (Lard)

라드는 돼지 지방인데 사료, 나이, 부위에 따라 그 구성과 특성이 달라진다.

지방이 많은 사료(콩, 땅콩 등)를 많이 먹은 돼지의 라드는 요오드가가 높고 부드

럽다. 지방이 적은 단백질 사료는 요오드가가 낮고 단단한 라드를 만든다.

나이가 많은 돼지의 지방이 더 단단하고, 부위별로는 내부기관 쪽이 외부 보다 단단하다.

제과·제빵에서의 라드 사용은 다음과 같다.

라드는 주로 쇼트닝가를 높이기 위하여 빵, 파이, 쿠키, 크래커에 사용하는데 연속식 제빵법에서는 반죽과 2차 발효 온도가 높기 때문에 융점이 높은 지방을 함유한 라드가 필요하다.

파이에 사용되는 라드로 쇼트닝가가 높은 것은 낮은 온도에서도 믹싱이 잘되며, 고융점의 지방은 결을 형성한다. 비스킷과 크래커용은 항산화제로 안정화한 정제 라드를 사용한다. 이것은 제품의 유통기간이 길기 때문에 저장성을 연장시키는 것이다.

라드와 라드유는 팬 기름으로도 사용한다.

5. 튀김기름 (Frying fats)

각종 도넛을 비롯한 크로켓, 튀김 페이스트리 등 제과·제빵용 튀김제품 뿐만 아니라 식당과 가정의 튀김음식 제조에 사용되는 튀김기름의 용도는 점차 확대되고 있다.

일반적인 도넛의 튀김온도 185~196℃에서는 지방의 가수분해 속도가 가속되며, 공기중의 산소에 의해 산화가 일어나기 쉽다.

그래서 온도, 물, 공기, 이물질을 튀김기름의 4대 적(敵)이라 하는데 이것을 근본적으로 완전히 제거하지 못하고 있다.

유리 지방산이 0.1% 이상 함유된 튀김기름은 발연현상이 빨리 일어나며 대부분 튀김기름은 사용 며칠 후에 유리 지방산 함량이 0.35~0.5%가 되므로 정상온도에서 작업하더라도 연기는 나게 마련이다.

튀김기름이 갖추어야 할 요건은 다음과 같다.

① 도넛이나 튀김물이 튀김기름에서 튀겨지는 동안 충분하게 구조가 형성되어야 한다.
② 튀김 중 또는 포장 후에도 불쾌한 냄새가 나지 않아야 한다.

③ 설탕의 탈색이나 지방침투가 일어나지 않도록, 흡수된 지방은 제품이 냉각되는 동안에 충분히 응결되어야 한다.

④ 기름을 대치 또는 보충할 때 원래의 성분과 기능이 바뀌지 않아야 한다.

오래 사용한 기름은 점도가 증가되어 열전도 능력이 줄어 튀김시간이 길어진다. 기름의 색깔이 진해지며 거품과 연기가 생기고 튀김물에 많은 기름이 흡수된다.

튀김기름의 연기 속에는 각종 산, 알코올, 알데히드, 케톤, 방향성 물질 등 100여 종류의 휘발성 물질이 들어있으며, 거품은 산화된 중합체가 가지고 있는 표면활성 물질에 의해 형성되는 것이다.

많은 경험에 따르면 적당량의 유리 지방산을 함유한 기름이 양질의 도넛을 만드는데 이 기간에 이르는 시간을 '**품질기간**'이라 하며 유리 지방산 0.5% 수준이다.

품질기간을 줄이기 위하여 튀김물이 흡수한 지방만큼 신선한 기름을 보충해 주는 것이다. 1시간당 5,000~7,000개의 도넛을 튀길 때 10시간 이내에 기름을 대치(보충)하는 것이 좋다.

※ 제과-제빵에 사용되는 몇 가지 유지제품

형태	급원	색상	냄새	상태	지방(%)
식물성 쇼트닝	식물성유	백색	무취	고체	100
버터	동물성(우유)	황색	유쾌한 향	고체	80
식물성유	식물	무색->황색	무취->온화	액체	100
라드	동물(돼지)	백색	온화한 향	고체	98
마가린	동물-식물	백색->황색	우유버터 향	고체	80-85
퍼프 페이스트	동물-식물	백색->황색	무취->소금 맛	고체	80-85
코코아 버터	카카오 원두	크림->황색	초콜릿 향	고체	92

제4절 계면활성제 (Surfactants)

계면활성제는 액체의 표면장력을 수정시키는 물질로 빵과 과자에 응용하면 부피와 조직을 개선하고 노화를 지연시키기 때문에 널리 사용되어 왔다.

1. 화학적 구조 (Chemical structure)

모든 계면활성제는 친수성 그룹과 친유성 그룹을 공통으로 가지고 있다.

친수성은 유기산 또는 유기산의 염, 수산기, 폴리에틸렌과 같은 극성기를 가지고 있어 물과 같은 극성 물질에 강한 친화력을 가지고 있다. 반면에 친유성은 지방산기와 같은 비극성기를 가지고 있어 유지에 쉽게 용해되거나 분산된다.

친수성–친유성 균형 (hydrophile–lipophile balance)은 HLB로도 표시하는데 친유성단에 대한 친수성단의 크기와 강도의 비를 말한다.

HLB는 계면활성제 분자중의 친수성 부분 %를 5로 나눈 숫자로 표시한다. 이 수치가 9 이하이면 친유성으로 기름에 용해되고 11 이상이면 친수성으로 물에 용해된다.

예를 들어 모노–글리세리드는 HLB가 2.8~3.5 이므로 친유성이 강하고 폴리 솔베이트 60은 HLB가 15 이므로 강한 친수성 계면활성제이다.

빵반죽의 노화 지연제로서, 케이크와 아이싱의 유화제로서 그 기능이 다양하게 개발된 제품이 많다.

2. 레시틴 (Lecithin)

레시틴은 극성 인지질의 일종으로 일반 지방을 구성하고 있는 3개의 지방산 중 1개가 인을 함유한 '콜린'기로 대치된 것이다.

$$H_2CO - COC_{17}H_{33}$$
$$HCO - COC_{17}H_{33}$$
$$H_2CO - \overset{\overset{\displaystyle O}{\parallel}}{P} - OCH_2\,CH_2N\,(CH_3)_3$$
$$\qquad\quad OH \qquad\qquad OH$$

동식물 세포내의 필수적인 물질로 분해되면 글리세린, 지방산, 인산, 콜린이 된다. 콜린은 점착성을 가진 알칼리성의 무색 물질로 화학식은 다음과 같다.

$$(CH_3)_3 N(OH)CH_2 CH_2 OH$$

레시틴은 친유성기로 2분자의 지방산을 가지고 있어 기름과의 친화력을 가지는 동시에 친수성기로 인산콜린을 함유하여 물과의 친화력도 있기 때문에 물과 기름의 혼합물에서 표면장력을 감소하여 유화제의 효과를 나타낸다.

레시틴은 주로 대두유와 옥수수유로부터 얻는데 일반적으로 물에는 녹지 않으므로 지방에 혼합하여 사용한다. 친수성 증가를 위하여 과산화수소와 젖산을 처리시킨 것도 있다.

쇼트닝 사용량이 8% 이하인 제품에는 밀가루 기준으로 1.25~1.875%, 유지가 많은 제품에는 0.625~1.25%를 권장하지만 일반 빵반죽에는 0.25%만 사용해도 글루텐을 유연하게 하여 성형과정을 편하게하며 덧가루 사용량을 감소시킨다고 한다.

케이크 반죽에 1~2%의 레시틴을 사용하면 반죽의 유동성이 좋아지며 껍질색 개선, 기공과 조직, 향 안정성, 저장성이 좋아진다.

3. 모노 - 디 - 글리세리드 (Mono - di - glycerides)

제빵업계에서 가장 많이 사용하는 계면활성제의 하나로 유지가 가수분해 될 때의 중간산물이며 천연 유지제품에는 소량으로 존재한다.

〈표 45〉 유지제품의 모노-디-글리세리드 함량

유지제품	%
증기 정제라드	0.15 ~ 0.80
경화 식물성 쇼트닝	0.36 ~ 0.49
마가린	0.70 ~ 1.10
버터	0.30 ~ 0.61
정제 샐러드유(면실유)	0.45 ~ 0.53
정제 대두유	0.90
조 낙화생유	0.50 ~ 8.0

지방을 가수분해하면 모노-글리세리드 50%, 디-글리세리드 30~40%에 트리글리세리드, 글리세린, 지방산, 촉매 등이 10~20% 혼합된 제품이 되는데 분자 증류를 하면 90%의 모노-글리세리드를 얻을 수도 있다.

쇼트닝에는 모노-글리세리드를 8% 이하로 사용하거나 밀가루 기준으로 0.375~0.5%를 빵에 사용하면 노화를 현저히 감소시킨다. 과량 사용하면 기공이 열려 속이 거칠어진다.

케이크용 프리믹스 제품에는 프로필렌글리콜 모노에스테르가 많이 사용되며 스테아르산을 함유하는 소르비탄 모노에스테르는 수산기가 5개나 있어 친수성에 사용한다.

대부분의 계면활성제는 밀가루 기준 0.5%를 사용함으로 제품의 기공과 속을 좋게 하고 부피를 증가시키는 동시에 속이 딱딱해지는 속도를 지연시킨다.

4. 다른 계면활성제 (Other surfactants)

(1) 모노-디-글리세리드의 디아세틸 타르타르산 에스테르
(Diacetyl tartaric acid ester of mono and diglycerides)

1948년부터 상품화가 된 이 계면활성제는 친수성기와 친유성기가 각각 1:1로 되어 있어 유지에 잘 녹으면서 물에도 분산이 잘된다.

$$
\begin{array}{l}
CH_2-O-R \\
| \\
CHOH \\
| \\
CH_2O-C-CH-CHCOOH \\
\quad\quad\quad \| \quad | \quad\quad | \\
\quad\quad\quad O \quad O \quad\quad O \\
\quad\quad\quad\quad\quad | \quad\quad | \\
\quad\quad\quad\quad\quad CO \quad CO \\
\quad\quad\quad\quad\quad | \quad\quad | \\
\quad\quad\quad\quad\quad CH_3 \quad CH_3
\end{array}
$$

(2) 아실 락티레이트 (Acyl lactylates)

(칼슘 스테아로일-2-락티레이트)는 스테아르산과 젖산을 칼슘염으로 중화한 반응산물로 다음과 같은 분자구조를 가지고 있다.

$$C_{17}H_{35}-\underset{\underset{\parallel}{O}}{C}-O-\underset{\underset{|}{H}}{C}-\overset{CH_3}{\underset{|}{C}}-O-\underset{\underset{|}{H}}{C}-\overset{CH_3}{\underset{\parallel}{C}}-O-Ca/2$$

이 제품은 비흡습성 분말로 물에는 불용성이나 대부분의 비극성 용매와 뜨거운 유지에는 잘 녹는다.

밀가루 기준 0.5% 이하를 사용하면 흡수율 증가, 믹싱 내구성, 기계적성 개선, 2차 발효 가속, 부피 증대, 기공과 조직 개선, 저장성 증가의 효과가 있다.

일반적으로 쇼트닝에는 3%, 밀가루 기준 0.35%를 사용한다.

통상적으로 SSL 이라고 하는 Sodium Stearoyl-2-Lactylate 는 크림색 분말로 흡습성이 있어 물에도 분산되고 뜨거운 식물유나 라드에 쉽게 용해된다. 솔비탄 모노스테아레이트와 같은 수준의 유화력을 가지고 있어 식빵류와 과자빵류에 효과적인 유화제로 쓰인다.

이외에도 숙식산 모노글리세리드 (succinylated monoglyceride), 스테아릴 푸마르소다 (sodium stearyl fumarate)와 같은 유화제가 있다.

Calcium Stearoyl-2-Lactylate 0.5% 사용 시 빵의 기공과 부피(왼쪽)과 표준

제5절 제빵에 있어서의 기능 (Functions of fats in baking)

1. 쇼트닝 기능 (Shortening function of fats)

지방은 여러 가지 빵·과자 제품에 부드러움과 무름 (shortness)을 주기 위해 사용된다. 이런 효과는 믹싱 중에 쇼트닝이 얇은 막을 형성하여 전분과 단백질이 단단하게 되는 것을 방지하고 구운 제품에도 윤활기능을 주기 때문이다.

지방의 쇼트닝가는 Davis가 개발하고 Bailey가 개선한 쇼트미터 (shortmeter)로 측정하는데 표준 와플을 기준으로 강도를 비교한다.

라드와 같은 연한 지방은 쇼트닝가가 높지만 액체유는 가소성이 없어서 반죽에서 피막을 형성하지 못하고 방울 형태로 분산되기 때문에 쇼트닝가가 낮다.

2. 공기혼입 기능 (Aerating function of fats)

설탕, 소금, 베이킹 파우더는 계란, 우유, 물과 같은 액체재료에 녹아 용액상태가 되고 밀가루 입자를 적시어 엉겨붙게 하지만, 지방은 작고 불규칙한 모양의 입자로 전 반죽에 분산되어 있다. 가소성 쇼트닝은 액체기름의 방울 모양에 비하여 피막 또는 덩어리 형태가 되기 때문에 표면적이 큰 상태로 분산된다. 믹싱에 의하여 반죽에 들어오는 공기방울을 이 피막 안으로 빨아들이고 둘러싸서 보유하는 것이 공기혼입 기능이다.

케이크 반죽 안에 분산되어 있는 쇼트닝의 모양을 현미경으로 관찰하면 불규칙한 호수 모양인데 유화제를 첨가하면 단위면적당 지방입자 수가 증가되어 부피가 커진다.

굽기 과정에서 케이크의 내부 압력이 급격히 증가되면 공기 세포가 팽창하면서 부피를 갖게 되는데 부피를 크게 하려면 믹싱중 공기혼입을 최대로 하고, 고운 기공과 조직을 만들려면 지방의 균일한 분산이 필요하다.

Dunn과 White가 실험한 바에 의하면 굽기 중에 증기압이 발달하여도 반죽 안에 함유된 공기가 없으면 부피 팽창을 하지 못한다는 것이다.

유지가 포집하고 있는 공기 세포가 팽창의 핵인 것이다.

3. 크림성 (Creaming quality)

믹싱 중 지방이 공기를 흡수하여 부피를 증가시키는 능력을 크림성이라 한다.

쇼트닝의 크림성을 평가하는 합리적 방법을 제안한 Bailey와 Mckinney는 당초에 사용한 쇼트닝 부피에 대한 혼입된 공기의 부피를 %로 표시하는 비례법을 사용한다.

일반적으로 시험할 쇼트닝에 입상형 설탕을 넣고 규정된 시간과 방법으로 믹싱을 한 후 크림의 부피를 측정하는데 이것은 최종 케이크 부피와 밀접한 비례관계를 성립시킨다. **좋은 쇼트닝은 설탕:쇼트닝을 3:2로 혼합하여 크림을 만들면 약 270% 이상의 공기와 결합한다.**

〈표 46〉 몇 가지 지방의 크림능력 시험 (21℃)

지방 제품	요오드가 (IN)	믹싱시간에 따른 혼입공기 %, 분						
		4	8	12	16	20	24	28
전수소화 식물성 쇼트닝	62	165	215	240	256	275	280	280
콤파운드 쇼트닝 (경화면실유+탈로)	73	150	195	230	255	270	275	275
프라임 스팀 라드	69	85	125	145	150	155	155	155
경화 프라임 스팀 라드	61	150	200	240	260	270	275	280
전수소화 식물성 쇼트닝 (비숙성)	62	120	160	175	180	185	185	185

* 지방 : 설탕 = 1 : 1.5 비율로 12인치 호바트 믹서를 사용하여 중속으로 믹싱

4. 안정화 기능 (Stabilizing function of fats)

물리적 관점에서 케이크 반죽은 설탕, 밀가루, 우유, 계란 등이 만든 연결된 외부적 상과 불연속적인 내부적 상(相)을 이루는 유지와의 유상액이다.

공기가 없으면 아주 질고 묽은 반죽이 된다. 고체 지방이 크림으로 될 때 무수한 공기세포를 형성하여 보유함으로 반죽에 기계적 강도를 주고, 오븐 열에 의하여 글루텐 구조가 응결되어 튼튼해질 때까지 주저앉지 않게 하는 것이 유지의 안정성이다.

공기세포 구조가 미세할수록 반죽에 대한 기계적 강도가 크기 때문에 적정한 양의 공기혼입 및 균일한 분산이 크림화 작업의 목적이라 할 수 있다.

반죽에 액체와 설탕 함량이 많을수록 유상액을 만들기 어려워서 많은 양의 유지를 사용할 수 없다. 그러나 유화제를 사용하면 더 많은 유지를 사용할 수 있게 하는데 이것은 유지를 더 미세하게 분산하여 안전성을 주기 때문이다.

고율배합 케이크를 제조할 수 있는 요인 중의 하나가 유화 쇼트닝의 사용이다.

5. 식감과 저장성 (Eating and keeping qualities)

식감이란 음식을 먹을 때 후각, 미각, 촉각, 시각 등 감각적 느낌을 포함하는 개념으로 '먹을 때의 종합적 감각'이라 할 수 있다.

제품의 맛, 향, 부드러움, 촉촉함, 구수함 등 요인은 고객에 따라 달라지므로 절대적인 기준이 될 수 없으나 지방은 주로 제품에 부드러움을 주며 버터나 라드는 특유의 향미를 제공하기도 한다.

제품의 저장성은 일정한 기간 중의 신선도를 측정하여 판단하는데 제품 종류에 따라 크게 다르다. 식빵류는 4~5일 이내로 짧고 건과자류는 수개월의 저장도 가능하다.

제품의 노화속도는 사용한 재료와 제조방법에 많은 영향을 받는데, 케이크의 경우 지방함량이 높으면 노화속도가 느리고 부드러움이 오랫동안 지속된다.

6. 빵반죽에서의 기능 (Function of fats in bread dough)

빵반죽의 믹싱이 끝나면 지방과 글루텐이 복합체를 형성하여 에틸에테르 등 유기용매로 분리해 내기가 어렵다. 밀가루에서는 70%가 추출되지만 일단 반죽이 된 상태에서는 10%도 추출되지 않는다.

밀가루 자체의 지방뿐만 아니라 밀가루에 광유(鑛油), 올레산이나 유사한 기름을 넣고 빵 반죽을 만들고 건조시키면 첨가한 기름도 에틸에테르에 의해 회수되지 않는다는 것을 여러 실험결과로 확인하였다.

더욱이 이 반죽에서 전분-글루텐 부분을 분리하여 조사하면 첨가한 기름이 결합기름 (bound oil) 상태로 글루텐에 남아있는 것이 확인되었다.

빵반죽에 2~6% 수준의 지방을 사용하면 보통 밀가루인 경우는 2%까지, 고단백질 밀가루에는 3~4%까지 부피가 점차 증가하고, 5~6%에서는 조직이 부드럽게 된다.

지방 사용량을 증가시키면 빵 속이 부드럽고 껍질에 광택이 나지만 기공의 세포벽이 두꺼워져서 거친 조직이 된다.

7. 유지에 대한 고려 사항 (Special consideration in shortening)

(1) 온도

온도는 사용할 유지제품 특히 식물성 쇼트닝을 선택하는데 있어 아주 중요한 고려사항인데 낮은 온도는 쇼트닝을 아주 딱딱하게 만들고, 단단한 지방은 크림이 되는데 더 많은 시간이 필요하며 부서지기 쉽다.

유지를 작업하는 제과공장의 바람직한 온도는 24℃ 전후이다.

(2) 유지제품의 조합

온도가 낮으면 딱딱한 버터는 작은 조각으로 부서져서 다른 부드러운 유지 제품과 고르게 섞이지 않는다. 이런 경우에는 버터를 쇼트닝과 같은 경도로 사전에 만들어야 한다. 설탕과 혼합되어 〈크림〉이 되면 입자가 작아지지만 이것은 화학적 변화가 아니라 유지의 정체성이 바뀌지 않는 물리적 변화라는 점을 고려하여 사용한다.

(3) 버터 사용비율과 취급

버터의 고유한 향미를 살리면서 응유현상을 줄이고 크림이 되는 능력을 높이는 경제적인 비율은 50%로 본다.

유지는 유해한 세균에 의해 부패가 되기보다는 광선, 열, 공기에 의해 산패(酸敗)되는 경우가 많다. 산패된 유지를 사용하면 완제품의 풍미를 해치고 위생상의 위해는 물론 다른 양질의 재료까지 못쓰게 만드는 이중의 손실이 된다.

유지는 서늘하고 햇빛이 차단된 깨끗한 장소, 강한 냄새를 내는 재료로부터 멀리 떨어진 곳에 저장하여야 하며, 변질되기 쉬운 버터 등은 항상 냉장 보관하고 그때 쓸 양만 꺼내서 사용하는 것이 좋다.

제5장 우유와 우유제품 (Milk and milk products)

제1절 우유의 구성 (Composition of milk)

우유는 독특한 향과 맛을 가진 흰색 액체로 보이지만 실제로는 여러 가지 물질이 함유된 혼합물이다.

〈표 47〉 몇 가지 포유동물 젖의 평균 조성(%)

동물	수분	지방	단백질	유당	회분
젖소	87.50	3.65	3.40	4.75	0.70
사람	87.79	3.80	1.20	7.00	0.21
양	80.60	8.28	5.44	4.78	0.90
돼지	80.63	7.60	6.15	4.70	0.92
말	89.86	1.59	2.00	6.14	0.41
낙타	87.67	3.02	3.45	5.15	0.71
개	74.55	10.20	3.15	11.30	0.80

이조성은 환경, 종자, 관리 등에 따라 달라지며, 젖소의 개체, 착유횟수, 착유계절, 사료의 종류 및 질에도 영향을 받는다.

1. 우유지방 (Milk fat, butterfat)

유지방의 입자 크기는 0.1~10μ으로 평균 3μ의 미립자 상태이며 1ml에 20~30억 개가 들어있다.

우유의 유장 비중이 1.03 이상인데 비하여 유지방의 비중은 온도에 따라 0.92~0.94로 낮기 때문에 우유를 교반하면 지방입자는 집합체로 뭉쳐 크림이 된다.

유지방에는 황색 색소물질인 카로틴과 식물 색소물질인 크산토필, 인지질로서 레시틴, 세파린과 콜레스테롤, 지용성 비타민 A, D, K가 들어있다.

지용성 스테롤의 일종인 **콜레스테롤** ($C_{27}H_{45}OH$)은 뇌, 신경, 혈관, 간 조직에 존재하는 홀몬과 유사한 물질로 유지방 중에 0.071~0.43%가 함유되어 있다.

버터나 분유 중의 레시틴이 가수분해와 산화가 되면 콜린 부분이 트리메틸아민으로 분해되어 생선냄새가 발생한다.

2. 단백질 (Proteins)

우유의 주 단백질은 **카세인**으로 약 3%를 차지하며 산과 **효소** 레닌에 의하여 응고한다.

카세인은 우유의 pH가 6.6에서 4.6으로 내려가면 칼슘과의 화합물 형태로 응유되며 분자량은 75,000~100,000이다.

유장 단배질인 락트 알부민과 락토 글로불린이 각각 0.5% 정도씩 들어있는데 열에 의해 변성되어 응고하며 일단 응고되면 용해도가 격감된다.

우유 단백질은 모든 필수 아미노산을 비롯한 여러 종류의 아미노산을 함유하고 있다.

〈표 48〉 우유단백질의 아미노산 분포

아미노산	단백질 100g당 아미노산 g		
	카세인	락트알부민	락토글로불린
필수			
알기닌	3.77	3.4	2.9
히스티딘	2.25	1.6	1.6
* 이소로이신	6.10	5.1	6.8
* 로이신	10.8	14.1	15.5
* 리신	6.8	7.3	11.3
* 메티오닌	2.88	2.4	3.2
* 페닐알라닌	5.5	4.1	3.7
* 트레오닌	4.35	5.0	5.3
* 트립토판	1.22	2.1	1.9
* 발린	6.6	5.0	5.8

비필수			
아스파르트산	5.8	9.6	11.0
시스테인	–	–	1.1
시스틴	0.34	3.1	4.0
글루탐산	21.7	15.2	19.8
프롤린	9.8	4.0	4.7

3. 유당 (Lactose)

우유에 들어있는 주요 당으로 평균 4.8% 수준이며 감미도가 16인 환원당이다.
알파와 베타 형태에 따라 용해도, 편광성, 결정화 특성 등이 다르며, 연유에 들어 있는 알파 유당은 '모래알 같은' 감촉을 갖게 하는 결정체가 되기 쉽다.

유산균에 의해 발효되면 부티르산과 이산화탄소로 분해되며 pH 4.6에 도달하거나 산가가 0.5~0.7%에 이르면 단백질 카세인이 응고한다. 우유에서 산미를 느낄 수 있는 것은 유산 함량이 0.25~0.3%에 도달할 때이다.

4. 광물질 (Minerals of milk)

우유의 회분은 평균 0.72%(0.6~0.9%)로 전체 광물질의 약 1/4을 차지하는 칼슘과 인은 영양의 측면에서 중요한 역할을 한다.

비교적 함량이 높은 무기질은 전지분유 100g당 칼슘이 970mg, 인이 750mg, 칼륨이 1,100mg, 나트륨이 380mg, 염소가 820mg, 마그네슘과 유황이 70mg 등이다.

미량원소로는 철, 아연, 구리, 망간, 코발트, 요오드, 불소 등이 약 60 ppm 정도 함유되어 있다.

구연산은 회분정량으로 측정되지 않지만 실제로 0.02% 정도가 함유되어 염 평형에 관계하는 것으로 알려져 있으며, 모든 광물질이 용액 상태로만 존재하는 것이 아니고 칼슘, 마그네슘, 인의 일부는 우유의 카세인과 유기적으로 결합되어 있다.

5. 효소와 비타민 (Enzymes and vitamins of milk)

우유에는 리파아제, 아밀라아제, 포스파타아제, 퍼옥시다아제, 촉매효소 등을 비롯해서 갈락타아제, 락타아제, 환원효소, 뷰티리나아제 등의 많은 효소들이 들어있다.

효소는 열에 민감하기 때문에 살균과정과 분유 제조과정에서 대부분이 불활성화 된다.

지방을 분해하는 리파아제는 우유에서 냄새가 나는 탈향 (off-flavors)현상을 일으킨다.

또한, 우유에는 사료의 종류와 질에 따라 비타민의 함량에 차이가 나지만 비타민 A와 리보플라빈, 티아민은 풍부한 편이고 D와 E는 결핍되어 비타민 D 강화우유를 만들기도 한다.

제2절 우유 제품

1. 시유 (Market milk)

시유는 음용하기 위해 가공된 액상 우유로, 여과 및 청정과정을 거친 원유를 표준화, 균질화, 살균 또는 멸균, 포장, 냉장하는 것이다.

균질화라 하는 것은 우유를 압력 4,000 psi의 가는 관을 통과시켜 유지방 입자를 평균 2μ으로 세분화 하는 공정인데 이 공정을 거치면 크림층이 형성되지 않는다.

〈표 49〉 우유 규격 (축산물 가공처리법)

제품	무지고형분	유지방	비중	산도	세균 수	대장균
시유	8.0% 이상	3.0% 이상	1.028~1.034	0.18 이하 (저지종) 0.20 이하	40,000 이하 /ml (표준평판법)	10 이하/ml
멸균유	8.0% 이상	3.0% 이상	1.028~1.034	"	* 음성	* 음성
가공유	7.2% 이상	2.7% 이상	–	0.18 이하	40,000 이하 /ml	10 이하/ml

2. 농축우유 (Concentrated milk)

우유의 수분을 증발시켜 고형질 함량을 높인 것이 농축우유이다.

증발 농축우유는 수분 증발의 방법으로 고형질을 원유보다 2.25배로 높인 것으로 유지방 7.9% 이상, 고형질 25.9% 이상으로 만든 후 용기에 넣어 밀봉하고 116~118℃에서 살균 처리한 제품이다. 일반 농축우유는 수분을 27% 수준까지 낮춘 제품이다.

가당 농축우유는 지방 8.6%, 유당 12.2%, 단백질 8.2%, 회분 1.7%, 첨가하는 당 42%, 수분 27.3%의 조성으로 되어 있으며, 농축우유에서 모래알 같은 촉감을 느끼게 하는 것은 급랭 시 유당이 결정화된 것이다.

3. 분유 (Dry milks)

분유는 우유의 수분을 대부분 제거시킨 분말로 원유를 건조시킨 것이 전지분유, 탈지유를 건조시킨 것이 탈지분유, 지방을 부분적으로 추출한 우유를 건조시킨 것이 부분탈지분유이다.

〈표 50〉 분유 제품별 구성

제품	수분	지방	단백질	유당	회분
전지분유	2.4 ~ 4.5	25.0 ~ 29.2	24.6 ~ 28.3	31.4 ~ 39.9	5.6 ~ 6.2
부분탈지분유	2.1 ~ 5.3	13.0 ~ 22.0	25.7 ~ 38.4	34.7 ~ 48.9	5.7 ~ 7.3
탈지분유	2.7 ~ 3.6	0.78 ~ 1.03	35.6 ~ 38.0	50.1 ~ 52.3	8.0 ~ 8.36

분유는 분무건조법 또는 롤러건조법으로 만드는데 건조 전에 우유의 열처리가 적절하지 못하면 제빵적성이 나빠진다. 열처리가 안된 우유로 만든 분유는 시스테인과 글루타티온을 넣은 것과 같이 반죽이 약해지고 부피가 작아진다.

4. 유장제품 (Whey products)

유장은 치즈 제조과정에서 카세인과 유지방, 소량의 광물질이 응유되어 분리되고 남은 제품으로 수용성 비타민과 광물질, 비카세인 계열 단백질과 대부분의 유당이 함유되어 있다.

〈표 51〉 탈지분유와 유장의 평균 조성

성분	탈지분유	유장분말
수분	3.0	4.0
단백질	35.7	12.5
지방	0.8	1.0
유당	52.3	73.5
회분	8.2	9.0

유장은 탈지분유와 비교하여 단백질과 유당의 구성이 크게 달라서 그 기능성도 다르다.

빵반죽에 탈지분유 대신 유장을 사용하면 밀가루 단백질과 상호 작용성이 없는 락토계열의 글로불린과 알부민이 주 단백질이어서 반죽을 부드럽게 한다.

환원당인 유당이 많아서 단백질 알부민과 갈변반응을 일으켜 껍질색이 진해진다.

제3절 제빵과의 관계 (Some references to baking)

1. 저장성 (Keeping quality)

분유는 흡습성이 높아 자체 수분이 5% 이상이 되면 대기 중의 수분을 흡수하여 저장성이 감소시킨다. 그래서 이중 용기나 질소가스 충전용기, 방습 포장지를 사용하여 대기중 산소에 의한 산화적 변질을 예방한다.

분유 제조공정 중 너무 높은 온도에서 장시간 건조하면 눅거나 탄 냄새가 난다.

저장온도 24℃ 이상에서 장기간 저장하면 노화취가 발생하며, 전지분유에 리파아제가 작용하면 지방이 가수분해되어 산패취를 낸다.

구리와 철과 같은 금속은 산화촉매로 높은 온도와 함께 지방의 산화를 가속하기 때문에 제조용기나 기구로 사용하지 않는다. 온도 10℃ 증가마다 산화속도가 2배로 가속되므로 24℃ 이하의 조건에서 6개월 이내에 사용한다.

질소와 같은 불활성 기체를 충전한 제품을 24℃ 이하에서 보관하면 1년도 무방하다.

2. 탈지분유의 기능성 (Functional properties of nonfat dry fat)

빵반죽에 6%의 탈지분유를 사용하면 반죽의 물리적 성질을 변화시키고 제품의 품질에도 영향을 준다. 물리적 변화는 흡수율, 믹싱, 발효, 굽기온도 등의 변화를 말한다.

탈지분유는 흡수율을 증가시킨다. 탈지분유 1% 사용에 물 1%를 증가해야 빵반죽의 되기 등 반죽상태가 같아진다. 또 믹싱 내구성이 커지며 발효속도가 느려진다. 잔류당으로 더 많이 남는 유당은 껍질색을 진하게 하며 단백질은 조직을 튼튼하게 한다.

Skovholt와 Bailey는 분유 사용으로 빵반죽 내의 수소이온(H^+) 농도의 변화를 감소시켜 당화효소의 활성을 제한하는 완충제의 역할을 한다고 보고하였다.

분유사용 유무	믹싱 후 pH	45분 발효 후 pH	차이
분유 미사용	5.80	5.10	− 0.70
분유 사용	5.94	5.72	− 0.22

아밀라아제의 적정 pH 4.7까지 쉽게 내려가지 않게 하여 당이 부족한 반죽이 되면 활발한 발효가 일어나지 않는다.

3. 실제사용 측면 (Practical aspects of milk products)

액체우유는 변질되기 쉬우므로 항상 냉장고에 보관하며 평상시에 21℃ 이하에서 보관하는 농축우유도 뚜껑을 개봉한 후에는 냉장고에 넣는다.

분유도 수분이 5% 이상이 되면 변질 속도가 빨라지고 난용성 덩어리가 생기거나 변색이 되거나 불쾌취가 날 수 있으므로 서늘하고 건조한 곳에 저장한다.

분유는 물과 직접 접촉하면 덩어리가 생기기 쉬우므로 밀가루와 섞어서 믹서에 투입하는 곳이 좋다. 일단 덩어리가 되면 믹싱공정 중에 완전히 풀어지지 않아 껍질에 반점으로 남기 쉽다.

분유 사용은 믹싱 내구성을 높이기 때문에 믹싱시간을 증가시켜야 하고 반죽이 질은듯해도 발효기간 중 분유 고형질의 점진적인 수화로 다시 탄탄해진다.

발효 내구성도 증가하기 때문에 발효시간도 증가시키는 것이 좋다.

스펀지/도법에서 **분유를 스펀지에 사용하는 경우**는 (1) 저단백질 또는 약한 밀가루 사용 (2) 밀가루에 아밀라아제의 활성이 과도할 때 (3) 발효시간을 짧게 할 때 (4) 쉽게 지치는 밀가루를 사용할 때 등이다. 조건이 반대일 때는 분유를 본 반죽 (dough)에 넣는다.

탈지분유를 6% 수준(우유식빵)으로 사용하면 반죽온도를 1~2℃ 정도 높이고 둥글리기 후에 회복시간이 2~3분 정도 더 필요하기 때문에 중간발효 시간을 늘린다. 2차 발효실의 온도는 38℃ 이하에서 습도를 다소 낮게 하는 것이 좋다.

제빵용 이스트에 의해 발효가 되지 않고 잔류당으로 남는 유당에 의하여 껍질색이 빨리 나서 껍질색으로 굽기 시간을 맞춘다면 **언더베이킹 (under baking)**이 되기 쉽다.

언더 베이킹은 고온에서 짧은 시간에 구울 때 일어나는 현상을 말한다.

껍질색이 나는 것은 덱스트린화, 캐러멜화, 갈변반응에 의한 것인데 그중에서 환원당과 아미노산의 반응으로 생성되는 멜라노이딘 색소의 역할이 크다.

우유는 빵의 영양 가치를 높이고 물리적 특성을 개선하는 재료로서 전지분유 6%를 사용하는 근거는 시유 60%를 사용하는 것과 평형을 이루는 개념이다.

제6장 계란과 난제품 (Eggs and egg products)

제1절 구조와 구성 (Structure and composition of eggs)

1. 계란의 구조

계란은 케이크류와 과자빵류의 중요 재료로서, 단단하지만 깨지기 쉬운 껍질과 점성이 있는 흰자, 중앙 부분을 차지하는 노른자로 대분할 수 있다.

신선한 계란의 노른자는 거의 구형으로 계란의 중심 부위를 차지하고 있다. 비텔린 (vitellin)이란 노른자위의 인단백질 막으로 둘러싸여 공 모양을 유지하고, 알끈이 양쪽으로 흰자에 연결되어 닻 역할을 함으로 흰자에 떠있는 상태로 되어 있다.

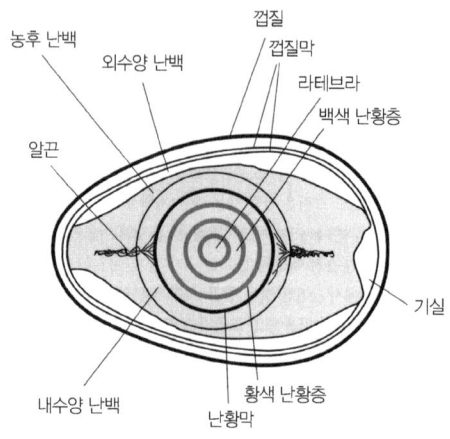

〈그림 22〉 계란의 구조

계란에서 가장 넓은 부위를 이루는 흰자는 크게 노른자의 외부 면과 경계가 되는 진한 알부민과, 껍질과 경계하는 묽은 알부민으로 나눌 수 있다.

껍질은 계란의 액체물질을 보호하는 용기로서의 역할을 하며 껍질 쪽에 붙어있는 외막과 내용물에 접해 있는 내막으로 이루어져 있다. 이들 막(膜) 사이에 공기포가 생긴다.

닭의 나이, 사료, 품종, 유전형질 등에 따라 부위별 구성에 차이가 있으나 대체로 껍질이 10.3%, 노른자가 30.3%, 흰자가 59.4%로 되어있다.

제과에서는 실무적으로 껍질 = 10%, 전란 = 90%, 노른자 = 30%, 흰자 = 60%로 계산하여 사용해도 반죽의 균형에 아무런 지장이 없다.

계란의 개체 무게가 50~60g일 때 부위별 구성비는 위와 비슷하지만 이 범위를 지나면 노른자 비율은 감소하고 흰자 비율이 증가하는 경향이 있다.

65g이 넘는 특란은 노른자 구성비가 작아지면서 전체 고형질 비율이 낮아진다.

냉동계란에서는 냉동과정과 장기간 유통과정에서 수분증발의 문제가 있어 전란의 고형질 26.5%를 25~26%로 조정하기도 한다.

2. 화학적 구성

(1) 계란의 부위별 화학적 조성

노른자는 흰자보다 지방과 칼슘, 인, 철 등의 무기질 함량이 높은 반면 수분과 나트륨, 칼륨, 염소, 유황 등의 함량은 낮다.

〈표 52〉 계란의 화학적 구성

성분	전란, %	노른자, %	흰자, %
수분	73.0	49.0	86.0
단백질	13.3	16.7	11.6
지방	11.5	31.6	0.2
당(포도당 기준)	0.3	0.21	0.4
회분	1.0	1.5	0.8
칼륨	0.15	0.113	0.15
칼슘	0.05	0.147	0.006
철	0.0027	0.0072	0.0002
인	0.21	0.59	0.017
나트륨	0.16	0.049	0.16

제과에서의 개략적인 계산은 계란의 부위별 수분은 전란 = 75%, 노른자 = 50%, 흰자 = 88%를 기준으로 한다.

(2) 노른자

노른자는 단백질, 지방, 소량의 광물질과 포도당의 복잡한 혼합물이다. 노른자 지방의 90% 이상이 저밀도 지단백질 형태로 되어 있으며, 분자량은 4,800,000, 직경 240Å(1억분의 1cm : 옹스트롬)의 미셀이 수용성 단백질과 함께 콜로이드로 분산되어 있다.

지단백질은 리포비텔린과 리포비텔레닌으로 구성되어 있는데 전자는 17%의 복합지방, 13%의 질소와 1.5%의 인을 함유하고 후자는 주로 레시틴의 형태로 되어있다.

노른자 고형질의 약 70%를 차지하는 지방의 65%가 트리글리세리드, 30%가 인지질, 4%가 콜레스테롤, 카로틴 색소와 비타민이 극미량 함유되어 있다.

(3) 흰자

흰자는 4개의 층으로 구분할 수 있는 단백질의 점성 용액으로 전체 흰자의 20~55%를 차지하는 외부 쪽 묽은 흰자, 27~56%의 중간 쪽 진한 흰자, 11~36%의 내부 쪽 묽은 흰자와 소량의 노른자 외막의 진한 흰자로 구성되어 있다.

〈표 53〉 흰자의 조성

구성분	함량, %	특성
오브알부민 (ovalbumin)	54.0	① 전 흰자의 54% ② 분자량 = 45,000 정도 ③ 필수 아미노산 함유 ④ 함유황 ⑤ 안정성 오브알부민은 열에 강함
콘알부민 (conlbumin)	13.0	① 흰자의 13% ② 철과 결합 → 항세균 물질 ③ 분자량=80,000 ④ 철 결합 콘알부민은 열에 안정성 ⑤ 단백질변성 방지=철 첨가와 pH 중성
오보뮤코이드 (ovomucoid)	11.0	① 흰자의 11% ② 분자량 = 28,000 ③ pH 7에서 열안정 ④ pH 9에서 80℃ 3분 가열 → 열변성 ⑤ 효소 트립신의 억제제
리소짐 (lysozyme)	3.5	① 흰자의 3.5% ② 분자량 = 17,000 ③ 다당류 분해효소 ④ 미생물 분해 활성
오보뮤신 (pvpmoid)	1.5	① 흰자의 진한 젤리 성분 ② 산성이나 중성용액에 불용성 ③ 2.6%의 살리실산 함유 ④ 열안정성
플라보 단백질 (flavoprotein)	0.8	① 리보플라빈 함유 ② 분자량 = 35,000 ③ 0.7~0.8%의 인산 함유 ④ 무황 단백질
프로테아제 억제제	0.1	① 효소 억제 ② 박테리아 프로테아제
기타 단백질	8.0	① 글로불린 ② 흰자의 소량 단백질
* 아비딘 (avidin)	0.05	① 흰자의 0.05% ② 분자량 = 48,000 ~ 66,000 ③ 비오틴(biotin)과 결합 → 비오틴 흡수 방해

제2절 계란 제품 (Egg products)

1. 생계란 (Shell eggs)

생계란 사용에 있어 문제가 되는 것은 적절한 위생처리와 저장조건을 갖추지 않으면 미생물에 오염되기 쉽다는 데 있다. 계란껍질과 내막은 계란의 배(胚)가 발달하는데 필요한 기체의 교환이 가능하도록 많은 구멍과 반투막으로 되어 있어서 식중독을 일으킬 수 있는 살모넬라와 같은 박테리아에 오염되기 쉽다.

그러나 계란을 변질시킬 미생물에 상당기간 노출되어도 계란 자체가 상하지 않는 것은 특정 미생물에 대한 자체방어 능력이 있기 때문이다.

산란 직후 pH 7.6이던 흰자는 이산화탄소 가스가 방출되면서 24시간 이내에 pH 9로 변하여 대부분의 박테리아가 작용하자 못하게 한다.

생계란의 상업적인 저장온도는 −1.7~−0.6℃가 권장되지만 제과점에서는 보통 냉장온도에 저장한다. 냉장온도는 박테리아와 곰팡이의 성장을 정지시키거나 지연시킨다.

미국의 경우 위생란 사용의 역사가 70년이 되는데 계란을 세척하고 63℃에서 3분 30초 이상 가열 살균하여 상품화 한다.

흰자가 거품을 일으키는 특성은 점도가 중요한 요인인데 묽은 흰자는 된 흰자 보다 거품형성 능력이 크다. 살균과정을 거치면서 점도를 낮추거나 분말계란에는 라우르황 소다를, 액체 흰자에는 트리에틸 시트레이트와 같은 음이온 계면활성제를 사용하여 거품형성 능력을 높이고 있다.

〈그림 23〉 신선한 계란 (좌), 오래된 계란 (우)

생계란의 신선도를 측정하는 방법으로 등불검사 (candling)가 많이 활용 되는데 흰자가 진하고 노른자가 별로 움직이지 않는 것이 신선하다. 또한 계란을 깨뜨렸을 때 난황의 높이가 높고 공 모양이 뚜렷하면 신선하다. 난황계수란 노른자의 높이를 지름으로 나눈 몫인데 신선한 계란은 0.361~0.442 사이가 된다.

2. 냉동계란 (Frozen eggs)

유해 미생물의 오염 등 위생문제 해결과 저장의 안전성 때문에 냉동계란 사용이 늘고 있다. 껍질부터 청결하게 세척, 살균한 계란을 용도에 따라 전란, 노른자, 흰자 등을 껍질로부터 분리해 낸다.

살균한 전란은 균일하게 혼합한 후에 껍질조각, 점막 등 이물질을 여과기로 걸러내고 −23~−26℃로 급랭한다. 출고할 때까지 −18~21℃의 냉동실에 저장한다.

냉동전란의 경우 고형질은 24~28%, 노른자는 35~40%, 흰자가 60~65% 정도로 섞여있다.

냉동흰자의 고형질 함량은 11~14%로 평균으로 단백질 11.9%와 광물질 0.6%가 들어있다.

냉동노른자의 고형질은 단백질 14.3%, 지방 24.0%, 광물질 1.1%, 설탕 10%로 전체 49.4% 이며, 냉동에 의해 굳어지기 쉬우므로 설탕, 소금, 글리세린 등 고화 방지제를 첨가한다.

냉동계란은 21~27℃에서 18~24시간을 해동하거나 흐르는 물에 5~6시간을 담가 2일 이내에 사용한다.

3. 분말계란 (Powdered eggs)

(1) 계란의 건조 (Egg drying)

계란을 건조시키는 일반적인 방법은 '분무건조'와 '팬 건조' 이다.

분무건조는 액체계란을 미세한 입자로 분무하면서 가열 공기를 공급하면 대부분의 수분이 증발되어 분말우유가 된다. 팬 건조는 액체계란을 얇은 층으로 팬 위로 흐르게 하면서 건조한 과열공기를 접촉시켜 수분을 증발하고 고형물을 분쇄하여 분말로 만드는 것이다.

생계란과 아주 유사한 기능을 가진 제품을 만들기 위하여 2가지 전통적인 방법을 개선하여 고도의 진공에서 수분을 제거하는 방법도 있다. 여기에 음이온 계면활성제를 사용하면 흰자의 거품형성 능력이 향상된다.

〈표 54〉 분무건조방식의 분말계란 고형질의 대표적인 규격

항목	분말흰자	분말노른자	분말전란
수분	8.0% 이하	5.0%	5.0%
pH	7.0 ± 0.5	6.3 ± 0.3	8.0 ± 0.5
환원당	0.1% 이하	0.5% 이하	1.5% 이하
지방	0.25%	59.0%	45.0%
단백질	82.0%	33.0%	46.5%
회분	5.5%	2.5%	5.0%
무질소물	4.15%	−	−
박테리아	10,000/g 이하	25,000/g 이하	25,000/g 이하
살모넬라	음성	음성	음성
색상	백색−미색	균일한 표준색	균일한 표준색

분무건조 방법으로 만든 분말계란은 노른자와 흰자의 거품형성 능력이 양호하여 스펀지케이크, 시퐁, 엔젤푸드 제조에 많이 사용한다.

포도당은 액체 흰자에 0.28%, 액체 노른자에 0.17% 밖에 들어있지 않지만 계란에 들어있는 인지질의 하나인 세파린과 반응하여 갈색의 **불용성 물질**을 만들어 악취를 풍긴다.

노른자와 흰자의 안정화란 포도당 산화효소의 처리로 이러한 결과를 방지하는 것이다.

(2) 흰자 고형질 (Egg white solids)

분말흰자는 주로 엔젤푸드와 머랭 제조에 사용되지만 레이어, 파운드케이크, 쿠키류, 하드 롤, 하스 (hearth)빵 제품에 바삭바삭하는 특성을 주는 재료로도 사용한다.

분말흰자 1에 대하여 물 7을 넣어 생 흰자와 같은 조성을 만들 수 있지만 보통은 다른 건조 재료와 혼합하고 필요한 양의 물을 첨가하여 믹싱한다.

엔젤푸드 제조에 있어 흰자 중의 글로불린은 거품을 형성하고, 오보뮤신은 그 거품을 안정시키며 열 변성 단백질인 오브알부민은 구운 케이크의 구조를 튼튼하게 유지시킨다.

흰자를 사용하는 제품에 주석산크림 등 산을 첨가하면 케이크의 속색이 밝아지며 흰자−설탕의 거품을 튼튼하게 하여 케이크의 구조를 강하게 만든다.

(3) 전란 고형질과 노른자 고형질 (Whole egg and yolk solids)

분말전란이나 노른자가 갖는 결합능력, 유화성, 색상, 향, 영양가는 생계란과 근본적으로 같으나 열처리를 하지 않은 경우에 거품형성 능력이 떨어지는 단점이 있다.

실제 사용에 있어 액체 계란과 같은 조성을 갖게 하려면 무게비로 **분말전란 1에 물 3의 비율로**, **분말노른자 1에 물 1.25의 비율로** 사용하면 된다.

분말노른자는 점도가 생계란 노른자와 같기 때문에 도넛과 과자빵 프리믹스에 널리 사용된다. 케이크도넛 믹스에 분말노른자 3%를 넣으면 지방흡수, 부피, 외양, 식감 등을 개선한다.

노른자 단백질의 용해도가 높으면 반죽의 유동성이 커지며 지방흡수가 많고 수분함량이 낮을 때 양질의 도넛이 된다.

4. 계란의 사용 (Uses of eggs in baking)

케이크 제조에 쓰이는 계란은 결합제의 역할, 5~6배의 부피로 늘어나는 팽창작용, 유화작용, 노른자의 지방이 지니는 쇼트닝 효과, 식욕을 돋구는 속색을 만드는 기능을 가지고 있다. 계란은 완제품의 영양가를 높이고 부피, 속결, 색상, 저장성을 좋게 하는 중요한 과자 재료이다. 또한 기공 세포를 개선하여 수분 증발을 감소시켜 신선도를 오랫동안 유지시킨다.

케이크의 부피는 **계란의 생산 계절**에 따라서도 영향을 받는다. 4월 생산 계란과 7월 생산을 비교한 시험에 의하면 스펀지 케이크 부피는 4월 생산이 15% 정도 더 컸으며 크림퍼프도 더 크고 부드러운 제품이 되었다.

생계란 대신에 분말계란을 사용하는 경우에는 다음과 같은 예에 따르면 편리하다.

		전란 1,000 (g)	노른자 1,000 (g)	흰자 1,000 (g)
분말	사용량(g)	250	450	125
	계산	$1,000 \div (1+3)$	$1,000 \div (1+1.25)$	$1,000 \div (1+7)$
물	사용량(g)	750	550	875
	계산	$1,000 \div (1+3) \times 3$	$1,000 \div (1+1.25) \times 1.25$	$1,000 \div (1+7) \times 7$

제7장 물 (Water)

제1절 물의 경도 (Hardness of water)

1. 연수와 경수 (Soft water and hard water)

물의 경도는 주로 칼슘염과 마그네슘염이 얼마나 녹아 있는가의 정도를 말하는데 모든 칼슘과 마그네슘염을 탄산칼슘으로 환산한 양을 ppm (parts per million)으로 표시한다.

이것은 물속의 고형질과는 개념이 다르다.

일시적 경수는 중탄산칼슘과 중탄산마그네슘에 의해 경수가 된 것인데 이것은 가열에 의해 탄산염으로 침전하기 때문에 더 이상 물의 경도에 영향을 주지 않는다.

그 외의 칼슘염과 마그네슘염은 가열을 해도 물속에 용액상태로 남아 경도에 영향을 주므로 영구적 경수가 된다.

물의 경도는 지역, 날씨, 계절 등 요인에 따라 변화하지만 제빵과 관련하여 일반적으로 구분하는 것은 4가지이다.

① 연수 = 1 ~ 60ppm 미만   ② 아연수 = 60 ~ 120 ppm 미만
③ 아경수 = 120 ~ 180 ppm 미만   ④ 경수 = 180 ppm 이상이다.

물속에 들어있는 칼슘과 마그네슘은 보일러, 열교환기, 증기 난방기 등에 물때(scale)를 만들어 작동효율을 감소시키며 수증기를 사용하는 오븐에서 구운 빵껍질 위에 반점을 만들기도 한다.

중탄산염 형태로 들어있는 과량의 칼슘과 마그네슘은 물의 알칼리도를 높여서 빵발효 중 이스트와 효소가 활성을 최대로 하는 pH까지 내려가지 못하게 하여 발효를 지연시킨다. 그러나 **황산칼슘**은 이스트의 활성을 돕고 글루텐 구조를 강하게 만든다.

자연수에 염화물이 많은 것은 동물 배설물의 오염 우려가 크므로 **생물학적, 위생적**인 분석이 필요하다. 질산염이 많은 물은 하수도 물의 오염 가능성이 높다,

물에는 이외에도 염소, 산소, 이산화탄소, 질소, 유화수소 등 기체가 함유되기도 한다.

2. 물의 처리 (Water treatment)

자연 상태의 물은 여러 분야의 산업체가 요구하는 조건을 모두 갖추기가 어렵고 물때와 부식성을 막아 물을 사용하는 기구와 용기를 보호하려 물을 처리하게 한다.

(1) 여과 (Filtration)

모래 여과기는 고운 모래 → 굵은 모래 → 고운 자갈 → 굵은 자갈의 순서로 물속의 불순물을 여과시키는 장치인데 모래 대신에 탄소, 숯, 대리석가루를 사용하기도 한다.

여과물질이 불순물을 흡착한 양이 많을수록 물의 통과속도가 느려지기 때문에 수시로 세척하거나 교환해 주어야 효율이 높아진다.

모래 여과기는 물속의 고체를 여과하지만 불쾌한 맛과 냄새를 내는 유기물 여과에는 효과가 작으므로 활성탄소를 사용하여 흡착시킨다.

(2) 물의 연화 (Water softening)

제빵용으로 사용할 물의 경도가 너무 높으면 물을 연화시켜서 사용해야 하는데 일반적인 방법은 ① 증류, ② 양이온 교환, ③ 탈광물질, ④ 석회-소다법 등인데 증류는 경비가 너무 많이 들기 때문에 실용성이 적다.

양이온 교환법은 비석나트륨 또는 비석수소를 사용하여 물을 연화시키는 방법이다.

$$Ca^{++} \;+\; Na_2 \;\rightarrow\; CaZ \;+\; 2Na^+$$

칼슘염　　비석나트륨　비석칼슘　　　나트륨 이온

$$Ca(HCO_3)_2 \;+\; H_2Z \;\rightarrow\; CaZ \;+\; 2H_2CO_3$$

중탄산칼슘　　비석수소　비석칼슘　　　탄산

탈광물질 공정은 비석수소에 의한 물의 연화과정에서 남게 된 산을 일종의 수지로 제거시켜 증류수에 가까운 물을 만드는 공정으로 음이온 교환이라고도 한다.

석회-소다법은 물의 경도를 주도하는 중탄산칼슘과 중탄산마그네슘을 석회나 소다와 반응을 시켜 불용성 화합물로 침전시키는 것이다.

물은 광물질과 불순물의 제거와 더불어 생물학적 순도에 대하여 세심한 주의가 필요하며 염소가스로 소독하는 경우 염소가 10 ppm이 될 때까지 이스트 활성에 영향이 없다.

제2절 제빵에서의 물 (Water in baking)

1. 여러 가지 형태의 빵반죽 물의 영향 (Effect of varying dough water)

물은 빵반죽의 40% 전후를 차지하기 때문에 소량의 활성재료가 녹아 있더라도 반죽의 특성과 빵 품질에 큰 영향을 준다.

〈표 55〉 물의 특성과 이스트푸드 요구량 관계

물의 형태		분류	이스트푸드 형태	이스트푸드 요구량	기타 특수 조치
I	산성 pH 7 이하	① 연수 120 ppm 미만	정규	정상	스펀지에 소금 첨가 (심한 경우 $CaSO_4$첨가)
		② 아경수 120~180 ppm	정규	정상	불필요
		③ 경수 180 ppm 이상	정규	감소	심한 경우 스펀지에 맥아 첨가
II	중성 pH 7 ~ 8	① 연수	정규	증가	불필요
		② 아경수	정규	정상	불필요
		③ 경수	정규	감소	스펀지에 맥아 첨가
III	알칼리성 pH 8 이상	① 연수	산성 정규+$CaHPO_4$	증가	$CaHPO_4$첨가
		② 아경수	산성	정상	불필요
		③ 경수	산성	감소	맥아 증가, 유산 첨가

연수는 글루텐을 약화하여 연하고 끈적거리는 반죽을 만들기 때문에 **이스트푸드를 증가하는 조치가 필요하고 경수는 발효를 지연시키기 때문에 이스트 사용량을 증가**시키거나 맥아 첨가로 효소를 공급하고 이스트푸드를 감소한다.

2. 각개 광물질의 영향 (Effects of individual minerals)

Brown은 각기 다른 7종류의 무기염이 이스트의 발효와 빵의 특성에 미치는 영향을 체계적으로 연구했다. 스펀지/도법과 스트레이트법 양쪽을 시험했으며 대조구는 증류수를 사용하고 비교구는 50~1,000 ppm 범위의 무기염 농도를 선택했다.

탄산수소나트륨의 농도 100, 500, 1,000 ppm의 범위에서 발효에 별다른 영향이 없다.

산화마그네슘의 농도 50,250,500 ppm일 때 스펀지/도법에서는 특별히 다른 영향이 없으나 스트레이트법에서는 다소 부피가 작아진다.

염화마그네슘은 50, 250, 1,000 ppm의 농도에서 반죽이 강해지고 부피도 증가하는 경향을 보이나 최적 부피는 50 ppm일 때이다.

탄산칼슘의 농도를 100, 500, 1,000 ppm으로 했을 때 모든 농도에서 유익한 결과였다.

황산칼슘은 50, 250, 300 ppm의 농도일 때 발효도 활발하고 부피도 커진다.

수산화칼슘의 농도를 100, 500, 1,000 ppm으로 했을 때 농도가 높을수록 발효에 유해한 영향을 끼친다. 알칼리가 높아져서 이스트의 활성을 감소시키기 때문이다.

Pickering의 연구에 의한 연수, 경수, 알칼리 물에 대한 설명은 다음과 같다.

① 연수는 글루텐을 단단하게 묶어주는 광물질이 결여되어 빵반죽을 연하고 끈적끈적하게 한다, 작업하기에 좋은 반죽을 만들려면 흡수율을 2% 정도 줄여야 한다. 가스 생산은 정상적이지만 가스 보유력은 적다.

결과 제품의 부피는 양호한 편이나 기공과 조직, 색상이 다소 떨어지는 경향이 있으므로 이스트푸드와 소금을 증가시킨다.

② 경수는 글루텐을 너무 단단하게 하여 발효를 지연시킨다. 이스트 사용량을 증가하고 이스트푸드를 감소시키는 한편 맥아를 첨가하여 효소를 보충하는 방법이 권장되고 있다.

③ 알칼리성 물은 빵 발효속도를 느리게 하여 발효시간이 길어진다.

가스 생산을 가속시키는 방법으로 황산칼슘을 함유한 이스트푸드를 다소 증가하여 사용한다. 알칼리성 물을 정상적인 흡수율대로 사용하면 내부 색상, 기공, 조직이 양호하지만 부피가 작아진다.

3. 반죽과 빵에 있어서의 수분 분산
(Moisture distribution in dough and bread)

일반적인 밀가루가 함유한 14% 전후의 수분은 상대습도 70%와 평형을 이루어 미생물의 성장을 억제하고, 밀가루의 화학적 특성을 변화시키지 않기 때문에 저장 안정성을 지키는 수준이며 밀가루 구성성분의 하나이다.

반죽에서 〈결합수〉를 형성한 물 분자는 전분, 단백질, 펜토산과 같은 특수한 화학집단과 반응을 한 것이다. 전분의 수산기, 단백질에 있는 극성 아미노산은 물과 결합한다.

밀가루의 68%를 차지하는 전분은 반죽 전체 물의 약 45.5%를, 14%의 단백질은 31.2%를 ,1.5%를 차지하는 펜토산은 23.4%의 물을 흡수한다.

생전분은 자기 무게의 약 반 정도를 흡수하지만 손상전분을 약 2배의 물을 흡수한다. 밀가루 단백질은 자기 무게의 약 1.5배, 펜토산은 15배의 물을 흡수한다.

또한 물이 반죽에 분산되는 시간은 밀가루 입자의 크기와 강도, 믹싱방법, 설탕, 소금,분유, 유화제 등 재료에 따라 다르지만 보통 10분이 걸리며 연속믹싱법은 1분 이내이다.

수화는 물이 직접 밀가루 입자에 접촉하여 적시는 현상으로 밀가루 1g당 235㎡나 되는 표면적을 적시는 시간이 필요하다. 빵반죽의 재료 중 물의 분산에 영향이 큰 것은 소금,분유, 효소제 등이며 설탕, 비극성 지방, 유화제 등은 실질적으로 영향이 적다.

소금은 전분의 수화 능력에 영향을 미치기보다 글루텐을 탄탄하게 하여 물이 결합할 자리를 적게한다. 유사한 효과는 이스트푸드 중의 칼슘 이온과 산화제에서 볼 수 있다.

반죽내의 물은 1, 2차 발효를 거치는 동안 전분의 가수분해로 약 2~4%의 수분이 생성되므로 반죽을 질게 한다.

굽기 과정에서 반죽의 45% 수분이 제품에는 35%로 변하는데 이것은 증발에 의하여 수분을 잃기 때문이다. 외부적인 측면에서 빵 표면의 수분증발이 많아 껍질이 건조하게 되는데, 시간이 경과되면 수분이 많은 내부 조직에서 껍질 쪽으로도 수분이 이동한다.

전분이 젤라틴화할 때 18배의 물을 흡수할 수 있고 단백질이 열 변성을 일으킬 때는 대부분의 물을 잃는데 전분이 이 물을 흡수한다.

4. 이스트푸드 (Yeast foods)

이스트푸드란 이스트가 성장하고 활동하는데 필요한 발효성탄수화물, 아미노산, 광물질 등을 뜻하지만 제빵용 이스트푸드의 기능은 ① 물 조절제 ② 반죽 조절제 ③ 이스트의 영양으로 요약할 수 있다.

이스트의 영양이 되는 성분은 황산암모늄, 염화암모늄, 인산암모늄과 같은 암모늄염으로 이스트의 성장에 필요한 질소를 공급하는 것이다.

반죽 조절제는 산화작용을 통해 글루텐에 직접 또는 간접으로 작용하여 흡수율을 비롯하여 반죽의 물리적 특성을 변화시키는 것이다.

물 조절제는 칼슘의 첨가로 연수나 아연수를 아경수 쪽으로 조절하는 것이다.

다음은 대표적인 이스트푸드의 배합표이다.

#1.완충형			#2. 알카디형			#3. 산성	
성분	%		성분	%		성분	%
산성인산칼슘	50.0		황산칼슘	25.0		과산화칼슘	0.65
염화나트륨	19.35		염화암모늄	9.7		인산암모늄	9.0
황산암모늄	7.0		브롬산칼륨	0.3		인산디칼슘	
브롬산칼륨	0.12		염화나트륨	25.0		전분, 밀가루 등	90.35
요오드칼륨	0.10		전분	40.0		–	–
전분	23.43		–	–		–	–

#3은 알칼리성 물에 산성재료로 사용하는 이스트푸드이다.

각 이스트푸드에 들어있는 산화제는 빵반죽의 물리성을 개선하여 부피증가, 고운 기공, 부드러운 조직, 좋은 균형을 만들 목적으로 사용된다.

과산화칼슘은 본 반죽에 사용하며 글루텐을 강하게하여 덧가루 사용을 감소시킨다.

아조디카본아미드는 밀가루 단백질의 $-SH$ 그룹을 산화하여 글루텐을 강하게 만든다.

비타민 C는 산소가 없는 곳에서는 환원제이지만 일반적인 믹싱에서는 공기와 접촉함으로 산화제로 작용한다.

제8장 초콜릿 (Chocolate)

제1절 초콜릿의 역사와 코코아
(History of chocolate and cocoa)

1. 역사

초콜릿은 거의 모든 사람이 좋아하는 식품으로 아즈텍(14세기 멕시코의 중앙고원에 있던 국가)시대 이전부터 전해지고 있다.

초콜릿의 주원료는 카카오로서 원생지는 브라질의 아마존 강 유역이며 반 음지식물에 속하고, 재배적지는 남 북위 20도 이내로 특히, 위도 10도 이내의 고온다습한 열대지방이다. 유카탄의 마야와 멕시코의 아즈텍에서는 카카오가 유럽에 소개되기 오래 전부터 재배하였으며 왕실에서는 카카오를 볶아 갈아서 옥수수, 물, 향신료를 첨가하여 만든 걸쭉한 음료를 먹었고 특히, 결혼식이나 기타 신성한 의식을 올릴 때도 음용하였다.

그 후 신대륙 발견에 따라 카카오 원두가 유럽에 소개되어 스페인에 먼저 보급되고 이어서 이탈리아, 프랑스 및 영국에 전파 되었다.

최초의 상업적인 공장이 설립된 것은 1728년 영국이었다. 이후 중남미에서만 재배되던 카카오는 네덜란드 사람에 의하여 필리핀, 인도네시아, 실론 등으로 재배지가 확대되고 그 후 서부 아프리카에서도 생산하게 되었다. 주요 기록은 다음과 같다.

- ▶ 서기 1,000년 이전 : 메시코 원주민은 카카오 원두를 갈아서 음용
- ▶ 1494년 : 콜럼버스가 스페인에 가지고 갔으나 용법을 몰랐다.
- ▶ 1606년 : 스페인 궁전의 이탈리아인 안토니오 칼레티가 이탈리아에 전함
- ▶ 1615년 : 스페인의 안 여왕이 프랑스 루이 13세와 결혼할 때 초콜릿을 전함
- ▶ 초콜릿 공장 설립 : (1728년 = 영국) (1815년 = 네덜란드) (1826년 = 스위스)
- ▶ 1828년 : 네덜란드의 완호덴사가 코코아가루 제조법과 코코아버터 압축채유법 발명
- ▶ 1830~1901년 : 초콜릿이 음료에서 고형질의 식품으로 변화

2. 코코아 (Cocoa)

(1) 카카오나무와 원두

카카오나무는 오동나무과에 속하는 고온다습한 열대성 식물로 학명은 테오브로마 카카오 (Theobroma cacao)이며, 그리스어로 「신의 식물」이란 뜻을 가지고 있다. 나무 높이는 7~10m, 직경10~20cm, 꽃은 대략 10,000개 정도로 그중에 결실하는 것은 1% 이하이다.

카카오 열매는 길이 10~20cm, 직경 5~15cm의 럭비공 모양으로 내부에 하얀 과육이 있고 그 안에 20~60개 정도의 백색 또는 엷은 자색의 종자가 들어있다.

카카오 원두는 껍질 9~13%, 배아 0.6~1.0%, 배유 85~90%로 구성되어 있다.

카카오의 지방을 카카오버터라 하는데 방향성분을 가지고 있으며 초콜릿 특유의 부드러운 촉감과 풍미 등의 성질을 좌우한다.

카카오 원두 배유에는 지방 55%, 단백질 10%, 전분 6%, 탄수화물 12%, 수분 5%, 산류 2.3%, 회분 2.5%, 탄닌 5.5% 등이 함유되어 있다.

(2) 제조공정

1) 발효 및 건조 (fermentation and drying)

펄프가 붙어있는 원두를 50℃에서 자연발효 시키면서 산소를 공급한다. 발효의 목적은 좋은 향과 색상을 내고 펄프를 제거하는 것이다. 수분은 8% 이하가 되도록 한다.

2) 세척 (cleaning)

카카오에 섞여있는 나무조각, 돌, 모래 등을 선별기로 제거하는 공정이다.

3) 볶기 (roasting)

속과 껍질의 분리를 쉽게 하고, 110~160℃에서 30~40분간 볶아서 향을 발달시킨다.

4) 껍질 제거 (winnowing)

원두에 충격을 주어 속 부분과 껍질을 분리시킨다. 껍질은 사료, 비료, 연료용이 된다.

5) 마쇄 (grinding)

속을 마쇄하면서 가열한다. 카카오 매스, 카카오 페이스트, 비터초콜릿 이라 한다.

6) 압착 (press)

카카오 매스를 압착하여 코코아버터와 카카오 박을 분리하는 공정

7) 미분쇄 (pulverizing)

카카오 박을 200메시 정도로 미분쇄 하여 코코아가루를 만드는 공정이다.

제2절 초콜릿 제조 (Chocolate manufcture)

1. 초콜릿의 원료

(1) 카카오 매스 (Cacao mass)

여러 종류의 카카오를 혼합하여 특정한 맛과 향을 낼 수 있으며, 카카오 매스 자체의 풍미, 껍질부위의 혼입량, 지방 및 수분의 함량에 따라 품질이 달라진다.

(2) 코코아버터 (Cocoa butter)

카카오 매스에서 분리한 지방으로 초콜릿의 풍미를 좌우하는 성분인데 향이 뛰어나고 입에서 빨리 녹으며 감촉이 좋다. 카카오 원두의 종류와 탈취 정도에 따라 풍미와 향의 강도가 달라진다. 순 초콜릿은 지방성분이 코코아버터만으로 만들어진 제품이다.

(3) 코코아가루 (Ccoa powder)

카카오 매스에서 지방을 분리하고 남은 박(粕)을 분말화 한 제품으로 알칼리 처리 유무에 따라 더취 코코아 중성과 천연 코코아 산성으로 나눈다. 풍미가 제일 중요하지만 용도에 맞는 색상, 용해도, 미생물 수치도 고려해야 한다.

(4) 당류 (Sugars)

일반적으로 정백당이나 분당을 사용하며 포도당이나 물엿은 설탕의 일부만 대치한다. 특히, 당뇨병 환자용에는 솔비톨이나 만니톨을 사용한다.

(5) 분유 (Dry milk)

밀크초콜릿 제조에 사용되며 전지분유, 탈지분유 등 수분 4% 이하의 제품을 사용한다.

(6) 유화제 (Emulsifier)

초콜릿은 지방에 물이 들어있는 물/지방형이므로 친유성 유화제를 사용한다. 일반적으로 콩에서 추출한 레시틴을 0.2~0.8% 사용한다.

(7) 향 (Flavors)

기본적으로는 바닐라 향을 많이 사용하지만 용도와 특성에 따라 박하 향, 견과류 계통의 향, 우유 향도 사용한다. 향료는 콘칭 1~2시간 전에 혼합한다.

이외에 불룸 (bloom) 현상을 막기 위하여 버터오일을 사용하며 소금 사용 유무는 제품에 따라 다르다.

> ※기본 초콜릿 원액을 비터 초콜릿이라고도 하는데 코코아 : 코코아 버터가 5/8 : 3/8로 된 것을 기준으로 하고 여기에 가당을 하여 다크 초콜릿이나 밀크 초콜릿을 만든다.

2. 분류 (Classification of chocolate)

(1) 배합에 의한 분류

1) 밀크 초콜릿 : 분유 함량이 15~25% 수준으로 높은 반면 코코아 버터는 상대적으로 낮은7~17% 수준이며 부드러운 맛의 제품이다.

대표적인 구성은 다음과 같다.

재료	초콜릿 원액	설탕	전지분유	레시틴	바닐라
배합량, g	1,000	1,260	570	20	10

2) 다크 초콜릿 : 제과에서 가장 많이 사용하는 제품으로 스위트, 세미 스위트, 비터 스위트 등으로 구분한다. 비터 스위트는 코코아 함량이 35% 이상으로 강한 향을 내는데 설탕의 가감으로 감미를 조절한다. 대표적인 배합은 다음과 같다.

재료	초콜릿 원액	설탕	레시틴	바닐라
배합율, %	67.0	32.0	0.6	0.4

3) 화이트 초콜릿 : 코코아를 사용하지 않은 백색의 초콜릿으로 기본 배합은 다음과 같다.

재료	코코아 버터	설탕	전지분유	레시틴	바닐라
배합율, %	35	43	21	0.6	0.4

(2) 형태에 의한 분류

1) 몰드 초콜릿 : 초콜릿 틀에 넣어 굳힌 것으로 속에 웨이퍼, 크림, 견과류 등을 넣는 것을 쉘 (shell moulded) 초콜릿이라 한다.

2) 엔로브 초콜릿 : 누가, 퍼지, 비스킷, 마시맬로, 캐러멜, 크런치 등에 초콜릿을 흘려부어서 피복하고 냉각시킨 제품이다.

3) 팬 초콜릿 : 드라제 (dragée : 당의를 입힌) 제품으로 견과류나 스낵류에 초콜릿을 분무하여 코팅시키거나 원형으로 성형하여 그 위에 당액을 입힌 초콜릿이다.

3. 초콜릿 제조공정 (Process of chocolate)

(1) 믹싱 (Mixing, Kneading)

이중 솥 형태의 Z자형 혼합을 하는 믹서에서 일정 온도를 유지하면서 믹싱을 한다. 설탕, 분유 등 건조재료를 혼합하고 카카오 매스, 유화제, 향을 넣고 반죽을 만든다.

(2) 정제 (Refining)

초콜릿의 입자를 미세하게 만드는 공정으로 롤러를 통과시킨다. 다크 초콜릿인 경우는 25μ 이하, 밀크 초콜릿인 경우는 30μ이하의 입도로 입안에서의 감축이 좋아야 한다.

(3) 콘칭 (Conching)

콘체라는 기계를 사용하여 이취를 제거하고 잔류수분을 감소시키는 공정이다. 유화작용과 균질화도 이루어지며 점도가 감소한다.

(4) 템퍼링 (Tempering)

가온과 냉각과정을 통하여 지방의 새로운 입자를 형성, 안정화 하는 공정이다.

코코아 버터는 굳히는 방법에 따라 융점이 다른 입자를 만들며 다음의 4가지로 나눈다.

① 감마(γ)형 = 융점 17℃

② 알파(α)형 = 융점 21~24℃

③ 베타프라임(β')형 = 융점 27~29℃

④ 베타(β)형 = 융점 34℃이다.

(5) 주입과 당의 (Depositing & enrobing)

몰드 바는 템퍼링을 한 초콜릿을 주입기로 보내고 25~28℃의 품온을 가진 틀에 주입, 엔로브 바는 26℃의 품온을 유지시킨 내용물에 템퍼링을 한 초콜릿을 코팅.

(6) 냉각 (Cooling)

보통 냉각 터널을 이용하는데 5℃까지 완만한 냉각을 하고 다시 15℃까지 상승 시킨다.

(7) 포장 (Packaging)

저온, 저습도의 포장실에서 작업하며 가급적이면 방습포장재를 사용한다.

(8) 숙성 (Aging)

포장을 한 초콜릿을 온도 18℃, 상대습도 50% 이하의 저장실에서 7~10일간 숙성시키면 조직이 안정되어 불룸현상을 줄인다.

설탕 불룸 (sugar bloom)은 초콜릿에 있는 설탕이 공기 중의 수분에 녹았다가 재결정되어 희게 변하는 현상이고, **지방 불룸 (fat bloom)**은 높은 온도로 지방이 녹았다가 굳어지면서 얼룩을 만드는 현상이다. 온도 15~21℃, 습도 50% 이하가 저장조건이다.

제9장 과실류와 주류 (Fruit & liquor)

제1절 과실류

과실류는 양과자에 응용하는 중요 재료의 하나로 시각적 효과와 더불어 미각을 자극하는 역할을 한다.

과실은 ① 생과일을 장식용으로 사용하여 맛의 변화를 주는 것 ② 생과일에 감미와 풍미를 추가하여 자체를 제품으로 활용하는 것 ③ 생과일에 다른 재료를 혼합하여 굽거나 삶거나 튀기는 것 ④ 생과일의 과즙이나 껍질을 이용하는 것 ⑤ 시럽이나 양주에 담가 이용하는 것 ⑥ 설탕을 넣어 당조림을 하는 것 ⑦분말이나 슬라이스 등 형태를 변화시켜 이용하는 방법이 있다.

1. 인과류 (仁果類)

꽃받침 부분이 비대해져서 식용의 과육 부분이 되는 과실로 내부에 속 부위가 있고 그안에 씨가 있다. 대부분이 온대산으로 사과, 배, 마르멜르, 비파 등이 여기에 속한다.

(1) 사과 (apple, pomme, apfel)
장미과의 다년생 목본 나무에 달리는 열매로 맛, 모양, 색상은 품종에 따라 다양하다. 약 90%의 수분, 8%의 탄수화물, 0.7%의 섬유질, 0.3%의 단백질과 유기산이 들어있다.

제과용으로 잼, 주스, 셔벗, 소스, 젤리, 마말레이드, 샐러드, 디저트, 파이, 구운 사과 등으로 이용된다.

(2) 서양배 (pear, poire, bime)
일반적으로 사과 재배지역과 같은 기후와 풍토에서 자라지만 사과 보다 개화기가 빨라서 다소 따뜻한 기후와 다습한 토질이 적당하다.

케이크에 사용하는 배는 신맛이 적고 과육이 단단하여 보존성이 양호한 품종이 좋다.

2. 핵과류 (核果類)

인과류와는 달리 암술의 자방벽이 생장하여 비대해진 것으로 중과피가 식용으로 먹는 부분인 과육이다. 과실의 중심에 1개의 씨를 둘러싸고 있는 단단한 씨 벽이 있으며, 살구, 복숭아, 자두, 버찌, 매실, 대추가 여기에 속한다.

(1) 복숭아 (peach, peche, pfirsich)

복숭아는 중국 북서부의 황하가 원산지이고 페르시아를 거쳐 유럽에 전해져서 지금은 지중해 지역, 미국, 호주 등지에서 재배된다. 과육의 색으로 황색과 백색으로 대분한다.

제과용으로 잼, 파이, 셔벗, 주스, 시럽, 아이스크림에 이용되고 통조림도 장식용으로 사용한다.

(2) 살구 (apricot, abricot, aprikose)

중국 북부를 원산지로 하는 살구나무 열매로 잼, 젤리, 주스 등을 만들어 이용한다. 살구 씨는 약용으로 양과자에도 사용 한다.

(3) 버찌 (cherry, cerise, kirsche)

유럽이 원산지인 벚나무과의 낙엽수에 열리는 작은 열매로 1개의 씨가 들어 있다.

단맛의 버찌는 달고 신맛이 적당해서 생식용으로 좋으나 보관성이 나빠 병조림, 통조림, 급속냉동 제품으로 양과자에 널리 쓰인다.

사워 버찌는 신맛이 너무 강해서 신맛 을 줄이고 설탕을 넣어 주스, 잼, 통조림 등으로 가공하여 양과자에 사용한다.

3. 준인과류 (準仁果類)

준인과류는 전체를 둘러싼 외과피의 속이 몇 개의 작은 주머니로 나누어져 있고 주머니 속에 있는 다즙질의 과육을 식용으로 한다. 대개가 상록수로 열대에서 온대 남부에 걸쳐 재배되며 레몬, 라임, 오렌지, 밀감 등이 여기에 속한다.

(1) 레몬 (lemon, citron limon, zitrone limpme)

히말라야 서부가 원산지인 레몬은 11세기경에 유럽에 전해져서 지금은 지중해 연안인 이탈리아, 그리스, 스페인, 모로코, 터키와 미국에서 많이 재배되고 있다.

나무의 높이는 4~5m 이고 레몬 직경이 5cm 정도일 때 녹색 상태로 수확하여 황색으로 숙성시킨다.

레몬에는 7% 정도의 구연산이 들어있고 비타민 C도 풍부하다. 단맛은 거의 없고 신맛이 강하며, 양과자, 생선요리와 고기요리의 향신료, 주스로 많이 쓰인다.

껍질은 레몬 필을 만든다.

(2) 오렌지 (orange)

오렌지는 생식용으로 많이 사용되며 주스는 음료 및 양과자의 원료로도 쓰인다. 껍질과 함께 만드는 마말레이드, 잼, 〈오렌지 필〉은 직접 제과재료가 되든지 충전용으로 사용된다.

스위트오렌지는 과즙이 많고 단맛이 나지만 사워 오렌지는 신맛이 강해서 식초제조 및 서양 요리에 많이 쓰인다. 밀감의 사용은 오렌지와 거의 같다.

4. 액과류 (液果類)

중과피나 내과피 속에 과즙이 많고 과육조직이 연한 과실로 포도, 키위, 무화과, 석류 등이 여기에 속한다.

(1) 포도 (grape, vigne, weinrebe)

포도과에 속하는 넝쿨 낙엽수의 열매로 유럽포도, 미국포도, 잡종포도 등 품종이 다양하다. 생산량의 대부분이 양조용으로 쓰이고 나머지는 생식용과 통조림이 된다.

양과자의 재료로 쓰이는 포도주와 소스가 제과분야에서 사용된다.

건포도는 완숙한 포도를 알칼리로 처리하여 불순물을 제거하고 세척해서 일광에 말린 것인데, 캘리포니아 원산의 톰슨 씨드레스 (Thomson seedless) 품종은 신맛이 적고 감미가 강해 과일케이크, 식빵, 샐러드, 무스, 쿠키, 머핀 등에 널리 응용되고 있다.

(2) 키위 (kiwi fruits)

중국 양자강 연안이 원산지인 다래과에 속하는 키위는 암수 딴 그루로 유백색의 꽃이 피며 과실은 다색에 짧은 털이 많다.

뉴질랜드 키위 섬 이름을 따서 명명 되었고 과육은 연두색에 까만 종자가 박혀 있으며 감미와 얕은 산미가 있다. 양과자의 장식, 아이스크림 등에 사용되고 있다.

5. 소과류(小果類)

소과류는 관목성의 과수에 열리는 딸기류 열매이다. 생식을 하거나 잼을 만들어 빵과 과자에 사용한다. 급속냉동 제품은 과일케이크와 과일파이에서 중요한 원료로 쓰인다.

(1) 양딸기 (strawberry, fraise, erdbeere)

장미과 다년초의 열매로 꽃 턱이 발달하여 구형 또는 계란형의 모양을 갖게 되며 익으면 선홍색이 된다. 비타민 C가 풍부하며 생식과, 장식용, 잼으로 많이 쓰인다.

잼을 만드는 딸기는 신맛이 강하고 펙틴 성분이 많은 품종을 선택한다.

(2) 라즈베리 (raspberry, framboise, himbeere)

장미과에 속하는 낙엽관목의 열매로 과즙이 많고 신맛과 단맛이 잘 어울리는 과실이다.

향기도 좋아서 생식을 많이 하며 잼, 주스, 젤리, 아이스크림, 셔벗, 파이, 타르트 등의 재료로 사용되고 있다.

(3) 구즈베리 (gooseberry)

구즈베리는 온대와 한대에 걸쳐 생육되는 범귀과의 작은 낙엽수 열매로 둥근 모양이며 과즙이 많고 향이 독특하다. 서양 구즈베리는 과실이 크고 향이 좋아서 생식용으로 많이 쓰이며, 펙틴 성분이 많아 잼과 젤리 제조용으로도 사용된다.

블루베리 (blueberry)는 직경 1cm의 둥근 열매로 완숙되면 맛이 부드럽고 달며 특유한 향기가 있어 설탕에 절여서 각종 양과자에 사용하가나 푸딩에 쓰기도 한다.

커런트 (common currant)는 향이 좋은 백색과 단맛이 강한 적색으로 나뉜다. 잼, 주스, 시럽을 만들며 과일파이의 좋은 재료가 된다.

이외에 블랙베리, 빌베리, 크랜베리, 오디 등도 소과류에 속한다.

6. 열대 과실류

열대지방에서 자라는 과실로 종류가 다양하고 다육질로 수분이 많은 편이며 맛과 향이 좋아서 생식 및 가공에 널리 쓰인다.

(1) 바나나 (banana)

파초과의 다년초 열매로 과육은 미황색, 홍색, 담갈색 등이 있으며 떫은맛을 가진 것은 주로 요리용으로 쓰인다. 완숙한 바나나는 껍질이 변색되기 쉬우므로 80% 정도의 미숙 과일을 수확하면 자가발효에 의해 익는다. 껍질을 벗기면 과육이 쉽게 변질된다.

생식용 외에 주스와 아이스크림의 원료로 쓰이고 분말 바나나는 쿠키, 양과자 등의 재료로 사용되고 있다.

(2) 파인애플 (pineapple)

열대 아프리카 원산지의 다년초 열매로 지름 15~20cm의 타원형 솔방울과 같은 모양을 하고 있다. 과육은 감미와 산미가 같이 나며 단백질 분해효소가 있어 육식 후의 후식으로 많이 먹는다.

젤라틴을 여리게 하는 작용 때문에 젤라틴 사용 과자제품에는 주의가 필요하다.

(3) 망고 (mango)

인도, 미얀마가 원산지인 옻나무과 상록수의 열매로 완숙하면 망고 특유의 향을 낸다.

열매 모양은 타원형으로 크기는 50g~ 3kg까지 다양하다.

과실은 생식하거나 통조림, 잼, 젤리, 마말레이드, 소스의 원료로 사용한다.

(4) 대추야자 (date)

야자나무과의 상록 교목 열매로 3~5cm의 원형 또는 타원형 모양이다. 녹색에서 황색을 거쳐 빨갛게 익는다. 수액을 발효시키면 야자술이 되고 증류하면 '아라크'술이 된다.

아라크 술은 럼주 향과 비슷하며 마들렌, 과일 케이크, 피낭시에, 건포도 쿠키, 버터 크림 등 제품에 사용하고 있다.

이외에 파파야 (papaya), 브레드프루츠 (bread fruits), 야자, 서양호박 등이 제과재료로 사용되고 있다.

7. 견과류 (堅果類)

견과류의 특징은 단단한 껍질을 가진 것으로 배유와 배아를 가식부분으로 하는데 다른 과일에 비하여 수분이 적고 단백질, 지방, 칼슘, 철 등이 풍부하며 보관성이 좋다.

(1) 아몬드 (편도, almond, amande, mandel)

서아시아가 원산지인 장미과 식물의 열매로 지중해 연안과 미국 캘리포니아가 주산지이다. 껍질의 단단한 정도에 의해 경실종과 연실종으로 나누는데 경실종은 관상용과 연실종의 번식용 잡목으로 이용된다.

연실종에는 감인종 (sweet almond)과 고인종 (bitter almond)이 있는데 고인종은 주로 약용으로, 감인종은 양과자와 요리의 재료, 마지팬의 원료, 아몬드유의 원료로 쓰인다. 아몬드는 용도에 따라 통 아몬드, 슬라이스 아몬드, 분말 아몬드 등 여러 가지 형태로 만든다.

〈표 56〉 아몬드의 성분 (100g)

성분	수분 (g)	단백질 (g)	지방 (g)	당질 (g)	섬유질 (g)	회분 (mg)			비타민A (mg)	비타민 B1(mg)	비타민 B2(mg)
						칼슘	인	철			
함량	4.7	18.6	54.2	16.9	2.6	230	500	4.7	8	0.21	0.92

(2) 개암 (hazelnut, noisette, haselnuss)

개암나무과에 속하는 나무의 열매로 도토리와 비슷한 모양이며 지방함량이 50~66%로 높기 때문에 장기 저장기간에 산패의 우려가 있다.

주산지는 터키, 스페인, 미국, 이탈리아 등으로 특유의 향이 좋아서 아이스크림, 쿠키, 초콜릿과자 등에 사용되며 독일, 스위스 등 유럽에서는 거의 필수적인 견과이다.

(3) 호두 (walnut, noix, walnuss)

페르시아가 원산지인 호두는 미국, 터키, 중국, 인도 등이 주산지인데 지방이 50~55%, 단백질이 15~20%인 견과로 썰거나 다져서 빵·과자 반죽에 넣거나 코팅용으로 사용하며, 통째로 또는 반쪽으로 쪼개어 장식용으로 쓴다.

(4) 피칸 (pecan, pacanier, pekannuss)

호두과에 속하는 히코리 나무의 열매로 미국의 미시시피강 유역이 원산지이다. 과실은 길이 6cm, 폭 3cm 가량의 타원형으로 겉껍질이 얇아서 깨기가 쉽다.

아이스크림 케이크, 빵, 양과자 등에 많이 사용하는데 특히 〈피칸파이〉가 유명하다.

(5) 피스타치오 (pistaschio, pistache, pistazie)

서아시아와 소아시아가 원산지이고 지중해 지역에서 널리 재배되는 견과로 그린 아몬드라고도 한다. 아몬드와 비슷한 풍미와 특유의 담녹색으로 양과자와 페이스트리, 아이스크림, 셔벗에 사용한다. 아몬드와 같이 으깨서 마지팬을 만들기도 한다.

(6) 브라질넛 (Brazil nut, amande de Brazil, juvianuss)

남미의 아마존강 유역에서 자라는 브라질넛 나무의 열매로 길이 5cm 정도의 반달형 씨이다. 외피가 단단하며 그 안에 다색의 엷은 피막이 있고 과육은 백색이다.

지방이 66%, 단백질이 14%인 브라질넛은 초콜릿, 쿠키, 아이스크림 등에 사용하며 기름은 올리브유 대신으로 사용된다.

(7) 밤 (chestnut, marron, kastanie)

참나무과의 낙엽수 열매인 밤은 남부유럽, 서아시아, 북아프리카, 지중해 연안에서 많이 재배하는데 특히 이탈리아, 프랑스, 스페인산이 유명하다.

밤은 수분이 약 60%이고 전분은 35% 정도로 고형질의 주성분이며 감미를 가진 견과로 생식, 삶거나 구어서 먹기도 하고 통조림으로 가공한다.

프랑스의 마롱그라세(marron Glace)가 대표적인 제품이다.

(8) 코코넛 (coconut, Noix de coco, kokosnuss)

코코넛은 열대 야자과 나무의 열매로 그안에 들어있는 배유를 태양이나 인공으로 건조시켜 짠 기름을 코프라오일이라 한다.

나머지 부분을 표백한 후 협잡물을 제거시키고 가늘게 썰어 건조시킨 것이 데시케이트 코코넛이며 가루로 만든 것이 분말코코넛이다.

특유한 맛과 향 때문에 〈코코넛마카롱〉을 비롯한 많은 양과자와 도넛에 충전물로, 또는 코팅재료로 사용하고 있다.

이외에 잣, 캐슈넛, 마카다미아, 파라다이스넛 등이 사용된다.

제2절 주류 (Liquor)

1. 주류의 분류

주류를 빵·과자 제품에 사용하는 것은 원료의 바람직하지 못한 냄새나 가공할 때의 탄 냄새 등을 없애주거나 원래의 좋은 향을 잘 살릴 수 있도록 보강하는 역할 때문이다.

다른 재료와의 조화를 이루고 제품의 풍미를 높이는 방법을 알기 위하여 술의 원료 및 특징을 이해할 필요가 있다. 주류의 종류는 크게 다음과 같이 나눌 수 있다.

① 양조주는 곡물이나 과실을 원료로 하여 전분이나 당분을 효모로 발효시켜 알코올로 변화시킨 것인데 알코올 농도가 낮다. 발효를 하는 동안에 과일 속의 다른 성분과 향기 물질은 술에 남아 있게 된다. 사과주, 맥주, 포도주, 막걸리, 청주 등이 그 예이다.

② 증류주는 발효를 거친 양조주를 증류한 술로 알코올 농도가 높다.

증류과정을 통하여 양조주 중의 당분, 단백질, 기타 불휘발성 유기산 등 성분이 분리되고, 향을 내는 나무통에서 숙성되는 동안 스미어 나온 향과 휘발성 물질이 알코올과 섞여 독특한 방향성을 가지며 살균력도 강하다.

③ 혼성주는 알코올이나 증류주를 기본으로 정제당, 과실이나 초목의 뿌리, 줄기, 씨, 잎사귀 등의 추출물로 향미를 내게 한 술이다. 증류주와 같이 주정농도가 높고 향미가 강하고 색조가 선명하다.

2. 양주의 종류

(1) 양조주

당분을 발효시켜 알코올로 만드는 과정을 통해 만든 술로 과실을 원료로 하는 경우에는 과실 이름을 붙여 사과주, 포도주, 체리주 등으로 부르며, 쌀을 원료로 한 약주, 청주, 막걸리와 보리를 발효한 맥주 등이 여기에 속한다.

포도주는 포도의 산미를 내게 하는 유기산과 포도 특유의 방향성분을 가지고 있어서 오랜 역사를 가진 대표적인 양조주가 되었다.

마데라 포도주는 포르투갈의 마데라 섬에서 만드는데 독특한 맛과 향을 가졌으며 색상도 다양해서 버터 크림, 젤리, 과일 케이크, 소스에 쓰이며 마데라 케이크의 필수재료이다.

샴페인은 백포도를 원료로 발효시킨 술로서 프랑스 상파뉴 지방에서 만들기 시작했다. 발효 과정 중 포도주 속의 주석산, 탄닌산은 침전물이 되어 거꾸로 놓은 병마개 쪽에 모이고 이산화탄소 가스가 상당량 함유되어 있다. 무스 케이크, 셔벗에 사용된다.

포트와인은 포르투갈 북부의 술로서 어떠한 설탕이나 감미를 넣지 않으며, 알코올 16.5% 이상으로 정부의 품질증명이 있어야 출항할 수 있다는 데서 유래하였다. 키어시는 프랑스산 버찌술로 완숙이 된 체리를 으깨어 자연발효를 시키면서 순수한 이스트를 넣어 발효를 촉진한다. 색이 진해서 자기나 유리그릇에 바로 넣어 저장한다.

(2) 증류주

1) 브랜디

브랜디는 원래 포도주를 증류해서 만들었지만 현재는 여러 종류의 과실 양조주로부터 만든다. 증류 시에 추출되거나 저장 통으로부터 받은 향이 독특한 향미를 나타낸다.

프랑스어로 Eau de vie라 하여 「생명의 물」로 생각하였다. 세계적으로 유명한 프랑스의 꼬냑 (Cognac)은 떡갈나무 통에 장기간(15~40년) 저장하는데 특유의 색과 방향이 생기며 알코올 농도를 40~48%로 맞춘다. 초콜릿, 봉봉, 시럽 등으로 쓰인다.

사과 브랜디는 사과를 발효시킨 술을 증류한 것으로 바바루아, 무스, 젤리를 만든다.

살구 브랜디는 살구 씨와 과육을 함께 갈아 발효시킨 술을 증류하여 알코올 농도 32~35%로 맞추어 숙성시킨 것이다.

알마냐크는 프랑스 남부 세르지방의 브랜디로 꼬냑보다 쓴맛이 강해서 초콜릿에 쓰인다.

키어시 바서는 버찌를 발효시킨 술을 증류시킨 것으로 무스, 바바루아, 아이스크림 케이크와 시럽 제조에 쓰인다.

럼은 당밀을 발효시켜 증류한 술이다. 영국이나 케냐에서 만드는 헤비 럼은 색이

짙고 풍미도 강하여 크리스마스 케이크, 과일 케이크에 사용하며 풍미가 아주 강하지 않은 것을 미디움 럼이라 하고, 약한 것이 라이트 럼인데 버터 크림, 오믈렛, 푸딩 등에 쓰인다.

곡물을 발효하여 증류시킨 위스키는 산지와 원료에 따라 이름이 붙여진다.

세계적으로 유명한 스카치는 스코틀랜드산 위스키의 총칭이며 몰트위스키는 맥아로 발효시켜 증류시킨 제품이다. 위스키는 초콜릿, 과일푸딩, 과일케이크 등에 널리 사용된다.

(3) 혼성주

혼성주 (liqueur)는 과실, 향초류, 종자 등 식물성 향료와 설탕 등을 넣어서 만든 강한 알코올음료이다.

1) 과실계

체리 브랜디는 체리에 화주를 넣어 50일 정도 체리 향을 추출하고 계피, 클로브, 설탕 등을 가미한 것으로 아이스크림케이크, 초콜릿케이크, 체리케이크 등에 사용한다.

2) 감귤계

쿠앵트로는 오렌지의 천연 추출 주정을 모액으로 하여 오렌지 껍질, 잎사귀, 꽃의 진액을 넣어 풍미를 높인 80도의 술에 증류수와 시럽을 첨가하여 주정도수를 40도로 한 것이다. 무스, 바바루아, 수플레, 버터 크림, 커스터드 크림 등에 사용된다.

그랑 마르니에는 원래는 사원 이름이었는데 지금은 제조회사명이 되었다. 꼬냑을 원액으로 쓴맛의 오렌지 껍질 향을 가미하고 떡갈나무 통에서 숙성시키는 리큐르로 수플레를 비롯하여 오렌지 케이크, 초콜릿, 바바루아, 무스, 버터 크림, 시럽 등에 사용한다.

큐라소는 남미 베네수엘라의 네덜란드 땅 큐라소 섬의 특산물 리큐르이다. 럼에 미숙한 오렌지의 건조 과피를 넣어 풍미를 보강하여 오믈렛, 아이스크림 등에 사용한다.

3) 핵과류

살구 브랜디는 살구 증류주에 당분과 향신료를 넣어 맛을 낸 32~35도의 혼성주로 무스, 바바루아, 셔벗, 젤리, 시럽 등에 쓰인다.

마라스키노는 유고 알마쟈 지방의 알이 작은 검은 체리를 원료로 만든 리큐르로 무스, 버터 크림, 바바루아, 수풀레 글라세, 시럽 등에 사용한다.

크렘 드 노와유는 살구와 복숭아 씨 속에 있는 성분을 추출하여 브랜디에 섞은 것이다.

4) 향초류, 크림류

베네딕틴은 레몬 껍질, 흰 쑥, 박하, 육두구 등 여러 향초로 만든 40~43%의 리큐르이다.

샤르트러즈는 130여종의 약초를 넣어 만들었고 무스, 봉봉, 초콜릿 등에 사용된다.

아니스 술은 아니스 열매의 씨를 원료로 한 혼성주로 알코올은 25% 이다.

리큐르 갈리아노는 오렌지와 박하가 들어있는 주정 36%의 강한 향을 가진 혼성주이다.

크렘 드 카카오는 브랜디에 카카오 원두, 바닐라 원두, 스파이스를 넣은 25~30%의 술이다.

큠멜은 주정에 회향, 아니스, 코리안더 등을 가미한 리큐르로 주정도수는 다양하다.

키어시 바서

마라스키노

오렌지 큐라소

쿠앵트로

그랑마르니에

제10장 팽창제, 안정제, 향료와 향신료
(Leavening agents, Stabilizer, Flavors and spices)

제1절 팽창제

1. 베이킹 파우더 (Baking powder)

(1) 일반사항

베이킹 파우더는 탄산수소나트륨, 산 재료와 부형제로 전분이나 밀가루를 균일하게 혼합한 화학팽창제이다.

원리는 탄산수소나트륨이 분해되어 이산화탄소, 물, 탄산나트륨이 되는 것으로 전체 베이킹 파우더 무게의 12% 이상에 해당되는 유효 이산화탄소 가스가 발생되어야 한다.

$$2\ NaHCO_3 \rightarrow CO_2 + H_2O + NaCO_3$$

베이킹 파우더에는 산으로 작용하는 재료가 들어있어서 가스 발생속도를 조절 한다는 것이 탄산수소나트륨과 근본적으로 다르다.

① 주석산, 주석산 수소칼륨$KH(C_4H_4O_6)$을 사용하면 실온에서 대부분의 가스가 발생된다.
② 오르소형 산성인산칼슘을 사용하면 실온에서 1/2~2/3의 가스가 발생된다.
③ 피로인산칼슘, 피로인산나트륨을 단독으로 사용하면 실온에서 반 이하가 발생된다.
④ 늦게 작용하는 산작용제로 인산알루미늄소다가 있고, 황산알루미늄소다는 실온에서 가스 발생이 거의 없다. 이러한 산염의 작용을 조합해서 가스 발생 속도를 조절한다.

〈표 57〉 산작용제와 가스 발생속도

시간(분)	GDL(%)	주석산크림(%)	주석산(%)	비고
0.5	12.7	53.7	87.2	* 글루코델타락톤 = 산작용제
2	19.5	80.0	94.5	Gluco-Delta-Lactone
5	32.3	92.0	97.8	약자로 〈GDL〉로 표시
20	69.0	99.4	99.2	* 주석산 계열은 5분 이내에
60	92.4	100.0	100.0	전 발생량의 90% 이상을 발생

(2) 사용량

베이킹 파우더의 사용량은 과자의 종류와 특성, 고도, 믹싱방법 등에 따라 달라진다.

사용량이 과다하면 기공 벽이 늘어나 속결이 거칠고 건조가 빠르며 오븐팽창이 너무 크면 주저앉기 쉽다. 너무 적게 쓰면 밀도가 커져서 속이 조밀하고 부피도 작아진다.

밀가루와 분유 등 구조형성 재료가 보강되면 베이킹 파우더를 증가해도 좋으나 계란이나 쇼트닝을 많이 사용할 경우와 고도가 높은 지역에서는 감소시킨다.

베이킹 파우더는 적정량의 유효가스를 발생하고 중성이 되어야 하는데 이것을 맞추는 방법이 **중화가(中和價:NV)** 조정이다. 중화가는 산에 대한 탄산수소나트륨 의 백분비율이다. 베이킹 파우더에 부형제를 넣는 것은 수분을 흡수하여 탄산수소나트륨과 산염의 입자가 직접 반응하지 못하게 하며 소량 계량과 취급상의 편리성을 주기 위해서다.

2. 기타 팽창제

(1) 암모늄 계열

암모늄 계열의 팽창제는 밀가루 단백질을 연하게하며 물만 있으면 단독으로 작용하고 굽기 과정 중 전량이 휘발하여 잔유물이 없다는 장점이 있다.

$$탄산암모늄 : (NH_4)_2 CO_3 \rightarrow 2NH_3 + H_2O + CO_2$$

$$탄산수소암모늄 : NH_4 CO_3 \rightarrow NH_3 + H_2O + CO_2$$

크림퍼프(슈), 쿠키 등에서 암모니아, 이산화탄소, 수증기의 3가지 기체로 분해

된다.

(2) 탄산수소나트륨

중조라고도 하는데 단독 또는 베이킹 파우더 형태로 사용한다. 재료에 들어있는 자연적인 산성재료에 의해 작용하거나 알칼리로 남으면 제품색이 어둡고 소다 맛이 남는다.

(3) 기타 팽창작용

분유 단백질은 발효 중에 박테리아에 의해 수소가스와 이산화탄소 가스를 발생시킨다.

암모니아계 합성 팽창제로 〈이스빠다〉는 염화암모늄, 탄산수소나트륨, 주석산수소칼륨, 소명반, 전분 등을 혼합하여 만든 것이다.

제2절 안정제 (Stabilizers)

1. 한천 (Agar-agar)

식물성 젤라틴이라 하며 끓는 물에만 용해된다. 용액이 뜨거울 때는 교화체가 약하지만 냉각되면 단단하게 굳는다. 물에 대하여 1~1.5%를 사용하며 태평양의 해조인 우뭇가사리로부터 뜨거운 물로 한천성분을 추출하여 건조시킨다.

저질의 한천은 아이싱 및 젤리 제품의 향을 나쁘게 하므로 품질 선택에 유의해야 한다.

2. 젤라틴 (Gelatin)

젤라틴은 동물의 껍질이나 연골조직의 콜라겐을 정제한 것으로 판상, 입자상, 분말상의 제품이 사용되고 있다.

순수한 젤라틴은 무취, 무미, 연한 색으로 건조 상태에서는 잘 변질되지 않는다.

5~10배의 물을 흡수하여 팽윤되지만 끓는 물에만 용해되며 냉각되면 단단한 젤이 된다.

용액에 대하여 1% 농도로 사용하며 완전히 용해시키지 않으면 제품에 반점이 생긴다.

3. 펙틴 (Pectin)

펙틴은 일종의 다당류로 많은 과일과 식물조직에 존재하며 감귤류 펄프나 사과에 많이 들어있다. 물에 녹기만 해서는 진한 용액이 되지만 단단한 교화체는 되지 않는다.

설탕 농도가 50% 이상, pH 2.8~3.4가 되면 젤리를 형성한다. 설탕과 산이 필요하다.

메톡실 (methoxyl)기가 7% 이하인 펙틴은 당과 산의 함유량에 영향이 적으며 칼슘이나 마그네슘을 함유한 물에서 쉽게 교질을 형성한다.

메톡실기가 7% 이상 14%인 펙틴은 더 많은 당과 산이 존재해야 교질이 형성되므로 젤리를 만들 때에 당 농도와 산 함량을 고려해야 한다.

일반 펙틴은 끓는 물에 녹지만 알칼리 펙틴은 냉수에 용해된다.

4. 기타 안정제

알기네이트는 태평양의 해초로부터 추출하며 냉수 용해성으로 뜨거운 물에도 녹는다.

1% 농도로 단단한 교질이 되며 과일 주스와 같은 산의 존재 시 농후화 능력이 감소하지만 우유와 같이 **칼슘**이 많은 재료와는 상당히 단단한 **교질체**를 만든다.

로커스트빈 껌은 지중해 연안에서 재배하는 로커스트 빈 나무의 수지를 채취한 것으로 냉수에도 용해되지만 뜨거울 때 교화력이 더 커진다. 물에 대하여 0.5% 농도에서 진한 액체 상태가 되고 5% 농도에서는 진한 페이스트가 되지만 고체 교질은 형성하지 않는다.

씨엠씨 (CMC)는 Carboxy methyl cellulose의 약자인데 셀룰로오스로부터 만든 제품으로 냉수에 쉽게 팽윤되어 진한 용액이 된다.

안정제의 성질은 로커스트빈 껌과 유사하지만 산에 대한 저항성은 약하다.

트라가칸트는 소아시아, 페르시아 일대, 특히 터키와 이란에서 재배되는 트라가칸트 나무를 절단해서 얻는 수지로 냉수 용해성이다. 진한 상태가 되기까지는 48시간 정도가 소요되고 71℃로 가열하면 최대로 농후한 교질이 된다. 사용량은 희망하는 교질 정도에 따라 다르나 4% 수준이 일반적이며, 설탕과 혼합한 분말이 고급품으로 덩어리가 생기는 것을 막아준다.

카라야 껌은 인도 지역에서 자라는 큰 나무 스테리큘리아 유렌스를 절단할 때 나오는 수지로 냉수에 녹으나 단단한 교질을 만들지는 않는다. 산이 적을수록(pH 8.5까지) 진한 교질이 되며, 6개월 이내에 농후화 능력이 50%로 감소한다.

아이리시 모스는 아일랜드와 뉴잉글랜드 해안의 해초에서 추출하는 안정제로 77℃의 물에 용해되며 냉각되면 단단한 교질체가 된다.

안정제는 ① 아이싱의 끈적거림 방지 ② 아이싱이 부서지는 현상 방지 ③ 머랭의 수분배출 억제 ④ 크림 토핑의 거품 안정제 ⑤ 젤리 제조 ⑥ 무스케이크 제조 ⑦ 파이 충전물의 농후화제로 전분 일부와 대치 ⑧ 흡수제로서 노화 지연 효과 ⑨ 포장성 개선 등의 목적으로 그 사용이 보편화 되고 있다.

제3절 향료와 향신료 (Flavors & spices)

1. 제과 · 제빵 향의 공급원 (Sources of bakery flavors)

향료를 사용하는 목적은 제품에 독특한 개성을 주는데 있기 때문에 향료는 맛과 내부 조직과도 조화가 되어야 한다. 원래의 맛을 보강하고 바람직한 미각을 상상하도록 한다.

일반적으로 미각은 단맛, 신맛, 짠맛, 쓴맛으로 표현하지만 인종, 성별, 연령, 타액의 pH, 천부의 기호성에 따라 개인차가 심하다.

빵 · 과자 제품의 향은 다음과 같은 자원으로부터 발생한다.

(1) 발효와 굽기 과정에서 생기는 향

발효는 여러 가지 재료의 생화학적 변화를 동반하여 향 물질을 발생시킨다. 발효 정도와 시간의 장단에 따라 향과 맛이 달라진다. 스트레이트법, 스펀지/도법, 액체

발효법, 사워반죽법 등이 다른 것은 이와 같은 이유 때문이다.

굽기 과정에서 캐러멜화 반응과 마이야르 반응이 일어나면 특유의 향이 발생된다. 굽기온도, 시간, 각 재료의 pH에 따라 다른 향으로 나타난다.

(2) 사용 재료의 향

기본 재료인 지방, 단백질, 탄수화물은 각기 고유한 향을 가지고 있으며 굽기 후에도 영향을 준다. 각 재료는 자연 상태로 또는 열을 받아 특이한 향(냄새)을 제품에 남긴다.

(3) 향료의 향

① 천연향 : 배합에 사용하는 꿀, 당밀, 코코아, 초콜릿, 건조과일, 생과일, 감귤류와 바닐라에서 추출한 정유 (精油) 등이 여기에 속한다.

② 합성향 : 천연향에는 알데히드, 에스테르, 케톤, 기타 유기화합물과 같은 물질이 함유되어 있으나 함량이 낮아서 많은 양을 사용하려면 배합균형이 깨지기 때문에 합성향료가 필요하게 되었다. 천연향료나 합성향료의 향 물질은 화학적으로 동일하지만 오히려 소량의 불순물을 함유하고 있는 천연향료의 향 차이를 해결하지 못하고 있다.

③ 인조향 : 천연향료와 같은 맛과 향이 나도록 화학성분을 조합한 향료이다. 딸기, 살구, 파인애플, 개암, 배, 각종 장과류의 향을 낼 수 있으나 강도가 강해서 과일즙이나 정유 등과 혼용하는 것이 좋다.

2. 제과용 향료의 분류

(1) 비알코올성 향료

글리세린, 프로필렌글리콜, 식물성유에 녹는 향 물질을 용해시킨 향료로 굽는 과정을 거쳐도 상당량의 향을 보유하는 장점이 있다.

(2) 알코올성 향료

에틸알코올에 녹는 향을 용해시킨 향료로 열에 의한 휘발성이 크므로 굽는 제품보다는 아이싱과 충전물 제조에 적당하다.

(3) 유제 (乳劑)

수지액 (樹脂液)에 분산시킨 향료로 케이크반죽이나 빵반죽에 고루 분산된다. 굽는 과정에도 안정성이 크고 취급이 편리하다.

(4) 분말향료

수지액과 물에 유화제를 섞어 진한 농도로 만들고 여기에 향 물질을 용해시킨 후 분무건조한 분말 형태의 향료이다. 굽는 제품에도 적당하고 취급이 용이하다.

(5) 케이크와 아이싱에 전형적으로 사용하는 향의 조합

재료	상호 보완적인 향료
초콜릿	① 바닐라 ② 박하 ③ 계피와 바닐라 ④ 아몬드
생강, 계피	올스파이스 (allspice)
당밀	생강
과실	레몬
대부분 케이크	① 바닐라 ② 버터향

(6) 과자빵류와 데니시 페이스트리용 향의 조합

① 카다몬 (cardamon) : 레몬 = 1 : 1

② 카다몬 : 계피 : 바닐라 = 1 : 1 : 4

③ 코리안더 (corriander) : 계피 : 바닐라 = 1 : 1 : 4

④ 코리안더 : 계피 : 레몬 = 4 : 2 : 1

⑤ 코리안더 : 메이스 : 바닐라 = 2 : 1 : 4

여기에 생강, 올스파이스, 정향, 넛메그도 소량 첨가할 수 있다.

3. 향신료의 종류

대항해 시대에는 보존육이 식사의 주체였으므로 냄새를 막는 데는 향신료가 필수불가결한 존재였고, 음식물의 향미를 높인다는 측면에서 향신료의 효과적인 조합이 개발되어 식품의 기호성을 크게 향상시켰다.

(1) 계피 (Cinnamon)

열대성 상록수의 나무껍질로 만든 향신료로 사용 범위가 넓다. 실론이 주산지이며 중국계열은 카시아 (cassia)라 한다.

계피유의 향 주성분인 신남알데히드 (cinnamon alde-hyde)를 합성한 제품도 있다.

(2) 넛메그 (Nutmeg)

동인도 지방의 육두구과 식물에서 얻는 향신료 과실 의 종자를 3~6주간 일광으로 건조시키고 선별하여 향신료를 만든다. 씨앗 주위의 가종피 (假種皮)로는 메이스를 만든다.

육류 요리에 거의 필수적으로 쓰이고 사과파이, 푸딩, 특히 도넛에 많이 사용한다.

(3) 생강 (Ginger)

자메이카, 서아프리카, 인도, 일본, 중국 등지에서 재배되는 열대성 다년초의 다육질 뿌리로부터 얻는 향신료로 매운 맛과 특유한 방향을 가지고 있다.

영국의 진저브레드 (ginger bread)와 같이 빵, 케이크, 쿠키에 사용한다.

(4) 정향 (Clove)

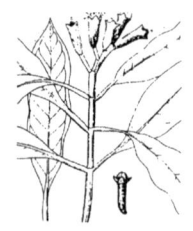

잔지바르와 인디아가 원산지인 높이 4~10m의 상록수로부터 얻는 향신료로 줄기 꼭대기 부분에 열리는 열매를 따서 줄기와 잎 부분을 분리하고 일광 또는 열로 건조시키면 갈색으로 변한다. 그 모양이 못 (釘)과 비슷하다 하여 정향 (丁香)이라 이름을 붙였다 하며, 증류에 의해 정향유를 생산한다.

(5) 올스파이스 (Allspice)

자메이카 원산지인 복숭아과 나무의 열매로부터 얻는 향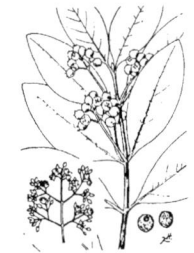
신료로 계피, 넛메그, 정향을 합친 향과 비슷 하다 하여 이
름이 붙여졌다고 한다. 자메이카 후추로 알려져 있으며 과
일케이크, 파이, 햄, 쿠키 등에 널리 사용된다.

(6) 카다몬 (Cardamon)

인도, 실론 등지에서 자라는 생강과의 다년초로 열매는
2cm 가량이며 완숙되기 전에 수확하여야 한다. 열매 꼬투
리가 터지지 않게 건조시키고 깍지 속에 들어있는 3mm 가
량의 조그만 씨를 향신료로 사용한다.

포도젤리, 네덜란드풍의 빵, 푸딩, 케이크, 페이스트리
등에 사용한다.

(7) 박하 (Peppermint)

심과 (芯科)의 박하속에 속한 식물로부터 채취하는 향신
료이다. 잎사귀에 함유된 약 1%의 박하유에 박하 향 물질
이 들어있다.

제과용으로 박아유와 박하뇌가 많이 사용된다.

(8) 기타 향신료

이외에 식용 양귀비씨(poppy seed), 후추(pepper), 나도고수 열매(aniseed), 코
리안더 (corriander), 카라 웨이 (caraway) 등이 있다.

4. 실향 (Off flavors)

(1) 저질 재료 사용

곰팡이가 핀 밀가루, 신선하지 않은 계란, 취급이 불완전하거나 오래된 우유, 항산
화제가 적어서 산패한 유지제품, 향의 전환이 심한 재료, 저장 중 다른 냄새를 흡수한
재료, 오래된 튀김기름을 사용하면 완제품 빵이나 케이크의 향에 나쁜 영향을 준다.

(2) pH가 맞지 않는 경우

과도한 소다나 높은 수치의 pH는 실향의 원인이 된다.

팽창이 일어나고 있는 동안에 알칼리성이 너무 높아지면 캐러멜화가 과도하게 진행되고 조악한 조직, 건조한 속, 검화작용을 유도하여 풍미를 나쁘게 한다.

제품에 따라 다르지만 pH가 너무 낮아도 향이 약해진다.

(3) 굽기 상태의 불완전

굽기 중에 캐러멜화 반응과 갈변반응이 일어나면서 빵·과자 제품 특유의 향이 발생한다. 이 과정이 불완전하면 향기 특성이 지나치거나 부족하게 된다.

(4) 부적당한 팬 사용

불결한 팬을 사용하면 신듯한 냄새, 비누냄새 등이 제품에 남는다. 굽기온도에 부적당한 기름을 팬에 칠하면 탄 냄새가 난다. 그래서 팬 기름은 발연점이 높아야 한다.

적당한 기름을 칠했더라도 장시간 방치하면 공장의 온도 및 대기 조건이 기름의 산패를 촉진할 수 있고, 먼지 등이 쌓여 찌꺼기가 생기면 불쾌한 냄새가 된다.

팬을 닦는 일, 팬 기름칠, 팬의 보관 등 관리가 철저해야 한다.

(5) 완제품의 부적당한 저장

빵·과자 제품은 주위의 냄새를 잘 흡수한다. 운반이나 저장 중에 불쾌한 냄새가 있으면 직접 제품으로 이전되며, 공기 중의 냄새도 포장할 때 제품에 섞여서 미묘한 냄새를 만든다. 같은 종류의 쿠키라 하더라도 호두, 땅콩, 레몬, 버터, 초콜릿 등 각기 개성이 다른 것들을 함께 모아두면 혼합향이 되기 쉽다.

이외에 저질향료의 사용, 배합의 불균형, 공정의 부적절, 부적당한 포장재 사용, 장기간 저장 등에 의해 본래의 향을 잃거나 변화시키게 된다.

제3편 재료실험

제1장 기본실험

제1절 설탕시럽의 비중
(Specific gravity of sugar syrups juices)

1. 브릭스 (Brix)

비중을 측정할 물질이 고체, 액체, 기체에 따라 여러 가지 방법이 있는데 일반적으로 액체비중계를 가리키는 경우가 많으며 이것은 아르키메데스의 원리를 이용하여 물체의 질량과 그것이 용액으로 되었을 때 받는 부력 (浮力)으로부터 비중을 측정하는 것이다.

브릭스 비중계는 설탕(자당)의 %를 직접 읽을 수 있도록 만들어진 기구로 그 눈금은 비중계에 나타난 온도에서의 설탕(사탕수수나 사탕 무) 무게를 % 숫자로 표시한다.

같은 농도의 설탕용액은 탄수화물 급원이 다르더라도 거의 같은 비중을 갖기 때문에 포도당이나 다른 당의 혼합물이라도 용액 중의 용질 % 근사치로 측정할 수 있다. 설탕류의 중요한 분석 중 하나로 상대적인 밀도인 비중을 측정하는 단위가 브릭스이다.

브릭스 눈금 (Degrees of brix) = 특정 온도에서의 중량에 의한 설탕 %

2. 보메 (Baume scale)

눈금으로 보메도(度)가 매겨져 있는 유리나 금속으로 만든 관(管)으로 밑 부분에 수은 (Hg)이나 납(Pb)을 넣어 액체 속에서 직립(直立)하게 만든 것이다. 이것을 액체 속에 넣으면 비중계 자체 무게와 이것에 작용하는 부력이 균형을 이룰 때까지 떠오르므로 액면에 접하는 비중계에 새겨진 눈금(보메도)으로 그 액체의 비중을 측정한다.

보메 비중계는 중액용(重液用)과 경액용(瓊液用)이 있는데 물보다 가벼운 것은 10% 식염수를 0°Bé, 순수한 물을 10°Bé로 하여 10등분 하고, 물보다 무거운 것은 15% 식염수를 0°Bé, 순수한 물을 15°Bé로 잡아 15등분하여 눈금을 만든 것이다. (Baumé A.가 고안한 단위)

$$※ \; d = \frac{144.3}{144.3 - B} \; (중액용), \qquad d = \frac{144.3}{134.3 + B} \; (경액용)$$

$$※ \; Baumé = 145 - \frac{145}{비중(20℃)} \; (Heavy) \qquad Baumé = \frac{140}{비중(20℃)} - 130 \; (Light)$$

〈예제1〉 Brix 65°(35.0° Baumé)의 시럽 10ℓ 를 만들 때 사용할 설탕무게는?

설탕 무게 (X) = 설탕무게 857.35g/1ℓ × 10ℓ = 8573.5 g

〈예제2〉 이 시럽을 22.0°보메(Baumé)의 시럽으로 만들 때 조치할 사항은?

① 22.0° 보메 = 브릭스 40° ⇨ ②시럽 1ℓ 당 설탕무게는 471.6 g

$$\frac{10ℓ × 857.35g/ℓ}{471.6g/ℓ} ≒ 18.18 \; ℓ \quad ∴ \; 18.18 - 10 = 8.18(ℓ)의 \; 물을 \; 첨가$$

〈심화학습〉

* 브릭스와 보메 눈금의 상관관계로 소수로 표시되는 보메도를 계산

* 비중계를 사용하여 여러 가지 액체의 비중 측정과 응용

3. 비중 환산표

% 설탕 또는 °Brix	비중/20℃	Bomē/20℃	1ℓ 시럽 무게(g)	1ℓ 시럽 중 설탕무게(g)	1ℓ 시럽 중 물의 무게(g)
0	1,000	0.0	1,000	0.00	1,000
5	1,020	2.8	1,020	51.00	969.00
10	1,040	5.6	1,040	104.00	936.00
11	1,044	6.1	1,044	114.84	929.16
12	1,048	6.7	1,048	125.76	922.24
13	1,053	7.2	1,053	136.89	916.11
14	1,057	7.8	1,057	147.98	909.02
15	1,061	8.3	1,061	159.15	901.85
16	1,065	8.9	1,065	170.40	894.60
17	1,070	9.5	1,070	181.90	888.10
18	1,074	10.0	1,074	193.32	880.68
19	1,078	10.6	1,078	204.82	873.18
20	1,083	11.1	1,083	216.60	866.40
21	1,087	11.7	1,087	228.27	858.73
22	1,092	12.2	1,092	240.24	851.76
23	1,096	12.7	1,096	252.08	843.92
24	1,101	13.3	1,101	264.24	836.76
25	1,106	13.8	1,106	276.50	829.50
30	1,129	16.6	1,129	338.70	790.30
35	1,153	19.3	1,153	403.55	749.45
40	1,179	22.0	1,179	471.60	707.40
45	1,205	24.6	1,205	542.25	662.75
50	1,232	27.3	1,232	616.00	616.00
55	1,260	29.9	1,260	693.00	567.00
60	1,289	32.5	1,289	773.40	515.60
65	1,319	35.0	1,319	857.35	461.65
70	1,350	37.6	1,350	945.00	405.00
75	1,382	40.0	1,382	1036.50	345.50
80	1,415	42.5	1,415	1132.00	283.00
85	1,448	44.9	1,448	1230.80	217.20
90	1,483	47.2	1,483	1334.70	148.30
95	1,519	49.5	1,519	1443.05	75.95

제2절 위생 (Sanitation)

1. 위생시험

미국은 1938년부터 FDA 법률을 통하여 식품에 들어있는 오물에 대한 위생개념을 제과산업계에도 적용하고 있다. 어느 형태의 오물이든 직접 들어있거나 오염된 것, 부패 또는 변질물질에 의해 식품으로 부적합한 것, 비위생적인 조건에서 준비, 생산, 포장, 취급하여 건강에 위해한 요소가 있는 것을 규제하고 있다.

이 법에서 오물이라는 것은 ① 살아있는 밀가루 곤충 또는 그 유충 ② 곤충이나 유충의 조각 ③ 곤충 알과 배설물 ④ 쥐(설치류) ⑤ 설치류 배설물과 털 ⑥ 곰팡이류 등을 말한다.

(1) 체질하기

자기그릇에 담은 오염된 밀가루를 체(40~50메시)에 붓고 체질한다. 곤충의 알과 배설물은 밀가루와 함께 체를 통과하지만 살아있거나 죽은 곤충과 애벌레 또는 그 조각들은 체 위에 남아있게 된다. 현미경으로 살아있는 곤충과 애벌레 및 그 파편이나 번데기, 기타 오염을 관찰한다.

(2) 곤충 분비물과 알에 대한 현미경 분석

체를 통과한 소량의 밀가루(0.1g 이하)를 현미경용 유리 슬라이드 중앙에 놓고 그 위에 클로브 오일 (clove oil) 3~4 방울을 떨어뜨린다. 밀가루는 반투명 상태로 되거나 투명하게 변하는 반면 곤충 배설물에 젖어 덩어리가 된 부분은 불투명하고 백색의 입자로 나타난다. 그 모양은 반원 형태로부터 길게 늘어난 원형으로 찌그러지거나 주름이 잡힌 것도 있다. 곤충의 알도 역시 불투명한 흰색의 덩어리로 나타나지만 매끄럽고 계란(알) 모양이다.

(3) 설치류 털 조사

밀가루를 금속판이나 유리판 (slide)에 얇게 펴서 설치류의 털과 뭉친 덩어리를 조사할 수 있다. 이런 조사를 계속하면 털 오염이 언제 많이 일어나는지에 대한 시기의 빈도를 알 수 있으며 사전 예방과 집중적인 관리를 할 수 있다. 설치류 털이 뭉

쳤던 자리에는 털 흔적이라도 남아있기 때문에 이런 종류의 오물을 증명하는 방법으로 사용된다.

(4) 설치류의 오줌 얼룩에 대한 조사

오줌 자국은 여간해서 구별하기가 어려운 흔적이다. 어떤 재료는 일반 광선에서도 분명하게 식별되지만 다른 재료는 자외선을 사용해야 들어나는 것이 있다.

자외선 등 (紫外線 燈)은 검사관의 장비로는 물론, 구입재료 조사 프로그램에도 포함되어야 할 것이다. 설치류 오줌의 **형광점검**이 빠르고 확실한 방법이다.

(5) 일반적인 빵 곰팡이 조사

일반적으로 빵에 피는 곰팡이의 4 종류는 다음과 같다.

1) 푸른곰팡이 또는 페니실륨 (Penicillium)

이 곰팡이는 균사 (菌絲)로 성장하는 면에서 아스퍼질러스 (Aspergillus)와 아주 유사하지만 포자 (胞子)에서 차이가 난다. 페니실륨의 포자는 줄기의 끝부분에서 나와 작은 비(솔) 형태가 되지만 아스퍼질러스의 포자는 부채 모양을 만든다.

페니실륨의 색상은 청색에서부터 청록색, 황록색, 회녹색까지 다양하다.

2) 녹색 곰팡이 또는 아스퍼질러스 (Aspergillus)

이 곰팡이는 2 종류로 구분되는데 하나는 갈색에서 검은색을 나타내며 다른 하나는 진한 녹색을 띤다.

3) 수염모양 곰팡이 또는 리조푸스 (Rhizopus)

이 곰팡이는 빵 표면에 진한 무명실 같은 균사를 덮어가며 번식한다. 처음에는 흰색이지만 점차 회색빛을 띤 갈색이 되었다가 결국은 진흙 갈색으로 변한다.

리조푸스와 뮤코 (Mucor) 곰팡이는 ① 균사에 마디 (分節)가 없고 ② 포자는 외줄기 끝에 매달린 커다란 자루 또는 공 안에 들어 있으며 부채꼴을 만들지 않는다.

4) 오렌지 곰팡이 또는 뮤코 (Mucor)

이 곰팡이는 밝은 오렌지색을 가지고 있다. 리조푸스의 포자는 줄기의 그룹을 형성하는 한 곳에서 나오지만 뮤코의 포자는 균사체의 여러 부분에서 나오는 가지에서 발생하는 점이 다르다.

2. 현미경 (Microscope)

현미경은 작아서 보이지 않거나 작은 물체를 관찰하는데 있어 눈을 돕는 기구이다.

현미경은 광학 부분과 기계적 부분으로 나눌 수 있다. 광학 부분은 직접 빛을 밝히거나 대상물의 상 (像)을 확대하며, 기계적인 부분은 광학 부분을 제자리에 유지시키고 위치를 조정할 수 있도록 하는 장치이다.

생물학 현미경은 대물렌즈, 접안렌즈, 광학장치의 주요 3부분과 많은 부속물로 구성되어 있으나 모든 것은 고유의 기능을 수행할 수 있도록 이들 3가지 요소를 보완하도록 고안되어 있다. 기본적인 광학장치는 거울이다. 일반적으로 한쪽은 평면거울이고 다른 쪽은 오목거울로 빛을 통과시키고 반사시키는 역할을 한다.

현미경의 배율은 대물렌즈의 초점거리 x 접안렌즈의 초점거리로 계산한다. 관찰 하는 대상에 따라 다르지만 배율이 낮은 것부터 차례로 높이는 것이 순서이다.

(1) 현미경 취급

현미경은 청결을 유지해야 한다. 기계적 부분에 묻어있는 먼지, 손자국, 얼룩 등은 부드러운 천으로 닦는다. 광학 부분은 반드시 **렌즈용 종이 (lens paper)**로 닦아야지 일반 천은 광학 유리를 긁어 흠집을 낼 수 있다. 알코올은 장비의 락카를 녹일 수 있고 렌즈 사이의 접착제를 파괴할 수 있기 때문에 세정제로 사용해서는 안 된다. 줄무늬나 오물을 제거하는 세정제로 **자이롤 (xylol)**은 별다른 위험이 없이 사용한다. 현미경은 예민하고 정밀한 기기이므로 적정한 기능이 되도록 조심스럽게 취급하여야 하며 무리한 힘으로 조작해서는 안 된다.

현미경의 수명을 연장시키기 위한 취급요령 5가지는 ① 먼지 예방(덮개 사용) ② 렌즈를 만지지 말 것 ③ 습기로부터 보호 ④ 떨어뜨리지 말 것 ⑤ 분해하지 말 것 등이다.

(2) 슬라이드 (slide)의 준비

현미경으로 어떤 물체를 관찰하려면 먼저 슬라이드를 준비한다. 깨끗하게 닦아 건조시킨 유리 슬라이드 위에 소량의 시료 (試料)를 얹고 1~2방울의 증류수를 떨어뜨려 잘 섞은 후에 투명하고 얇은 카버 글라스 (glass cover slip)를 덮는다.

이 유리 슬립은 두께가 0.18m/m 정도로 시료와 섞인 물이 렌즈를 더럽히지 않게 막아주며 액체를 눌러서 반사와 그림자를 감소시키는 구 (球)형을 만든다.

(3) 현미경의 조작

접안렌즈를 볼 때 눈의 피로를 피하기 위하여 두 눈을 뜬 채 관찰한다. 가장 밝은 화면이 되도록 거울을 정돈한다. 평면경은 광선을 평행으로 반사하고 오목거울은 빛을 집중시킨다. 현미경 판에 시료를 놓은 슬라이드를 얹고 클립으로 고정한다. 배율이 낮은 대물렌즈로 카버 글라스에 닿을 정도까지 서서히 내린다. 반대로 대물렌즈를 올리면서 모양 (像)이 나타날 때까지 조 (粗)조정바퀴를 천천히 돌린다. 다시 미 (微)조정바퀴를 돌려 시료가 분명하게 보이도록 한다. 점차 배율이 높은 대물렌즈로 옮기면서 관찰한다. 배율이 높아질수록 조명도는 낮아진다. 작동거리는 대물렌즈 끝에서 카버글라스 표면까지로 저배율 렌즈는 1.5cm 정도이고 고배율일수록 그 거리가 짧아진다.

(4) 초점

눈의 피로를 피하기 위하여 항상 두 눈을 뜨고 관찰해야 하지만 어려울 때는 손으로 한 눈을 가리고 볼 수도 있다. 때때로 창문의 커튼이나 밖의 나무가 현미경을 통하여 반사될 수도 있고, 관찰자의 속눈썹이 막대 모양이나 시계 (視界)를 떠다니는 점으로 보일 때도 있다. 시계 (a field of vision 란 그 현미경으로 관찰할 수 있는 범위를 말한다. 정확한 초점을 맞추는 것이 중요하다.

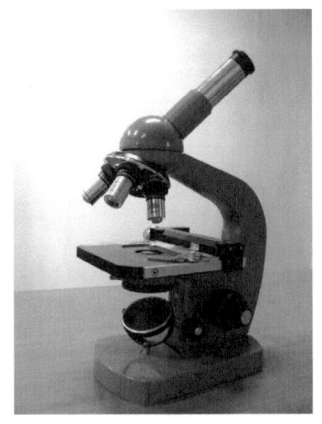

현미경

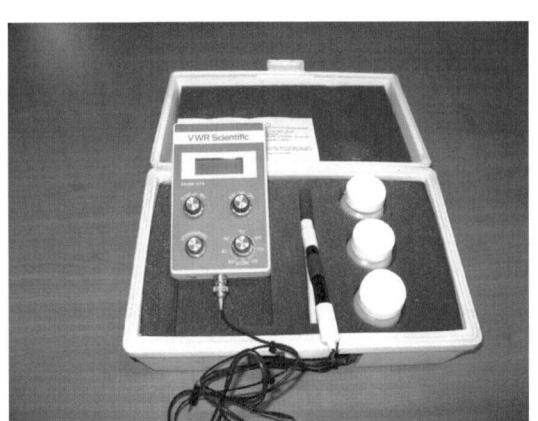

pH 미터기

제3절 pH

1. pH의 중요성

pH는 수소이온 농도의 역수를 대수로 표시한 것으로 빵·과자 제품의 색상과 향에 큰 영향을 미친다. 일반적으로 알칼리성에서는 향과 색상이 진하고 반대로 산성에서는 여리게 된다. 그러므로 제품 특성에 맞는 pH를 맞추는 것이 중요하다.

(1) 제품에 미치는 영향

제품분야	주요 내용			
1. 빵류	1) 글루텐은 pH 5 근처에서 최대의 **결합력과 탄력성**을 갖는다.			
	2) pH 5 보다 조금 낮을 때 **발효속도**가 최대이다.			
	3) pH 5 보다 조금 낮을 때 밀가루와 **맥아효소의 활성**이 최적이다.			
	4) pH 5 이하에서 로프 (Rope) 생산 미생물이 **불활성화** 된다. pH 5 보다 강한 산성 배지에서는 생식과 일반 성장이 억제된다.			
	5) 알파 – 아밀라아제의 이상적(적정) 산도가 pH 4.8 이다. * 베타 – 아밀라아제 = pH 5.2　　* 소맥 단백질효소 = pH 4.1			
	6) 비타민(티아민)은 산성에서 열에 더 안정적이다.(비타민 보유력↑)			
	7) pH가 너무 낮으면 오래된 빵 냄새, pH가 너무 높으면 향이 결핍			
2. 쿠키류	1) 산성에서 설탕의 캐러멜화 온도가 높아진다.			
	2) 캐러멜화가 늦게 일어난다. → 색상이 여리다.			
3. 크래커류	1) pH 6.9 ~ 7.2 → 여린 색　　　2) pH 8.0~8.2 → 갈색			
4. 케이크류	1) pH는 초콜릿과 코코아 케이크 완제품의 향과 색을 조절한다.			
	5.0 ~ 6.0	계피 색		
	6.0 ~ 7.0	갈색		
	7.0 ~ 7.5	마호가니 색		
	7.5 ~ 8.0	더 붉은색을 가진 마호가니 색		
	8.0 ~ 이상	바람직하지 않다 (소다 또는 알칼리 맛)		
	2) 최상의 결과를 위한 케이크의 적정 pH			
	화이트레이어	7.8 ~ 8.3	초콜릿	7.8 ~ 8.8
	옐로레이어	7.2 ~ 7.8	데블스푸드	8.5 ~ 9.2
	스펀지	7.3 ~ 7.6	엔젤푸드	5.2 ~ 6.0
	파운드	6.6 ~ 7.1		

(2) pH 수치의 의미

용액 1ℓ 중 수소이온(g)	순수한 물 대비(배)	pH	보기
1/10	1000000	1	0.1 N 염산
1/100	100000	2	0.1 N 초산
1/1000	10000	3	사과 주스
1/10000	1000	4	포도
1/100000	100	5	당밀, 빵, 0.1 N 붕산
1/1000000	10	6	우유, 밀가루
1/10000000	1 (순수 물)	7	증류수
1/100000000	10	8	바닷물, 탄산수소나트륨
1/1000000000	100	9	페놀프탈레인 지시약
1/10000000000	1000	10	비누, 마그네슘 우유
1/100000000000	10000	11	인산나트륨, 세척소다
1/1000000000000	100000	12	석회수, 인산나트륨
1/10000000000000	1000000	13	0.1 N 수산화나트륨

2. 재료의 pH

(1) pH 미터로 측정하기

물질	pH 예상범위	결과 pH	물질	pH 예상범위	결과 pH
* 수돗물	5.0 ~ 9.0		* 베이킹파우더	6.5 ~ 7.5	
* 당밀	4.5 ~ 5.5		* 옐로레이어	7.2 ~ 7.8	
* 이스트	4.0 ~ 7.0		* 데블스푸드	7.5 ~ 9.5	
* 식초	2.0 ~ 3.5		* 포도당	4.8 ~ 6.0	
* 레몬주스	2.0 ~ 2.5		* 탈지분유	6.0 ~ 7.0	
* 설탕시럽	3.0 ~ 5.0		* 식빵	4.0 ~ 6.0	
* 제과용 밀가루	4.5 ~ 6.6		* 포도주스	2.5 ~ 3.5	
* 제빵용 밀가루	5.5 ~ 6.5		* 주석산	2.0 ~ 3.0	

(2) 일반 재료와 제품의 pH

재료	pH	재료	pH
* 사과	2.9 ~ 3.4	* 밀가루 (자연)	5.6 ~ 6.6
* 살구 (건조)	3.6 ~ 4.0	* 밀가루 (염소처리)	4.6 ~ 6.0
* 블랙베리	3.2 ~ 3.6	* 밀가루 (제빵용)	5.8 ~ 6.5
* 체리	3.2 ~ 4.1	* 밀가루 (제과용)	6.0 ~ ?
* 서양대추	6.2 ~ 6.4	* 발효 반죽	4.6 ~ 5.4
* 구스베리	2.8 ~ 3.1	* 소맥	5.0 ~ 6.8
* 포도	3.5 ~ 4.5	* 밀기울 (소맥 껍질)	6.0 ~ 6.8
* 포도 쥬스	3.0 ~ 3.4	* 호밀가루	6.2 ~ 6.6
* 레몬	2.2 ~ 2.4	* 설탕 (사탕수수)	6.5 ~ 7.0
* 라임 (석회수)	1.8 ~ 2.0	* 포도당	4.8 ~ 6.0
* 오렌지 쥬스	2.7 ~ 4.3	* 당밀	5.0 ~ 5.4
* 복숭아	3.4 ~ 3.8	* 전화당 시럽	2.5 ~ 4.5
* 배	3.6 ~ 4.6	* 잼, 젤리	3.0 ~ 4.0
* 라즈베리 (나무딸기)	3.2 ~ 3.7		
* 딸기	3.0 ~ 3.9	* 젤라틴	4.0 ~ 4.2
* 무화과	4.5 ~ 5.0	* 베이킹소다 (NaHCO3)	8.4 ~ 8.8
* 서양 자두	3.8 ~ 4.0		
* 비스킷	6.7 ~ 7.3	* 우유 (시유)	6.3 ~ 6.8
* 호밀빵	4.3 ~ 5.4	* 우유 (마그네슘 우유)	10.5
* 호밀빵 (사워)	4.3 ~ 4.7	* 우유 (유산균, 사워)	4.7 ~ 5.6
* 표준식빵 (일반빵)	5.0 ~ 5.8	* 우유 (가당)	6.8 ~ 7.1
* 전밀빵	5.7		
* 쿠키	6.5 ~ 8.0	* 소금물	6.0 ~ 7.0
* 크랙커	6.8 ~ 8.5	* 물 (증류수)	6.8 ~ 7.0
* 도넛	6.5 ~ 8.0	* 물 (광천수)	6.2 ~ 9.4
* 과일케이크	4.4 ~ 5.0	* 물 (수돗물)	5.5 ~ 8.0
* 옐로 레이어 케이크	6.7 ~ 7.1	* 물 (해수)	8.0 ~ 8.4
* 데블스푸드	7.5 ~ 8.4		
* 계란 (전란)	6.4 ~ 8.2	* 초콜릿	6.0 ~ 7.8
* 계란 (노른자)	5.8 ~ 6.7	* 피클 (시라 양념 오이지)	3.2 ~ 3.5
* 계란 (흰자)	7.6 ~ 9.1	* 피클 (사워)	3.0 ~ 3.5
* 코코아 (천연)	5.3 ~ 6.2	* 이스트	3.7 ~ 7.1
* 코코아 (Light dutch)	6.0 ~ 6.4	* 쇼트닝	6.8 ~ 7.0
* 코코아 (Medium dutch)	6.4 ~ 6.8	* 호박	4.8 ~ 5.2
* 코코아 (Heavy dutch)	6.8 ~ 7.8	* 스펀지케이크	7.3 ~ 7.6

제4절 페카 칼라 시험 (Pekar color test)

1. 밀가루 색상에 영향을 주는 중요한 요소

(1) 밀가루 입자의 크기 (The size of the flour particles)

밀가루의 큰 입자(granules)는 빛의 통행을 방해하여 그림자를 만들기 때문에 작은 입자에 비하여 어두운 색을 띠게 된다. 마찬가지 이유로 밀가루 속에 들어있는 큰 미분자 (particles)도 작은 것에 비하여 어둡게 보인다. 밀가루 입자가 고우면 표면적이 넓어서 그만큼 난반사가 많이 일어나므로 밝게 보인다. 이것이 제과용 밀가루(박력분)가 제빵용 밀가루 보다 밝게 보이는 이유이다. 입자의 크기에 의하여 나타나는 색상의 차이는 밀가루가 빵 반죽 (dough) 상태로 되면 없어지게 된다.

(2) 껍질조각 (Bran fragments)

저급 제빵용 밀가루 자체나 그 밀가루로 만든 빵 반죽 색상의 검은 정도는 주로 그 밀가루 속에 들어있는, 미세하게 분쇄된 밀 껍질의 함유량(비율)에 기인한다.

밀가루를 많이 정제할수록(낮은 제분율) 색상이 밝아지는 것은 껍질 부위를 많이 분리시켰기 때문에 밀 껍질의 수가 적기 때문이다. 1등급 밀가루에 비하여 2등급은 약 2배, 3등급은 5배가량이나 껍질의 양이 많다.

반면에 박력분은 강력분에 비하여 껍질의 양이 1/3 수준이다.

물을 흡수한 밀가루나 빵 반죽 (dough), 케이크반죽 (batter)은 시간이 지나면서 표면에 갈색 (brownish color)이 나타나기 시작한다. 이러한 현상은 밀가루나 반죽을 적정한 고온 (高溫)에 둘 때 더 현저하다. 갈색이 생성되는 것은 밀 껍질에 들어 있는 상당량의 어떤 효소에 의한 것이라 추정하고 있다.

저급 밀가루는 1급 강력이나 1급 박력분에 비하여 껍질 조각 비율이 높기 때문에 물에 젖으면 더 어둡게 된다. 1급 강력분이 물에 젖으면 〈크림〉색이 되며, 가장 정제를 많이 한(낮은 제분율) 1급 박력분은 흰색 (분필 색 = chalky white)이 된다.

(3) 풀씨 (Weed seeds)

만일, 밀을 선별하고 세척하는 과정에서 풀씨, 토양물질, 깜부기 등을 완전하게 제외시키지 않으면 밀가루의 색상에 나쁜 영향을 준다. 저급 밀가루일수록 풀씨와 이물질의 혼입이 밀가루 색상을 해치는 중요 요인이 된다.

(4) 카로틴 (Carotin)

카로틴은 밀가루가 크림색으로 보이게 하는데 가장 큰 역할을 하는 **황색색소**로 당근에서 밝은 황색을 나타내는 물질이다. 카로틴 색소는 밀의 내배유 (內胚乳)에 균일하게 분포되어 있으며 같은 밀이라면 등급에 관계없이 색상의 농도에 별 차이가 없다.

카로틴과 산소가 결합하면 무색의 화합물이 된다. 표백을 하지 않은 밀가루가 저장 중에 서서히 색상이 개선되는 현상은 카로틴에 작용하는 공기 중의 산소에 의한 것이다. 인공적인 표백은 카로틴 색소를 산화시키는 화학물질을 사용하는 과정을 거치는 것이다. (녹색 이파리, 포도, 올리브, 시금치, 바나나와 오렌지 껍질에도 카로틴 색소가 들어있다.)

(5) 과표백 (過漂白 = Over – bleaching)

인공적인 방법으로 지나치게 표백한 밀가루는 밀가루의 광택이 없어지고 김이 빠져서 생동감이 없는 것처럼 보인다.

밀가루 색상의 차이를 분명하게 비교하기 위하여 여러 가지 밀가루를 젖은 상태와 건조한 상태로 색상을 관찰하는 것이 페카 칼라 테스트 이다.

2. 실험

① 유리판 위 왼쪽 끝에 상당량의 박력분을 놓고 깨끗한 밀가루 슬리크 (slick)를 사용하여 표피가 매끈한 **쐐기** 모양을 만든다. 두꺼운 윗부분은 최소 0.6cm 이상이 되도록 하고 옆면은 평행이 되도록 다듬는다.

② 박력분과 붙여서 바로 오른쪽에 같은 양의 강력분을 놓고 박력분과 같은 방법으로 쐐기 모양으로 만든다. 밀가루 슬리크에 박력분이 묻어있지 않도록 하여야 하며 표면이 매끄럽고 박력분과의 경계가 평행을 이루도록 한다.

③ 그 오른쪽에 중력분과 호밀가루를 각각 차례로 놓고 같은 방법으로 연결되는 쐐기 모양을 만들고 표면을 매끄럽게 다듬는다. 한 종류의 밀가루가 다른 밀가루 위에 퍼져서 섞이지 않도록 주의하며 각 **밀가루간의 경계가 분명해야** 한다. (밀가루의 종류별, 등급별로 샘플을 선택하여 관찰할 수 있다.)

④ 건조 상태에서 서로의 색상과 백색 정도를 관찰하여 비교하고 기록한다.

⑤ 다음에 그 유리판을 깨끗한 물에 조심스럽게 비스듬히 담근다.

밀가루로부터 발생하는 공기방울이 멈추면(2~3분) 즉시 꺼내서 건조시킨다. 건조 상태의 밀가루와 같은 방법으로 색상과 상대적인 강도의 변화를 비교하고 기록한다.

⑥ 위와 같은 실험을 반복하여 비교를 하고자 하는 여러 가지 밀가루를 쐐기 모양으로 만들어 물 대신에 피로카테친 (pyrocatechin) 또는 카테콜 (catechol)에 담가서 밀가루간의 색상을 비교하고 껍질 반점을 조사한다.

* 실험

(1) 밀가루 종류별 : 박력분, 중력분, 강력분, 전밀가루, 호밀가루 등

(2) 밀가루 등급별 : 1등급, 2등급, 3등급 등

제5절 전분 충전물의 농도

1. 개요

이 실험은 전분과 설탕과 물을 혼합하여 호화시키는 방법에 따라 파이 충전물의 최종 농도에 어떤 영향을 미치는지 그리고 그 결과를 해석하고 사용하는데 의미가 있다. 또한 파이 충전물에 있어 전분 : 물 : 설탕의 비율도 아주 중요하다.

양질의 충전물을 만들기 위하여 전분 - 물, 전분 - 설탕의 상호 상대적 비율이 원가와 더불어 큰 영향을 준다.

어떤 특수한 충전물은 전분 1kg에 물 21kg을 넣어서 만드는데 이 경우의 전분 - 물의 비율은 1 : 21로 표시한다. 표준화된 여러 가지 파이 충전물 배합율의 대표적인 비율은 다음과 같다.

충전물 형태	비율			충전물 형태	비율		
	전분	물	설탕		전분	물	설탕
블루베리	1	8	13	사과	1	16	6
블루베리	1	7	12	사과	1	13	13
체리	1	9	9	살구	1	5	3
체리	1	9	11	살구	1	5	10

2. 실험

(1) 방법 I

1) 250cc 비커에 정해진 무게의 설탕을 넣고 전체 물 80cc 중 60cc를 첨가한다.

2) 100cc 비커에 10g의 전분을 넣고 나머지 물 20cc를 넣어 잘 저어준다.

3) ① 설탕과 물(1)을 계속 저어주면서 끓을 때까지 가열하고 여기에 ② 잘 섞여진 전분 현탁액(2)를 넣는다. ③ 전체가 균일하고 깨끗한 풀(糊精)상태가 될 때까지 계속 저어주면서 가열한다. (재가열 시간은 약 3분이 소요 됨)

4) 불에서 내려 냉각시킨다.

5) 1시간 30분 후에 농도를 관찰하고 비교한다.

(2) 방법 II

1) 250cc 비커에 60cc의 물을 넣고 가열하여 끓인다.

2) 100cc 비커에 10g의 전분과 20g의 물을 넣고 현탁액을 만든다.

3) 끓는 물(1)에 전분 현탁액(2)를 넣고 계속 저으면서 다시 끓인다.
(* 필요한 설탕은 미리 계량하여 건조시킨 작은 비커에 담아둔다.)

4) 끓고 있는 전분 현탁액에 * 설탕을 천천히 넣으면서 일정하게 저어준다.
(설탕의 혼합이 어려우니 유의한다.)

5) 다시 끓을 때까지 계속 가열하고 풀 상태가 되면 불에서 내려 냉각시킨다.

6) 1시간 30분 후에 농도를 관찰하고 비교한다.

(3) 실험 자료

	전분 : 물 : 설탕 비율			
	1 : 8 : 4	1 : 8 : 8	1 : 8 : 12	1 : 8 : 16
전분 무게 (g)	10	10	10	10
물 무게 (g 또는 cc)	80	80	80	80
설탕 무게 (g)	40	80	120	160
방법I 실험에 의한 농도	1	2	3	4
방법 II 실험에 의한 농도	5	6	7	8

* 전분 충전물의 외양은 〈맑은 상태〉와 〈탁한 상태〉로 나누고, 농도는 〈아주 단단함〉 〈보통 단단함〉 〈여리고 묽음〉 등으로 표시한다.

3. 결과

1) 전분 - 물 - 설탕 비율은 전분의 종류와 사용한 과일의 종류에 따라 변화되거나 수정되어야 한다. 일반적으로 **설탕의 %를** 증가시키면 적정한 범위 내에서 전분의 %도 증가시킨다. 이러한 관점에서 파이 제조자는 상당량의 많은 설탕을 사용하면서도 물리적인 외양이 부드러운 양질의 충전물을 만들 수 있는 **전분의 종류에** 관심을 가지게 된다.

2) 설탕은 **물을 잡아당기는 능력이** 크며 농축된 설탕용액 또는 시럽상태로 물을 잡고 있기 때문에 물에 대해서는 전분과 경쟁관계에 있다. 이런 현상은 설탕을 먼저 물에 녹이고 다음에 전분을 넣는 방법 I에서 두드러지게 나타난다. 설탕의 이러한 능력은 전분을 먼저 젤라틴화 시키고 다음에 설탕을 넣는 방법 II에서는 다소 그 능력이 작아진다.

3) 전분 충전물의 적정한 **젤라틴화를** 위하여 ① 감미제 (甘味劑)로 사용하는 설탕을 녹일 만한 충분한 물과 동시에 ② 전분을 호화 (糊化)시킬 수 있는 충분한 양의 **자유수 (free water)가** 있어야 한다.

4) 특히 방법 I과 같은 경우에 설탕량이 너무 많으면 물의 대부분 또는 전부를 흡수하여 진한 시럽을 형성하므로 전분을 호화시킬 자유수가 부족하거나 여분이 없기 때문에 **전분의 일부가 바닥에 침전하는** 현상이 나타나기도 한다.

제6절 빵과 밀가루의 수분 (Moisture in bread and flour)

근년에는 수분 함량을 짧은 시간 내에 측정하는 수분 분석기가 개발되어 편리하게 사용되고 있으나 여기에서는 오븐법 (Air Oven Method)에 대한 설명으로 그 원리를 이해하고자 한다.

1. 빵의 수분

(1) 빵 시료의 준비

1) 슬라이스한 대표적인 식빵 한 덩어리를 골라서 무게를 계량한다.

2) 그 식빵을 부드러운 포장지나 접시 위에 올려놓는다. 부스러기가 떨어져 나가지 않도록 조심한다.

3) 그 시료가 공기로 건조되는 조건이 될 때까지 공기에 노출되도록 포장지 위에 놓아둔다. 보통 1일 밤이면 충분하다.

4) * 공기로 건조한 시료를 계량하고 건조에 의한 무게 손실을 기록한다.

5) 건조된 시료를 거친 가루 (crumb) 상태가 되도록 조심스럽게 부수고 공기 유동이 없는 용기에 넣어둔다.

〈예〉 굽기 약 1시간 후의 빵 무게 = 500. 4 g

   대기 중에서 건조시킨 빵의 무게 = 401. 1 g

   대기 중 건조에 의한 수분 무게 = 99. 3 g

(2) 수분정량 과정

1) 뚜껑을 바닥에 깔은 2개 (複數로 실험하기 위한)의 수분정량 접시를 130℃의 오븐에서 15분간 건조시킨 후 데시케이터 (dessicator)에 넣어 실온으로 냉각한다.

2) 분석용 천칭을 사용하여 수분정량 접시(뚜껑 포함)위 무게를 계량한다.

3) 접시 안에 약 2g의 * 공기건조 시료를 넣고 무게를 계량한다.

4) 뚜껑을 바닥에 깔은 채로 130℃(± 3℃) 오븐에서 1시간 동안 건조한다. 오븐 문을 열고 닫는 동안 온도가 내려가면 더 오래 동안 건조한다.

5) 오븐에서 꺼내자마자 뚜껑을 덮고 데시케이터에 넣는다.

6) 실온으로 냉각되면 무게를 계량한다. 두 번째의 정량접시도 마찬가지로 한다.

※ 자료 계산(예)

	시료 1(g)	시료 2(g)
1) 접시 + 뚜껑의 무게	42.1562	42.5826
2) 접시 + 뚜껑 + 대기 건조 빵 시료의 무게	44.1033	44.5108
3) 대기 건조 빵 시료의 무게	1.9471	1.9282
4) 접시 + 뚜껑 + 오븐 건조된 빵 시료의 무게	43.7752	44.1878
5) 빵 시료의 수분 손실 무게	0.3281	0.3230
6) 시료의 수분 % = 손실 수분/시료의 무게 x 100	16.85 %	16.75 %

7) 시료 1의 수분 = 16.85%, 시료 2의 수분 = 16.75%, 평균 수분 % = 16.80%

8) 원래의 전체 빵에서 대기 중 건조에 의해 손실된 수분 무게 = 99.3g

9) 대기 중 건조 후에 남아있는 수분 = 평균 수분함량 x 건조 빵가루 무게
$$= 0.168 \times 401.1g \fallingdotseq 67.38$$

10) 빵 한 덩어리에 들어있는 수분 총량 = 99.3g + 67.38g = 166.68g

11) 빵의 수분 % = $\dfrac{\text{총 수분 무게}}{\text{빵 전체의 무게}}$ x 100 = $\dfrac{166.68}{500.4}$ x 100 = 33.309%

2. 밀가루의 수분

(1) 실험 과정

1) 뚜껑을 밑에 받친 2개의 수분접시 (複數實驗을 위하여)를 건조용 오븐에 넣고 130℃에서 15분간 건조시킨다.

2) 오븐에서 꺼내면 즉시 데시케이터에 넣고 실온이 될 때까지 냉각시킨 후 소수 4자리까지 계량한다.

3) 각 수분접시에 2~3g의 밀가루를 넣고 즉시 뚜껑을 닫은 후에 소수 4자리까지 계량한다.

4) 뚜껑을 바닥에 깔은 채로 130℃(± 3℃) 오븐에서 1시간 동안 건조한다. 오븐 문을 열고 닫는 동안 온도가 내려가면 더 오래 동안 건조한다.

5) 오븐에서 꺼내자마자 뚜껑을 덮고 데시케이터에 넣는다.

6) 실온으로 냉각되면 무게를 계량한다. 두 번째의 정량접시도 마찬가지로 한다.

※자료 계산(예)

밀가루의 종류와 내역을 기재	시료 1(g)	시료 2(g)
1) 접시 + 뚜껑의 무게	45.7635	47.1338
2) 접시 + 뚜껑 + 밀가루 시료의 무게	47.7470	49.1630
3) 밀가루 시료의 무게	1.9835	2.0292
4) 접시 + 뚜껑 + 건조된 밀가루 시료의 무게	47.4640	48.8755
5) 밀가루 시료의 손실 무게	0.2807	0.2875

7) 시료 1의 수분 % = $\dfrac{손실\ 수분}{시료\ 밀가루}$ x 100 = $\dfrac{0.2807}{1.9835}$ x 100 ≒ 14.15%

8) 시료 2의 수분 % = $\dfrac{손실\ 수분}{시료\ 밀가루}$ x 100 = $\dfrac{0.2875}{2.0292}$ x 100 ≒ 14.17%

9) 평균 수분 % = (14.15 + 14.17) ÷ 2 = 14.16 % (0.2% 이상 오차 시 재실험)

3. 일반 수분 분석

(1) 수분분석 기기

건조기

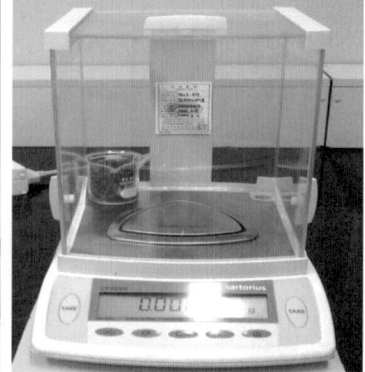

전자저울

(2) 수분분석 방법

1) 정의

시료 속에 함유된 수분의 양으로 105℃에서 항량(恒量)이 될 때까지 건조하여 증발된 수분의 양을 표시한다.

2) 준비 기기 및 도구

① 수분용기 ② 스푼 ③ 진공 데시케이터 ④ 전자저울 ⑤ 건조가 ⑥ 핀셋

3) 분석방법

① 105℃ 건조기에서 미리 건조(60분 이상)되어 있는 용기를 데시케이터에서 50분간 냉각하여 실온으로 만든다. (13~16개)

② 실온으로 냉각된 수분용기를 저울로 정확히 계량한다. ─────── W 1

③ 용기에 시료 5g(± 0.01g) 정도를 넣고 정확히 계량한다. ─────── W 2

④ 105℃에서 4시간 동안 건조시킨다.

⑤ 건조 후 (용기 + 시료)를 ①과 동일한 방법으로 냉각시킨다.

⑥ 저울로 정확히 계량한다. ──────────────── W 3

⑦ 다시 105℃의 건조기에 넣고 냉각하여 항량이 될 때까지 반복하여 W 3로 한다.

$$수분(\%) = \frac{증발\ 감량\ 수분\ (W2 - W3)}{시료채취량\ (W2 - W1)} \times 100$$

* 소수 3자리에서 반올림하여 소수 2자리로 표시

제7절 글루텐 세척 (Washing gluten)

1. 글루텐 분석

밀가루는 밀가루 단백질이 물과 결합하여 글루텐 (gluten)을 형성하는 특유의 성질을 가지고 있어 빵을 만들 수 있게 하는 유용성이 큰 중요 재료이다. 글루텐과 단백질은 아주 밀접한 관계가 있지만 동일한 것은 아니다. 밀가루 단백질 모두가 글루텐

을 형성하지도 않고 통상적인 글루텐도 단백질로만 구성되어 있지 않다. 건조 조 (粗)글루텐을 분석하면 평균적으로 약 75~80%가 단백질이고, 나머지 20~25% 는 조섬유질, 회분, 전분, 지방, 기타의 다른 물질로 구성되어 있다.

밀가루에 들어있는 일부 단백질은 글루텐을 형성하는 성질이 없으며 그 양은 조 글루텐 중의 비단백질 양과 비슷하다. 그래서 결과적으로 건조 조글루텐의 %가 그 밀가루의 단백질 %와 아주 근사하다. 젖은 글루텐 (wet gluten)을 얻기 위하여 공 모양 반죽 (dough ball)을 물에 씻어낼 때, 대부분의 회분과 전분과 마찬가지로 수 용성 단백질이 씻겨나간다 (건조 글루텐 % ≅ 단백질 %). 젖은 글루텐에 남아있 는 단백질은 상당량의 물을 흡수하여 부푼다. 젖은 글루텐의 평균 분석치는 수분 67%, 고형질 33%로 고형질 중 단백질이 약 80%를 차지한다.

2. 글루텐과 밀가루

젖은 글루텐을 얻기 위하여 전분을 씻어내는 과정을 통해서 어떤 글루텐은 다른 글루텐에 비하여 흩어지는 경향이 많아서 덩어리로 뭉치기가 어려운 것이 있는가 하면 다른 밀가루는 점착성이 강해서 글루텐 조각들이 서로 단단하게 뭉치는 것을 볼 수 있다.

이러한 특성은 밀가루에 들어있는 글루테닌 (glutenin)에 대한 글리아딘 (gliadin)의 비 율에 의해 크게 영향을 받는다.

일반적으로 글루텐 형성 단백질 %가 낮은 케이크용 1등급 박력분으로 반죽을 만 들어 물로 세척하면 상당량의 젖은 글루텐을 회수하기가 어렵다. 이것은 반죽을 세 척하는 과정에서 전분이 글루텐을 희석하여 글루텐 입자들이 밀착된 한 덩어리로 점착시키는 기회를 잃게 되기 때문이다.

이런 경우에는 구성과 비율이 알려진 높은 글루텐 형성 밀가루를 적정수준으로 혼합하는 방법이 있으며 제빵용 밀가루는 건조 글루텐으로 10.5%에서 13%, 젖은 글루텐으로 38%에서 45%가 되는 것이 단백질의 양 (量)의 측면에서 보면 상당히 안 정적이다. 단백질의 양이 같더라도 글루텐을 형성하는 질 (質)에 많은 차이가 있으 며, 질은 제분공정 보다 밀 자체의 품종인 원맥(原麥)과 관계가 깊다. 제빵용은 근 본적으로 초자질이 많은 경질소맥 (硬質小麥 = hard wheat)으로 제분한 밀가루이다.

소맥 품종에 따른 구성성분 비교, 수분 15% 기준

밀 품종	회분(%)	단백질(%)	지방(%)	섬유질(%)	탄수화물(%)
Hard Red Spring	1.82	12.38	2.21	2.80	65.79
Hard Red Winter	1.78	12.09	2.19	2.74	66.20
Soft Red Winter	1.66	9.77	2.33	2.74	68.50
White(Pacific Coast)	1.82	10.36	2.08	1.69	68.05

구성분의 차이는 밀의 품종, 기후, 재배 지역 등의 여건에 큰 영향을 받는다.

여러 가지 다른 밀로부터 제분된 밀가루의 화학적 조성은 그 밀 자체의 조성과 연관관계가 있다. 밀 자체의 단백질 함량이 높으면 같은 등급끼리 비교하여 밀가루의 단백질도 높으며 회분 함량은 같은 수준이다. 미국의 경질계통 (hard red) 소맥이라도 춘파 (春播=spring)가 동파 (winter) 보다 평균적으로 회분과 단백질이 높다.

연질 (soft)소맥으로 제분하는 제과용 밀가루는 같은 등급인 경우 경질소맥 보다 회분과 단백질이 낮으며 글루텐 형성도 적게 된다.

3. 글루텐의 질과 양 (Gluten qualities and quantities)

(1) 밀가루 흡수 (Flour absorption)

1) 시료 밀가루 50g을 계량하여 자기 (磁器) 그릇에 넣는다.

2) 눈금이 잘 보이는 50㎖용 뷰렛 (burette)에 25㎖의 물(실온)을 넣어둔다.

3) 스패튤라를 사용하여 밀가루에 물을 넣어가면서 〈중간상태의 부드러운 도 (dough)〉가 될 때까지 반죽을 한다. 실험 반죽의 〈되기(consistency)〉를 일정하게 해야 하며 반죽 (dough)이 너무 연하면 물을 줄여서 반복한다.

4) 사용된 물의 ㎖를 기록한다.

5) 공 모양의 반죽을 약 26.5℃의 물에 담가둔다.(다음 실험에 연계)

$$\frac{흡수된 물 ㎖}{밀가루 무게 g} \times 100 = 흡수율 \% \Rightarrow (예) \frac{31}{50} \times 100 = 62\%$$

(2) 젖은 글루텐 (Wet gluten)

1) 침지 (沈漬) : 도 볼 (dough ball)이 완전히 물에 잠긴 상태로 강력분은 25분

간, 박력분이나 호밀가루는 15분 후에 세척에 들어간다.

2) 가장 큰 비커에 적정 온도의 물을 반 이상 넣고 물에 잠기도록 담가두었던 공 모양 반죽을 조심스럽게 주무르며 전분을 씻어낸다.

3) 글루텐으로부터 나온 전분 물을 쏟아낸다. 이 때 작은 글루텐 조각들이 손실되지 않게 주의하며 커다란 본체의 글루텐에 붙이도록 한다 (체 사용도 좋음).

4) 새 물을 바꿔가면서 혼탁한 물이 나오지 않을 때까지 글루텐을 씻는다 (15~20분 소요).

5) 글루텐 세척이 완전히 끝나면 깨끗한 물에 30분 이상 담그고 손가락을 사용하여 글루텐이 달라붙는 정도로 수분을 말린다.

6) 0.1g까지 측량하는 저울에 계량한다 (일반 종이에는 붙을 수 있다.).

$$\text{젖은 글루텐 \%} = \frac{\text{젖은 글루텐 무게}}{\text{밀가루 시료 무게}} \times 100 \Rightarrow \text{(예)} \ \frac{22.5g}{50g} \times 100 = 45\%$$

(3) 건조 글루텐 (Dry gluten)

1) 젖은 글루텐의 표피를 밑으로 잡아당기면서 표피가 매끈한 작은 공 모양을 만든다.

2) 조그만 양철접시에 올려놓고 오븐에 넣어 빵 굽는 온도로 25분간 굽고 공기 중에서 건조시킨다.

3) 양철접시에서 떼어 0.1g까지 나오는 저울로 무게를 단다 (외양도 기록).

$$\text{건조 글루텐 \%} = \frac{\text{건조 글루텐 무게}}{\text{밀가루 시료 무게}} \times 100 \Rightarrow \text{(예)} \ \frac{8g}{50g} \times 100 = 16\%$$

4) 건조 글루텐의 부피

① 평지씨앗(rape seed)을 이용하는 부피 측정 기구로 부피를 잰다.

② 기구의 빈 용기에 평지씨앗을 채운 후 쏟아서 매스실린더에 넣어 측량한다.

③ 기구의 빈 용기에 건조 글루텐을 넣고 다시 평지씨앗을 채운 후 쏟아서 매스실린더에 넣어 측정한다 (예 : ② = 2000 cc − ③ = 1840 cc ⇒ 부피 = 160 cc).

$$\text{건조 글루텐 g당 부피 (cc)} = \frac{\text{건조 글루텐 cc}}{\text{건조 글루텐 g}} \Rightarrow \text{(예)} \ \frac{160\ cc}{8\ g} = 20\ cc/g$$

* 투사지를 사용하여 건조 글루텐의 윤곽과 차지하는 공간을 그린다.

4. 젖은 글루텐의 질과 수율에 영향을 주는 요인

1) 밀가루의 종류, 시료의 양, 사용한 물의 비율 등에 따라 영향
2) 세척 전에 도 볼을 물에 담가두는 시간에 따라 영향
(dough ball의 conditioning)
① 즉시 세척 = 글루텐 채취 가능   ② 30분 침지 = 양질의 글루텐 채취 가능
③ 1시간 = 양질의 더 많은 글루텐 채취 가능   4) 1시간 이상 = 변화 없음
3) 물의 온도 (흡수, 침지, 세척) = 온도가 상승하면 젖은 글루텐 수율 증가
〈 2℃ ⇨ 27.0%, 15℃ ⇨ 27.6%, 60℃ ⇨ 30.0% 〉
∴ 실험은 같은 온도로 수행
4) 물의 형태 : Ca, Mg, Fe 등 광물질은 양질의 글루텐 형성 (강화효과)

증류수	연하고 흐늘흐늘한 상태	경수	다소 단단한 상태
연수	다소 약한 상태	알칼리	글루텐을 용해, 파괴
아경수	최적 상태의 글루텐	산(酸)	강산이 아니면 유효

5. 단백질과 글루텐 (Protein and gluten)

(1) 글루텐

글루텐은 밀가루가 물과 함께 믹싱될 때 형성되는 단백질 복합물질이다. 글루텐 채취 과정을 통해서 물에 녹지 않는 단백질은 수화되어 응집력이 있는 복잡한 물질이 된다. 밀가루에 들어있는 단백질은 최소한 자기 무게의 2배 이상의 물을 흡수하는데 고단백질 밀가루는 저단백질 밀가루 보다 흡수율이 높다.

글루텐은 반죽의 탄력적인 구조를 형성하여 발효에 의해 생성되는 가스를 끌어안아 반죽을 부풀게 한다. 다른 단백질과 마찬가지로 글루텐도 전분과 함께 굽기 과정 중 또는 열에 노출되면 고형화 되고 건조되어 빵 제품의 구조를 형성한다.

다시 말해 정상적인 밀가루는 물과 반죽을 하여 일정시간 물에 담근 후 흐르는 물로 세척하면 대부분의 전분과 수용성 물질이 씻겨나가고 글루텐이라 불리는 탄력성을 가진 새로운 단백질 복합물질이 남게 되는 것이다.

단백질은 탄소, 수소, 산소, 질소를 기본으로 황이나 때로는 인과 철을 함유하는 화합물로 글루텐, 흰자, 젤라틴, 육류, 치즈의 주성분을 이룬다.

이들 단백질은 원소가 같더라도 공급원에 따라 서로 다른 단백질이 되는데 기본 구성은 아미노산 (amino acids)이다. 단백질을 이루는 ① 아미노산의 수 ② 아미노산의 종류 ③ 배열 체계에 따라 서로 다른 단백질이 된다.

(2) 단백질 함량과 빵의 부피

1) 밀가루 단백질

글루텐 비형성 수용성 단백질 15%	알부민 (Albumins)	60% : 희석된 염류 용액에도 용해
	글로불린 (Globulins)	40% : 희석된 염류 용액에도 용해
글루텐 형성 물 불용성 단백질 85%	글리아딘 (Gliadin) 〈분자량이 작다〉	* 신장성 (유동성 또는 시립성질) * 산, 염 또는 70% 알코올에 용해
	글루테닌 (Glutenin) 〈분자량이 크다〉	* 탄력성 (응집성) * 산과 염에 부유, 70% 알코올에 불용성

밀가루에 들어있는 모든 단백질이 글루텐을 형성하지는 않는다.

알부민과 글로불린은 수용성 단백질로서 글루텐 세척 과정 중 대부분이 씻겨나간다. 밀가루의 단백질 함량은 글루텐 형성 여부와 관계없이 화학적 구성으로 표시한다. 전밀가루(통밀가루)는 1급 강력분보다 단백질 함량이 많아도 빵 부피는 작다.

이것은 껍질(밀기울)과 배아 (胚芽)에 단백질이 많으나 글루텐 형성 비율이 낮기 때문이다.

2) 밀가루의 품종과 단백질 함량은 빵의 부피와 양 (陽)의 상관관계가 있다.

단백질(%)	빵 부피(㎖)		품종	조단백질(%)	빵 부피(㎖)
9.85	1889		연질 동맥	10.6	1470
10.60	1998		경질 춘맥	12.9	1875
11.38	2045		경질 동맥	12.1	1810
12.46	2100		밀가루 구성(%)	경질 춘맥	
13.32	2102		단백질 = 13.0%, 수분 = 13.0%, 전분 = 72.0%		
14.90	2230		당류 = 1.0%, 지방 = 0.5%, 회분 = 0.35−1.0%		

일반적으로 단백질 함량이 높은 밀가루는 빵의 부피도 증가한다 (단백질 8~18%). 경질소맥으로 제분한 밀가루는 연질소맥으로 제분한 밀가루보다 단백질 함량이 높으며 빵의 부피도 커진다.

6. 글루텐 실험 보고서 (Absorption and gluten report sheet)

밀가루	실험번호 #			밀가루	실험번호 #		
	* 시료명:				* 시료명:		
흡수	1.물 =		mℓ	흡수	1.물 =		mℓ
	2.비율 =		%		2.비율 =		%
젖은 글루텐				젖은 글루텐			
	1.색상				1.색상		
	2.촉감				2.촉감		
	3.탄력성				3.탄력성		
	4.무게 =		g		4.무게 =		g
	5. % =				5. %		
	(50g 밀가루 기준)				(50g 밀가루 기준)		
건조 글루텐	1.무게 =		g	건조 글루텐	1.무게 =		g
	2.비율 =		%		2.비율 =		%
	3.부피 =		cc		3.부피 =		cc
	4.비체적 =		cc/g		4.비체적 =		cc/g
	(계산)				(계산)		
그림				그림			

제8절 글루텐의 팽윤능력 (Swelling capacity of gluten)

1. 침강실험 (Sedimentation test)

(1) 개요

침강시험은 밀가루에 대한 제빵적성과 글루텐의 질을 평가하는 방법으로 사용되고 있다. 이 실험은 밀의 제빵적성을 평가하는데 사용되는 켈달 (Kjeldahl) 법의 단백질 정량이나 기타 실험보다 간단하고 빠르며 실용적인 방법으로 밀의 등급을 매기는데 사용하는 대단히 가치가 있는 방법으로 알려져 왔다.

각기 다른 품종의 밀로부터 제분한 밀가루의 차이를 물을 흡수하는 글루텐 형성 단백질의 능력으로 반영하는 것이다. 여러 가지 종류의 산 (酸)을 희석한 용액에서의 글루텐의 팽윤에 대한 1918년부터의 연구 결과에 의하면 박력분에서 얻은 글루텐 보다 강력분에서 얻는 글루텐이 ① 수화속도가 훨씬 빠르고(물을 더 빨리 흡수) ② 수화능력도 훨씬 높다(더 많은 물을 흡수)는 것이다.

밀의 품종별 침강실험 결과(Dr. Zeleny 실험, 135개 밀가루 시료의 평균)

품종	빵 평균 부피(cc)	단백질 함량(%)	침강실험가(cc)
HRW(patent) a	538	9.7	26.4
HRW(patent) b	641	10.4	33.2
HRS(patent)	819	12.6	43.9

* 밀가루는 수분 14% 기준으로 실험

이 실험 결과에 의하면 침강실험과 빵의 부피는 정비례 관계를 나타내며, 침강실험가 (沈降實驗價)가 높으면 따라서 빵의 부피도 커지는 것을 알 수 있다.

(2) 침강실험 과정

1) 유리 마개가 붙은 100㎖ 눈금이 있는 실린더에 50㎖의 증류수를 넣는다.
2) 여기에 수분 14% 기준으로 4.000g의 밀가루를 넣는다 (종이 깔때기 사용).
3) 이것을 30초 동안 흔들어 섞고 평면에 5분 동안 가만히 놓아둔다 〈정치(定置)〉.

4) 0.1N의 **젖산 (乳酸)** 25㎖를 뷰렛으로 넣고 지시약 메틸렌 부루 (methylene blue)
2~3 방울을 첨가한다.

5) 유리 마개를 덮고 실린더를 거꾸로 뒤집었다가 바로 세우기를 10회 반복하여
내용물이 완전히 섞이게 한다 (흔들지는 않는다).

6) 실린더를 바로 세우자마자 정확히 5분 후에 고체상(진한 부분)으로 된 윗부분의
눈금을 읽고 기록한다. 이 부피 ㎖(cc)가 그 밀가루의 침강가 (價) 이다.

제빵적성이 매우 열등한 저단백질 밀가루는 침강가가 20 이하이고, 제빵적성이
우수한 고단백질 밀가루의 침강가 (Sedimentation value)는 55 이상이 된다.

※ 침강실험 보고서

번호	시료 밀가루	수분(%)	수분 14% 밀가루(g)	사용 밀가루(g)	침강가(㎖)
1			4.000		
2			4.000		
3			4.000		
4			4.000		
～	～				

·· 결론 ··

1. 물 흡수량이 증가하면 비중이 감소하여(가벼워짐) 침전속도가 감소한다.

2. 침전이 빠른 것은 단백질 함량이 작고/또는 글루텐 형성 단백질이 부족함을
나타내는가 하면 침전속도가 느린 것은 단백질 함량이 많고/또는 양질의 글루텐 단백질
질을 가리킨다. 침전의 높이는 부풀은 글루텐 단백질의 양과 팽윤되는 정도(질), 2가지
요인에 따라 달라 진다.

3. 침강가는 밀가루에 들어있는 글루텐 형성 단백질의 〈양〉과 〈질〉 모두에 달려있기
때문에 단지 글루텐 양, 또는 글루텐의 질이나 단백질 함량만으로 의존하는 실험보다 빵
부피에 대한 실질적 가능성을 더 잘 알 수 있는 지표가 된다.

.. 연습 ..

1. 〈침강가〉는 〈단백질 양〉의 지표로서 5분간 정치하는 동안 글루텐 단백질이 증가하면 흡수되는 물의 양은(도) 〈증가 : 감소〉 한다.

2. 〈침강가〉는 〈단백질 질〉의 지표로서 5분간 정치하는 동안 글루텐 단백질의 질이 좋아지면 물을 흡수하는 속도는(도) 〈증가 : 감소〉 한다.

3. 침강실험에서 5분간 정치하는 동안 어느 시료의 침전이 느리게 일어나고 있다면 침강가를 읽을 때의 높이는 〈높다 : 낮다〉.

4. 침강실험에 사용할 수분 14.0% 밀가루 4.000g 대신에 수분 14.5%인 밀가루는 얼마를 사용해야 하는가?

	고형질(%)	사용량(g)	계산
기준	86	4.000	85.5 χ = 4 x 86 χ = 344 ÷ 85.5 ≒ 4.023
시료	85.5	χ	4.023 g (사용량과 같이 소수 셋째자리까지 표시)

5. 위 문제에서 수분 11.0%인 밀가루 사용량은?

	고형질(%)	사용량(g)	계산
기준	86	4.000	89 χ = 4 x 86 χ = 344 ÷ 89 ≒ 3.865
시료	89	χ	3.865 g (사용량과 같이 소수 셋째자리까지 표시)

* SEDIMAT 등 자동기계도 사용

2. 글루텐에 대한 소금의 영향 〈Effect of (NaCl) on gluten〉

(1) 개요

글루텐의 질과 양은 밀가루의 강도(strength)를 나타내는 지표가 된다. 단백질은 대략 pH 5.2 ~ 6.5 사이의 등전점(等電點 = iso - electric point)에서 응집력이 가장 크게 된다. 이 범위를 벗어나면 단백질 분자는 과량의 전기 부하를 갖게 되어 물의 얇은 막을 끌어당기므로 수화가 되고 팽윤이 되어 더 많은 물을 흡수하게 된다. 결국은 붕괴되거나 분산된다. 약한 단백질의 붕괴속도가 더 빠르다.

강력분으로부터 만든 글루텐은 박력분의 글루텐에 비하여 수화속도가 아주 빠르다. 어느 산 용액에 1시간을 담그면 박력분의 글루텐은 원래 자체무게의 100%에 못 미치는 물을 흡수하고도 그들의 응집력을 잃고 파괴되는 경우가 많다.

반면에 강력한 글루텐은 자체무게의 300%에 해당되는 물을 흡수하고 2시간이 되어도 그들의 응집력(결합력)이 아직도 남아있다.

(2) 실험과정

1) ① 강력분과 ② 중력분을 공 모양 반죽 (dough ball)으로 만들어 20~25분간 물에 담근 후 전분을 씻어내고 젖은 글루텐을 만든다.

2) 각각의 글루텐을 5.0g 씩 취하여 약 10조각 씩으로 나누어 가장 작은 비커에 따로 넣는다. 여기에 0.1N 젖산을 비커의 반쯤 채우고 완전히 섞은 후 2시간 동안 정치시킨다.

3) 2시간 후에 젖은 글루텐을 꺼내서 계량하고 그 무게를 기록한다. 이때 글루텐을 쥐어짤 필요는 없고 금속 그물을 가진 체를 사용하여 흔드는 정도로만 작업하여 글루텐에 남아있는 여분의 물과 산을 배수시킨다.

4) 다소 퍼지고 약화된 위 실험의 글루텐을 작은 비커에 옮겨 넣는다. 여기에 5% 식염수를 15~25㎖ 첨가하면서 15~30초 동안 반죽한다 (주물러 덩어리로 만듦).

5) 손가락을 사용하여 글루텐에 묻어있는 여분의 액체를 제거한 후 무게를 계량하고 기록한다.

	강력	중력	결과
산 처리 글루텐(g)			* 약한 글루텐은 수화 속도와 능력이 낮아서 gel(진한)에서 sol(여린) 상태로 변화
시료 글루텐(g)	5.0	5.0	
소금 처리 글루텐(g)			* 소금의 결합 또는 강화 효과를 확인

* 대부분의 단백질은 등전점에서 전기 부하가 같아지기 때문에 용해도가 감소하고 단백질 자체의 응집력 또는 결합력이 최대가 되며, 소금, 칼슘, 마그네슘 이온도 글루텐 단백질의 이온에 작용하여 서로 뭉치는 힘을 크게 한다.

3. 단백질 구조에 대한 알칼리의 영향
(Effect of alkalinity on protein structure)

(1) 개요

대부분의 단백질은 pH 5.2~6.5의 등전점에서는 용해도가 최소로 되며 고체 안에 액체가 분산되어 있는 상태인 콜로이드 교화체 (膠化體=gel)가 된다. 산으로

pH를 낮추거나 염기로 pH를 올려 등전점 범위를 크게 벗어나면 단백질에 의한 물 흡수가 증가하고 팽윤이 증가하여 교화체가 점차 묽어지게 된다. 이러한 작용이 계속되면 교화체가 용액 상태로 분산되는데 이것은 액체에 고체가 분산되어 있는 상태인 졸 (sol)로 되는 것이다.

세탁 소다 (pH 9.5~10.5)를 넣어 만든 알칼리 물이 콜로이드 구조를 가진 글루텐에 어떤 영향을 미치는지에 대하여 실험을 하는 동안 글루텐 채취의 전 과정인 흡수, 침지, 전분의 세척까지 사전에 준비한 알칼리수를 사용한다.

(2) 실험과정

1) 50g의 강력분을 계량하여 자기 그릇에 넣고 29cc의 알칼리수를 한 번에 첨가한다. 눈금이 매겨진 매스실린더를 사용하는 것이 좋다.

2) 글루텐이 잘 발달하도록 반죽을 치대서 공 모양으로 만든다. 알칼리수를 반쯤 채운 비커에 넣고 15~20분간 담가둔다.

3) 새로운 알칼리수를 사용하여 반죽 공에 들어있는 전분을 씻어낸다 (붕괴).

4) 증류수를 반쯤 채운 조그만 비커에 전분을 세척한 글루텐을 담고 2~3 방울의 지시약 페놀프탈레인 (phenolphthalein)을 떨어뜨린다. 여기에 초산(식초)을 한 방울씩 넣으면서 분홍색이 사라지는 순간까지 계속 저어준다 (점안기 사용).

5) 이 시점에서 초산 1~2 방울을 더 넣으면 글루텐 단백질이 등전점에 이르는 용액의 pH로 낮출 수 있다.

6) 글루텐 특성의 변화와 결과를 관찰하고 기록한다.

·· 연습 ··

1. 일반적으로 빵 반죽의 단백질은 〈겔 (gel), 졸 (sol)〉 상태이다.

2. 과발효 (over-fermentation)에 의해 과도하게 생성된 초산이나 젖산은 빵 반죽에 어떤 영향을 주는가?

3. 알칼리에 의해 pH를 올리면 단백질의 전기 부하는 〈같다, 다르다〉.

4. 빵 반죽에 들어있는 우유는 〈완충제 (buffer)〉로 작용하여 빵 발효 중에 pH의 변화를 〈증가시킨다, 감소시킨다.〉.

제9절 밀가루 문제 (Flour problems)

밀가루 중의 수분은 품질(성분 비교)이나 구매(가격)나 작업(가수량)의 측면에서 실질적으로 아무런 역할을 못하므로 수분 함량이 다른 두 밀가루를 비교함에 있어 같은 수분 함량, 같은 고형질 함량으로 비교해야 한다. 물을 돈을 주고 살 필요가 없으므로 밀가루 원가를 고형질 기준으로 계산하는 것이 일반적으로 인정된 방법으로 구매가격 또는 계약가격에 적용하고 있다.

1. 수분 함량에 따른 회분 계산

서로 다른 밀가루는 각 수분함량을 고려하여 같은 고형질 함량으로 회분함량을 비교해야 하며 일반적으로 수분 14%를 기준으로 한다.

밀가루의 회분 %는 밀가루 고형질의 %와 정비례 한다.

〈예제〉 수분 12.30%의 밀가루 회분이 0.464%라면 수분 14% 기준으로 얼마가 되는가?

① 수분 12.30% 때의 회분 = 0.464% ② 수분 14% 때의 회분(미지수 = A)
③ 수분 12.30% 때의 고형질 = 87.70%
④ 수분 14% 때의 고형질 = 86.00%의 변수를 설정

회분(%)	수분(%)	고형질(%)	계산
0.464	12.30	87.70	87.7 x A = 86 x 0.464
A	14.00	86.00	A = 39.904 ÷ 87.7 ≒ 0.455 %

·· 연습 ··

(1) 수분 11.05%인 밀가루의 회분 0.480%는 수분 13.50% 기준으로 얼마인가?

회분(%)	수분(%)	고형질(%)	계산
0.480	11.05	88.95	88.95 x A = 86.5 x 0.48
A	13.50	86.50	A = 41.52 ÷ 88.95 ≒ 0.467 %

(2) 수분 12%인 밀의 회분 1.900%는 수분 15% 기준으로 얼마가 되는가?

회분(%)	수분(%)	고형질(%)	계산
1.900	12.00	88.00	88 x A = 85 x 1.9
A	15.00	85.00	A = 161.5 ÷ 88 ≒ 1.835 %

(3) 수분 13%인 밀의 회분이 1.800%이고 제분율 90%인 밀가루의 회분은 0.25배가 된다. 제분율 90%인 같은 밀가루는 수분 15% 기준으로 회분은 얼마가 되는가?

밀 회분(%)	밀가루 회분	수분(%)	고형질(%)	밀가루 회분=1.8x0.25=0.45
1.800	0.45 %	13.00	87.00	87 x A = 85 x 0.45
–	A	15.00	85.00	A = 38.25 ÷ 87 ≒ 0.440 %

2. 수분 함량에 따른 단백질 계산

회분의 경우와 같이 단백질도 두 밀가루의 수분 함량이 같지 않으면 직접 비교할 수가 없다. 밀가루의 단백질 %는 밀가루 고형질 %와 정비례한다.

〈예제〉 수분 12%일 때 단백질이 11%인 밀가루를 수분 14% 기준으로 계산하면?

① 수분 12% 때의 단백질 = 11% ② 수분 14% 때의 단백질(미지수 = P)
③ 수분 12% 때의 총 고형질 = 88%
④ 수분 14% 때의 총 고형질 = 88%의 변수를 설정

단백질(%)	수분(%)	고형질(%)	계산
11	12.00	88.00	88 x P = 86 x 11
P	14.00	86.00	P = 946 ÷ 88 = 10.75 %

* 단백질 %는 소수 둘째자리까지 표시

·· 연습 ··

(1) 수분 12.50%일 때 단백질 11.50%인 밀가루를 수분 14% 기준으로 계산하면?

단백질(%)	수분(%)	고형질(%)	계산
11.50	12.50	87.50	87.5 x P = 86 x 11.5
P	14.00	86.00	P = 989 ÷ 87.5 ≒ 11.30 %

(2) 수분 6.20%인 밀가루의 단백질이 14.10%, 회분이 0.424%이라면 수분 14% 기준으로
단백질과 회분의 %는 얼마가 되는가?

수분(%)	고형질(%)	단백질(%)	회분(%)	계산
6.20	93.80	14.10	0.424	P x 93.8 = 14.1 x 86 ∴ P ≒ 12.93%
14.00	86.00	P	A	A x 93.8 = 0.424 x 86 ∴ A ≒ 0.389%

* 회분은 소수 셋째자리까지 계산

(3) 수분 13%, 단백질 14%인 밀을 제분하여 1급 강력분을 만들었다. 단백질은 1% 감소하고
수분은 0.5% 증가하였다. 수분 14% 기준으로 이 밀가루의 단백질은?

단백질(%)	고형질(%)	수분(%)	계산
14-1=13	86.50	13.50	86.5 x P = 86 x 13
P	86.00	14.00	P = 1118 ÷ 86.5 ≒ 12.92 %

3. 흡수율 변화 계산 (동일 밀가루)

밀가루의 흡수는 밀가루 고형질이 물을 빨아들이고 보유하는 능력에 기초를 둔
다. 밀가루(반죽)의 총 수분은 밀가루내의 수분과 가수량(加水量)의 합계로 나타내
는데 예를 들면 12.50%의 밀가루 흡수율이 63% 이라면 총 수분은 12.50+63.00으
로 75.50%가 된다. 밀가루는 이동과 저장 중에 수분의 변화가 생기므로 밀가루 고
형질에 대한 총 수분을 정비례 관계로 하여 새로운 흡수율을 조정하여야 한다.

〈예제〉 수분 12%일 때 어느 밀가루의 적정 흡수율이 63%였다. 저장 중에 수분이 10%로 떨어졌다면 새로운 흡수율은 얼마가 되는가?

① 수분 12% 때의 총 수분 = 75% ② 수분 14% 때의 총 고형질 = 88%(100−12)
③ 수분 10% 때의 총 수분 = T W
④ 수분 10% 때의 총 고형질 = 90%의 변수를 설정

	흡수율(%)	수분(%)	고형질(%)	총 수분(%)
저장 전	63	12	88	75
저장 후	X	10	90	T.W.

(TW) x 88 = 75 x 90, TW = (75x90) ÷ 88 = 6750 ÷ 88 ≒ 76.70 (새로운 총 수분)
새로운 총 수분 − 새로운 수분 = 새 흡수율 (X) = 76.70 − 10.00 = 66.70%

·· 연습 ··

⑴ 수분 12.50%에서 흡수율이 60%인 밀가루가 저장 중에 수분이 10%로 감소하였다면 새로운 흡수율은? 100kg의 밀가루에 해당되는 가수량의 차이는 얼마인가?

	흡수율(%)	수분(%)	고형질(%)	총 수분(%)	TW=(72.5x90)÷87.5≒74.57%
저장 전	60	12.50	87.50	72.50	X = 74.57 − 10 = 64.57%
저장 후	X	10.00	90.00	T.W.	100kg x 0.0457 = 4.57 kg

⑵ 수분 12.90%일 때 단백질이 13.20%, 흡수율이 66.20%인 밀가루가 4개월 후에 수분이 11.70%가 되었다. 새로운 흡수율과 단백질 %는?

	흡수율(%)	수분(%)	단백질(%)	고형질(%)	총 수분(%)	
저장 전	66.20	12.90	13.20	87.10	79.10	TW=(79.1x88.3)÷87.1≒80.19% X = 80.19 − 11.7 = 68.49%
저장 후	X	11.70	P	88.30	T.W.	P=(13.2 x 88.3)÷ 87.1 ≒ 13.38%

4. 밀가루 수분 함량에 따른 흡수율 계산

서로 다른 밀가루의 흡수율을 비교하기 위해서는 같은 수분 함량을 기준으로 해야 의미가 있으므로 A.A.C.C.는 14%를 표준으로 하고 있다. 그러나 기타의 어떤 수분 함량이라도 같은 기준(수분 0% 포함)을 적용하면 서로 비교할 수 있다.

〈예제〉 A 밀가루는 수분 12.50%일 때 흡수율이 60%이고, B 밀가루는 수분 10%일 때 흡수율이 63% 이라면 실제 흡수율은 어느 밀가루가 높은가?(수분 14% 기준)

1) 두 밀가루에 대한 4가지 변수를 설정하고 계산한다.

	밀가루 A	밀가루 B
총 수분 %(기존)	12.5+60.0 = 72.5%	10.0+63.0 = 73.0%
총 고형질 %(기존)	100.0−12.5 = 87.5%	100.0−10.0 = 90.0%
총 수분 %(14% 기준)	TW(미지수)	TW(미지수)
총 고형질 %(14% 기준)	100−14 = 86%	100−14 = 86%

2) 밀가루 A와 B에 대하여 각각 총 수분을 구하고 새로운 흡수율을 계산 비교한다.

	밀가루 A	밀가루 B
새로운 총 수분(%)	* (72.5x86)÷ 87.5 ≒ 71.26	* (73x86)÷ 90 ≒ 69.76
새로운 흡수율(%)	* 71.26 − 14 = 57.26	* 69.76 − 14 = 55.76
비교	* 57.26 − 55.76 = 1.5 ∴ 밀가루 A의 실제흡수율이 높다.	

·· 연습 ··

(1) 다음 표를 완성한다.

수분(%)	흡수율(%)	회분(%)	단백질(%)	총고형질(%)	총 수분(%)
12	65.00	0.550	13.00	①	②
14	⑦	⑥	⑤	④	③

** ① = 100−12=88   ② = 65+12=77   ③ = (77x86)÷88=75.25

④ = 100−14=86   ⑤ = (13x86)÷88≒12.70

⑥ = (0.55x86)÷88≒0.538   ⑦ = 75.25−14.00=61.25

(2) 강력분 A는 수분 12.30%에서 흡수율이 63.70% 이고, 강력분 B는 수분 13.40%에서 흡수율이 63.80%이다. B의 수분 13.40%를 기준으로 A의 흡수율은 얼마인가?

	수분(%)	흡수율(%)	총고형질(%)	총 수분(%)	* TW=(77.2x87.7)÷ 86.6≒78.18%
A	12.30	X	87.70	T.W.	* 새 흡수율=78.18−13.40=64.78%
B	13.40	63.80	86.60	77.20	∴B에 비해 64.78−63.70=1.08% ↓

(3) 강력분 A는 수분 12.80%에서 흡수율이 64.20% 이고, 강력분 B는 수분 15.20%에서 흡수율이 61.80%이다. 1) 수분 14% 기준으로 각각의 흡수율을 비교하고, 2) A의 수분 12.80%를 기준으로 B의 흡수율을 계산하면?

1) 밀가루 A와 B에 대하여 총 수분을 구하고 새로운 흡수율을 계산 비교한다.

밀가루	수분(%)	고형질(%)	흡수율(%)	총 수분(%)
A	12.80	87.20	64.20	77.00
B	15.20	84.80	61.80	77.00
14%	14.00	86.00	X	TW

	밀가루 A	밀가루 B
새로운 총 수분(%)	* (77x86)÷ 87.2 ≒ 75.94	* (77x86)÷ 84.8 ≒ 78.09
새로운 흡수율(%)	* 75.94 − 14 = 61.94	* 78.09 − 14 = 64.09
비교	* 64.09 − 61.94 = 2.15 ∴ 밀가루 B의 실제 흡수율이 높다.	

2) 밀가루 A를 기준으로 직접 비교

	수분(%)	흡수율(%)	총고형질(%)	총 수분(%)	* TW=(77x84.8)÷87.2≒74.88%
A	12.80	64.20	87.20	77.00	* 새 흡수율=74.88-15.20=59.68%
B	15.20	X	84.80	T W	∴B가 61.80-59.68=2.12% 높다.

5. 밀가루 고형질 기준에 따른 구매를 위한 비교

각자의 특별한 공장 여건에서 최상의 만족할 만한 결과를 주는 밀가루를 구매하고자 함에 있어 밀가루 고형질의 가격을 고려하지 않을 수 없다. 왜냐하면 물은 믹서에 넣으면 될 것이지 밀가루 값으로 돈을 주고 살 필요가 없기 때문이다.

〈예제〉 다른 조건이 같을 때 A 밀가루는 수분 11.70%일 때 20kg당 14,000원이고, B 밀가루는 수분 10.50%일 때 14,100원 이라면 어느 밀가루가 유리한가?

항목	A 밀가루	B 밀가루
20kg 당 고형질 kg	20 x 0.883 = 17.66	20 x 0.895 = 17.90
고형질 kg 당 가격, 원	14,000÷17.66≒792.752	14,100÷17.9≒787.709
kg 당 고형질 가격차이	792.752 - 787.709 = 5.043 원, B가 유리	

* 수분 14% 기준으로 환산하여도 "B"가 경제적으로 유리

1) A 밀가루 : 14,000원 x (20 x 0.86) ÷ 17.66 ≒ 13,635원
2) B 밀가루 : 14,100원 x (20 x 0.86) ÷ 17.90 ≒ 13,549원

〈연습〉 20kg 백당 A 밀가루는 수분 12.70%일 때 14,000원, B 밀가루는 수분 13.90% 일 때 13,900원 이다. 다른 조건이 같다면 경제적 관점에서 구매할 것은?

항목	A 밀가루	B 밀가루
20kg 당 고형질 kg	20 x 0.873 = 17.46	20 x 0.861 = 17.22
고형질 kg 당 가격, 원	14,000÷17.46≒801.833	13,900÷17.22≒807.201
kg 당 고형질 가격차이	807.201 - 801.833 = 5.368 원, A가 유리	

6. 중량 부족을 측정하는 계산

농산물검사규격에 밀가루 수분은 15% 이하로 되어있어 수분에 대한 다른 계약이 없다면 일반적으로 구매하는 밀가루 중량 100kg에서 밀가루 고형질이 85kg 이상이면 중량 부족이 없다고 본다.

〈예제〉 수분 10.20%의 밀가루 20kg짜리 1포의 정량(定量)이 19.5kg 이었을 때

이 밀가루는 고형질을 기준으로 중량은 부족하지 않은가?

 * 19.5kg x 0.898 = 17.511 kg 〉20kg 중 규격 : 20kg x 0.85 = 17.0 kg 보다 많다.

〈연습〉 수분 12.50% 이하의 밀가루 1,000kg을 700,000원에 구매하기로 계약했는데 실제 납품시의 밀가루 수분은 14% 이었다. 1)밀가루 고형질의 중량 과부족과 2)고형질 기준으로 금액의 이익 또는 손해를 계산하면?

1) ①계약 고형질: 1,000kg x 0.875 = 875kg

  ② 납품 고형질: 1,000kg x 0.86 = 860kg

                  875kg − 860kg = 15kg 부족

2) 계약 시 고형질 1kg당 가격 : 700,000원 ÷ 875kg = 800원/kg

  납품 시 고형질 부족분 : 800원kg x 15kg = 12,000원 손해

7. 물리적 실험을 위한 밀가루 무게 계산

패리노그래프, 믹소그래프, 아밀로그래프, 침강실험 등 많은 실험에서 수분 14%를 기준으로 하며 고형질과 밀가루 사용량은 반비례 관계를 갖는다.

〈예제〉 아밀로그래프 실험에 수분 14%의 밀가루 100.00g을 사용한다. 수분 11.78%인 밀가루는 얼마를 사용해야 하는가?(소수 2자리까지 계산)

밀가루	무게(g)	고형질	계산(고형질 ↑↓=〉 밀가루 사용량↓↑)
표준	100	86.00	*(X) x 88.22 = 100 x 86 =8600
시료	(X)	88.22	(X) = 8600 ÷ 88.22 ≒ 97.48(g)

·· 연습 ··

(1) 침강실험 (Sedimentation Test)에 수분 14% 기준으로 4.00 g의 밀가루를 사용한다. 수분 11.50%, 단백질 10.50%, 회분 0.480%인 밀가루의 사용량은?

밀가루	무게(g)	고형질	계산(고형질 ↑↓=〉 밀가루 사용량↓↑)
표준	4.00	86.00	* (X) x 88.5 = 4 x 86 = 344
시료	(X)	88.50	(X) = 344 ÷ 88.5 ≒ 3.89(g)

(2) 패리노그래프 (Farinograph)에 수분 14%인 밀가루 300.00 g을 사용한다. 이에 평형을 이루는 수분 15.20%인 밀가루 사용량을 계산하면?

밀가루	무게(g)	고형질	계산(고형질 ↑↓=〉 밀가루 사용량↓↑)
표준	300.00	86.00	* (X) x 84.8 = 300 x 86 = 25800
시료	(X)	84.80	(X) = 25800 ÷ 84.8 ≒ 304.25(g)

(3) 믹소그래프 (Mixograph)에 수분 14%인 밀가루를 35.0 g을 사용한다. 이에 해당되는 수분 6.30%인 밀가루의 사용량은?

밀가루	무게(g)	고형질	계산(고형질 ↑↓=〉 밀가루 사용량↓↑)
표준	35.00	86.00	*(X) x 93.7 = 35 x 86 = 3010
시료	(X)	93.70	(X) = 3010 ÷ 93.7 ≒ 32.12(g)

(4) 수분 11.00%인 밀가루의 회분=0.460%, 단백질=13.00%, 흡수율은 64%일 때, 이 밀가루를 수분 14%를 기준으로 회분, 단백질, 흡수율을 계산하면?

수분(%)	회분(%)	단백질(%)	흡수율(%)	고형질(%)	총 수분(%)
11.00	0.460	13.00	64.00	①	②
14.00	⑦	⑥	⑤	④	③

① 100 − 11 = 89   ② 11 + 64 = 75   ③ (75 x 86)÷ 89 ≒ 72.47(72)

④ 100 − 14 = 86   ⑤ 72.47(72) − 14.00 = 58.47(58)   ⑥ (13 x 86) ÷ 89 ≒ 12.56

⑦ (0.46 x 86) ÷ 89 ≒ 0.444 (원문의 소수 자리를 맞추어 3자리까지)

제2장 기기실험

제1절 패리노그래프 (Farinograph)

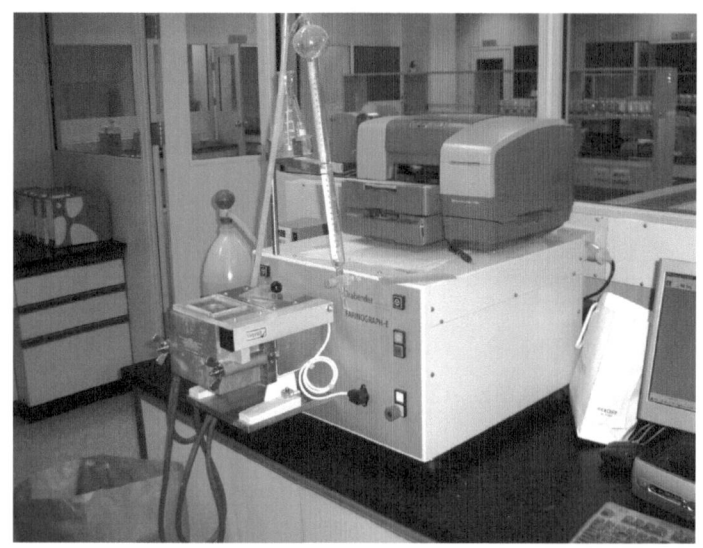

1. 개요

  밀가루에 적정한 양의 물을 넣고 믹싱하여 알맞은 밀도가 될 때 패리노그래프의 곡선은 그래프의 중앙인 500 B.U.(Brabender unit)에 이르게 된다. 믹싱을 계속하면서 밀가루의 특성에 따른 곡선의 변화를 해석하여 ① 흡수율 ② 반죽 발달시간 ③ 믹싱 내구성과 같은 제빵에 필요한 중요한 정보를 얻을 수 있다.

  (1) 흡수율 (Absorption) : 그래프의 정점부분 중앙이 500 B.U. 선에 도달하는데 필요한 밀가루에 대한 물의 %를 말한다. 일반적으로 제빵공장에서는 밀가루 외에도 다른 재료들이 포함되어 있기 때문에 실제적인 흡수율이 패리노그래프 보다 높은 경우가 많으므로 주어진 배합표와 공정에 따라 상관관계의 인수 (因數=factor)를 도출하여 활용하고 있다. 이것은 새로운 밀가루를 사용할 때 흡수율을 변화시키는 데도 유용하게 적용할 수 있다. 대체로 강력분은 60% 이상, 박력분은 50~60% 정도다.

(2) 반죽 발달시간 (Development time) : 반죽을 시작해서 곡선이 최고점에 도달하는데 걸리는 시간을 말한다. 이것은 밀가루가 물을 흡수하여 반죽 (dough)을 형성하는 시간으로 일반적으로 연질소맥 밀가루는 경질소맥 밀가루 보다 반죽 발달이 빠르며, 강력분이라도 개별적인 밀가루별로 차이가 있다.

정상을 벗어나는 과도하거나 부족한 가수량은 발달시간에 영향을 주므로 정상적인 되기 (consistency=500B.U.에 이르는 반죽)를 전제로 한다.

(3) 믹싱 내구성 (Mixing tolerance) : 반죽의 농도가 곡선의 최고점에 도달된 후 얼마 만에 얼마만큼 떨어지는가 하는 속도로 평가한다.

다음은 강력분 계열 밀가루의 믹싱 내구성 등급을 평가하는 곡선의 낙차이다.

최고점에서 5분 후 곡선의 감소	밀가루의 믹싱 내구성
0 – 20 단위	아주 양호
20 – 30 단위	양호
30 – 60 단위	보통
60 – 70 단위	부족
70 단위 이상	불량

2. 그래프의 해석

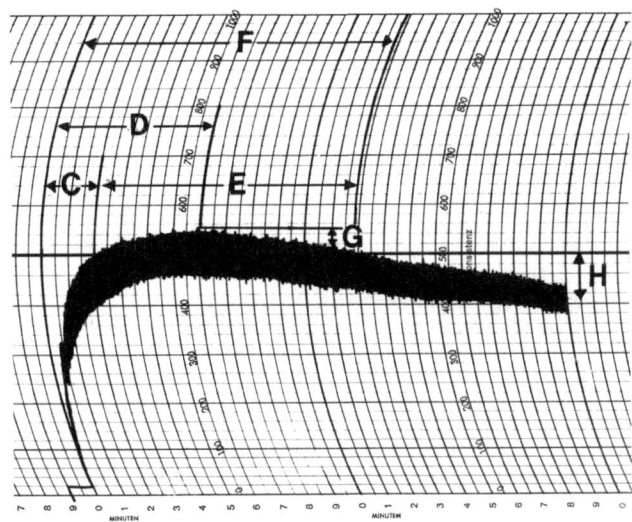

C = 도착시간 D = 피크타임 E = 믹싱 안정성 F = 500B.U. 이탈시간 G = 믹싱 내구성

(1) 피크타임 (Peak time)

물을 넣기 시작해서 반죽이 발달하여 최대의 농도와 가동성을 지니다가 약해지기 (곡선 하강) 시작하는 최초의 징후를 나타내는 순간까지의 시간을 가리킨다.

대개의 밀가루는 평평한 상태의 곡선을 수 분간 유지하는데 윗부분의 중간점과 밑 부분의 최고점 사이의 평균을 기준으로 측정한다. 두 개의 피크가 생긴 경우에는 두 번째 피크를 측정 대상으로 한다.

(2) 안정성 (Stability)

곡선의 상단 점이 최초로 500 B.U. 라인에 도착한 시점(도착시간)부터 500 B.U.를 떠나는 시점(이탈시간)까지의 시간차로 정의 하는데 0.5분 단위로 측정한다.

만일 곡선이 500 라인에 정확히 집중되지 않고 490 이나 510 라인에 고정이 된다면 490 이나 510을 500으로 새로운 라인을 설정하고 도착시간과 이탈시간을 측정한다. 이 시간차(이탈-도착시간)가 클수록 반죽의 안정성이 크다고 할 수 있다.

(3) 믹싱내구성지수 (Mixing tolerance index = MTI)

곡선의 정상점이 피크에 도달한 시점에서 5분 후에 측정한 곡선의 B.U. 차이로 나타낸다. 500 B.U.로부터의 낙차(落差) B.U.가 적을수록 내구성이 좋다고 본다.

(4) 분해까지의 시간 (Time to breakdown)

믹싱을 시작해서 피크로부터 30 단위(B.U.)가 떨어지는 시점까지의 시간이다. 최고점을 이루는 곡선의 중앙에서 수평선을 그리고 30단위 아래에 평행선을 그린 후 곡선의 중심이 아래 곡선에 교차하는 시간으로 측정한다. 이 외에 믹싱 시작부터 곡선이 500에 도착할 때까지의 (5)도착시간 (arrival time)과 믹싱부터 시작하여 곡선이 500을 떠나는 시간까지를 (6)이탈시간 (departure time)이라 하며, 기계에 장착된 특별장치는 반죽발달시간, 믹싱 내구성을 바탕으로 하여 반죽의 질(質)을 평가하는 (7)valorimeter value (V/V)도 활용하고 있다.

3. 실험 (AACC method 54-21)

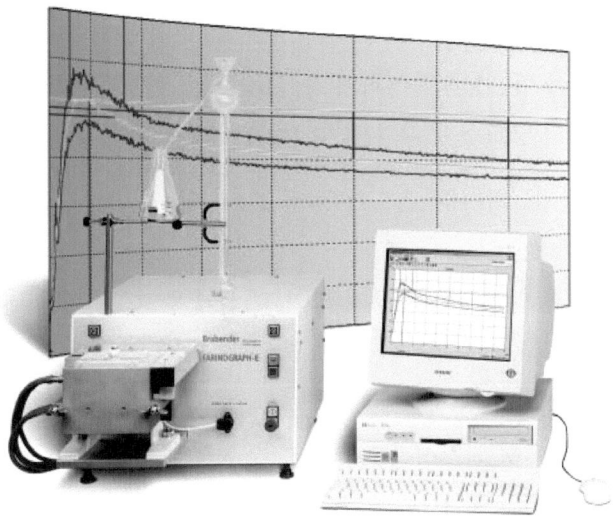

패리노그래프는 믹싱 중의 반죽 (dough)의 저항을 측정하고 기록한다. 믹싱을 하는 동안 밀가루의 **흡수율**을 예측하고, 반죽의 안정성 및 기타 여러 가지 특성을 측정하는데 활용한다. 이 실험에는 1)일정 밀가루무게 방법과 2)일정 반죽무게 방법의 2가지 기본적인 방법이 사용되고 있다.

① 패리노그래프 조정

② 사용하기 최소 1시간 전에 온도조절기와 순환펌프를 켠다.

③ 사용할 밀가루의 수분을 측정하고 수분 이동이 없도록 보관한다.

④ 밀가루 300g(수분 14% 기준)을 큰 볼 (bowl)에 넣는다.

⑤ '0점'이 자동으로 조절되는 뷰렛에 실온의 물을 채운다.

⑥ 기록계 펜의 잉크를 점검하고 펜을 기록지의 9분(10분 눈금으로 계속되는 차트)에 닿도록 하고 기계를 작동시킨다. 0분이 되었을 때 물을 첨가하고 믹싱을 시작하여 반죽 발달이 최대가 되어 곡선 중심부가 500 B.U.선에 이르도록 한다. 500 B.U. 도달 20 B.U. 범위 내에서 수분을 조절하여 맞추는 작업이 필요하다.

⑦ 작은 볼은 밀가루 50g(수분 14% 기준)을 사용하며 원리는 같다.

4. 현장 기계 조작 방법 실습

밀가루를 믹싱할 때 일정온도(30± 0.2℃)에서 반죽의 농도 (consistency) 변화와 가소성 (plasticity) 이동성을 측정하여 분질(粉質)을 파악하고 반죽의 일정한 농도 유지에 필요한 물의 양(또는 흡수율)을 측정하는데 유용하게 활용하고 있다.

① 작동 전에 볼 (bowl) 내부온도가 30± 2℃가 되도록 항온조 스위치를 〈on〉한다.

② 기기의 수평 확인 및 그래프용지 확인 및 펜에 잉크를 주입시킨다.

③ 시료(밀가루) 300± 1g을 계량하여 믹싱 볼에 넣는다.

④ 펜 끝을 그래프용지에 맞춘다.

⑤ 1분간 시료를 믹싱 시키며 항온조의 물을 뷰렛에 채운다.

⑥ 1분 후 뷰렛의 코크를 열고 눈금을 읽으면서 예상되는 물을 첨가한다.

⑦ 볼 내부 벽면에 묻어있는 반죽을 플라스틱 주걱으로 닦아 넣어준다.

⑧ 그래프의 피크치가 500 BU 중심점에서 20 BU 이내일 경우 성공하는 작업으로 간주하여 작업을 계속한다. (연질인 경우 안정도가 20 BU 이내에 끝난 경우, 강질인 경우에는 안정도가 끝날 때까지 작업을 계속한다.)

⑨ 작업이 끝나면 스위치를 끄고 덩어리를 떼어낸 다음 물로 볼을 깨끗이 청소한 후 다시 마른 수건으로 깨끗이 닦고 볼을 기기에 결합시킨 후 작업을 종료한다.

·· 평가방법 ··

1. 흡수율 = 그래프의 곡선을 500 BU에 놓이게 하는데 요구되는 수분의 양 %

2. 피크타임 = 반죽이 최대 농도, 최소의 유동성까지의 시간으로 곡선의 정상이 수평상태를 유지하다 반죽 특성이 연하게 되어 곡선이 하강하게 된다.

3. 안정도 = 500 BU에 도달한 시각부터 떠나는 시간이 길수록 안장성이 높다.

4. 약화도 = 최고점에서의 곡선의 중심이 떨어지는 높이의 변화를 말하는데 보통은 BU 단위로 나타낸다. 변화가 클수록 밀가루는 약하다고 본다.

제2절 아밀로그래프 (Amylograph)

1. 개요

　모든 전분의 식품분야 응용은 호화된 상태의 페이스트 (paste)와 관계가 깊다.

　일부는 입상(粒狀)형태의 생 전분을 사용자가 조리하여 특정한 용도로 사용하고 일부는 공급자가 사전에 호화하여 건조시킨 **호화전분 (pregelatinized starch)**을 사용하고 있다. 제빵산업에서 사용하는 밀가루는 구성분의 대부분인 전분이 입상형태로 제빵공정 중에 팽윤되고 호화되는 과정을 거치게 된다.

　조리를 하거나 굽는 중에 일어나는 **전분입자의 용적과 구조의 변화**는 페이스트의 점도와 기타 변형유체학적 특성을 크게 변화시킨다. 이것은 특정한 용도를 위한 전분의 품질과 제품의 유용성을 나타내기 때문에 중요하다.

　점도의 변화는 반죽 중 알파–아밀라아제의 유무에 의해 영향을 받는데 그 효소의 함량과 아밀로그래프의 점도곡선과는 깊은 상관관계가 있다. 효소 수준이 높아지면 점도 피크가 감소한다. 맥아처리를 하지 않은 밀가루는 점도 피크가 1000 B.U. 이상이 되는가 하면 맥아가 과도한 경우는 400 BU 이하로 떨어진다. 제빵에 적정한 범위는 400 ~ 600BU 이다.

　최근의 기계는 공급원이 다른 맥아류와 곰팡이류 아밀라아제도 측정이 가능하며 농후화제로서의 전분의 선택, 맥아 또는 곰팡이 효소의 사용량 측정에 이용되고 있다.

아밀로그래프는 온도에 따라 알파 – 아밀라아제가 밀가루의 점도에 미치는 영향을 기록으로 나타내는 점도계라 할 수 있다. 효소 알파 – 아밀라아제는 밀가루 – 물 현탁액을 가온(加溫)하는 동안에 전분입자를 액화하여 점도를 낮게 하며 반면에 효소가 없는 밀가루 페이스트의 점도는 높게 된다.

아밀로그래프 값은 맥아지표 (malt index)라고도 하는데 제빵과정 중에 일어나는 맥아 알파 – 아밀라아제의 효과에 대한 정보를 제공한다.

※아밀로그래프 곡선에 기준한 맥아 첨가 권장량

그래프의 최정점	맥아 사용 권장량 (밀가루 기준)
400 이하	* 과도한 맥아 → * 밀가루 첨가
400 – 600	정상
600 – 700	20°L 맥아분 0.5% 첨가
700 – 800	20°L 맥아분 1.0% 첨가
800 – 900	20°L 맥아분 1.5% 첨가
900 – 1000	20°L 맥아분 2.0% 첨가
1000 이상	20°L 맥아분 2.5% 첨가

2. 실험과정

(1) 작동 준비

1) 수도를 틀어둔다.
2) 온도조절기를 '0'으로 세트한다.
3) 조명등을 켠다.
4) 볼과 스핀들 (spindle=교반기구)을 기계에 장착하고 점검한다.
5) 헤드와 냉각관을 내린다.
6) 온도를 25℃로 맞춘다.
7) 모터를 작동한다.
8) 아밀로그래프의 펜을 그래프용지 '0'에 맞추어 놓는다.

(2) 시료 준비

1) 100g의 밀가루(수분 14% 기준)를 계량하여 1 ℓ 용 삼각 플라스크에 넣는다.

2) 360㎖의 완충액 (buffer)을 넣는다.

3) 밀가루의 수분 14%에 해당되는 물을 추가로 넣는다.

4) 30초간 손목으로 흔든다.

5) 현탁액을 기계의 볼 (bowl)에 넣는다.

6) 100㎖의 완충액으로 헹군다.

7) 헹군 완충액을 다시 볼에 첨가한다.

진한 완충액(buffer)	무수인산나트륨(Na₂HPO₄) 14.8g + 함수구연산 10.3g → 1 ℓ 의 매스플라스크에 넣고 용해시킨다.
희석 완충액	46.0㎖의 진한 완충액 + 460㎖의 물 혼합 ⇒ pH 5.3~5.35
보관	냉장고(곰팡이 성장방지), 매달 새로운 버퍼액 제조

(3) 측정

〈가열 커브 과정〉

1) 교반기 (stirrer)를 내리고 냉각관도 내린다.

2) 온도조절기를 'Up'으로 세팅한다.

3) 타이머를 45분 이상으로 세팅한다.

4) 모터를 작동한다.

5) 볼이 움직이고 있는지를 점검한다.

6) 온도가 상승하는지를 점검한다 (1.5℃/분).

7) 피크 또는 95℃까지 운전한다.

〈안정적 작동 마무리 과정〉 피크 또는 95℃ 도달 후

1) 모터를 끈다.

2) 온도조절기를 '0'으로 세팅한다.

3) 타이머를 15분 이상으로 세팅한다.

4) 모터를 켠다.

5) 볼이 움직이는지를 점검한다.

6) 온도의 변화가 없는지를 점검한다.

7) 15분간 작동한다.

8) 모터를 끈다.

〈냉각 커브 과정〉

1) 냉각을 'Controlled'로 세팅한다.

2) 온도조절기를 'Down'으로 세팅한다.

3) 타이머를 45분 이상으로 세팅한다.

4) 모터를 작동한다.

5) 볼이 움직이는지를 점검한다.

6) 온도가 내려가는지를 점검한다.

7) 온도가 35℃가 될 때까지 운전한다.

(4) 실험 결과 : 그래프 및 해석

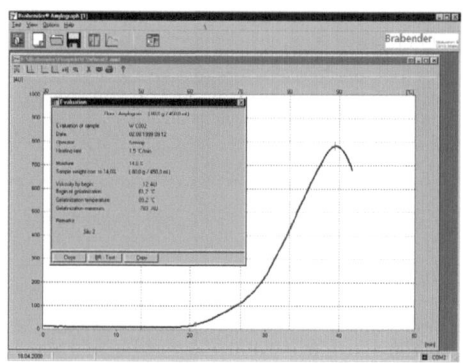

〈평가 및 해석〉

(1) 젤라틴화 시간	최소 〈 〉분
(2) 젤라틴화 온도	〈 〉℃
(3) 맥아지수(Malt Index)	〈 〉BU
(4) 최대 점도 시의 온도	〈 〉℃
(5) 최대 점도에 도달하기까지의 시간	〈 〉분
(6) 용도별 맥아 활성	〈 정상 〉, 〈 부족 〉, 〈 과다 〉 판단

3. 수분 14% 기준 밀가루 100g 조견표

수분,%	밀가루,g	수분,%	밀가루,g	수분,%	밀가루,g	수분,%	밀가루,g	수분,%	밀가루,g
0.0	86.00	6.6	92.08	9.6	95.13	12.6	98.40	15.6	101.90
1.0	86.87	6.7	92.18	9.7	95.24	12.7	98.51	15.7	102.02
2.0	87.76	6.8	92.28	9.8	95.34	12.8	98.62	15.8	102.14
3.0	88.66	6.9	92.37	9.9	95.45	12.9	98.74	15.9	102.26
4.0	89.58	7.0	92.47	10.0	95.56	13.0	98.85	16.0	102.38
4.1	89.68	7.1	92.57	10.1	95.66	13.1	98.96	16.1	102.50
4.2	89.77	7.2	92.67	10.2	95.77	13.2	99.08	16.2	102.63
4.3	89.86	7.3	92.77	10.3	95.88	13.3	99.19	16.3	102.75
4.4	89.96	7.4	92.87	10.4	95.98	13.4	99.31	16.4	102.87
4.5	90.05	7.5	92.97	10.5	96.09	13.5	99.42	16.5	102.99
4.6	90.15	7.6	93.07	10.6	96.20	13.6	99.54	16.6	103.12
4.7	90.24	7.7	93.17	10.7	96.31	13.7	99.65	16.7	103.24
4.8	90.34	7.8	93.28	10.8	96.41	13.8	99.77	16.8	103.37
4.9	90.43	7.9	93.38	10.9	96.52	13.9	99.88	16.9	103.48
5.0	90.53	8.0	93.48	11.0	96.63	14.0	100.00	17.0	103.61
5.1	90.62	8.1	93.58	11.1	96.74	14.1	100.12	17.1	103.74
5.2	90.72	8.2	93.68	11.2	96.85	14.2	100.23	17.2	103.86
5.3	90.81	8.3	93.78	11.3	96.96	14.3	100.35	17.3	103.99
5.4	90.91	8.4	93.89	11.4	97.07	14.4	100.47	17.4	104.12
5.5	91.00	8.5	93.99	11.5	97.18	14.5	100.58	17.5	104.24
5.6	91.10	8.6	94.09	11.6	97.29	14.6	100.70	17.6	104.37
5.7	91.20	8.7	94.20	11.7	97.40	14.7	100.82	17.7	104.50
5.8	91.30	8.8	94.30	11.8	97.51	14.8	100.94	17.8	104.62
5.9	91.39	8.9	94.40	11.9	97.62	14.9	101.06	17.9	104.75
6.0	91.49	9.0	94.51	12.0	97.73	15.0	101.18	18.0	104.88
6.1	91.59	9.1	94.61	12.1	97.84	15.1	101.30	18.1	105.01
6.2	91.68	9.2	94.71	12.2	97.95	15.2	101.42	18.2	105.13
6.3	91.78	9.3	94.82	12.3	98.06	15.3	101.53	18.3	105.26
6.4	91.88	9.4	94.92	12.4	98.17	15.4	101.65	18.4	105.39
6.5	91.98	9.5	95.03	12.5	98.29	15.5	101.78	18.5	105.52

$$※ \text{ 수분 14\% 기준으로 밀가루 무게} = \frac{100 - 14}{1.00 - \text{시료의 수분 \%}} \leftarrow \text{소수로 환산}$$

총고형질 100 − 14	밀가루 무게 100 g
100 − 시료 밀가루의 %	시료 밀가루의 무게 x

〈예제〉

수분 15%인 밀가루 사용량 = (100 − 14) ÷ (1.00 − 0.15) ≒ 101.18(g)

제3절 낙하시간 시스템 (Falling number system)

1. 개요

낙하시간 시스템은 곡물 생산자와 시장, 제분회사, 제과인에게 중요한 의미가 있다. 곡물시장의 입장에서 밀 생산자가 밀을 사일로 (silo)/엘리베이터 (elevator)에 가져오면 그 밀가루의 특성을 시험해야 된다. 특히 우기 (雨期)에 수확한 밀에 발아 (發芽)된 밀(낮은 낙하시간 수치)이 소량이라도 있으면 발아되지 않은 밀과 섞이어 전체로 번질 수가 있다. 새로 입고되는 여러 가지 특성의 밀과 각기 다른 사일로 통에 들어있는 품질이 다른 밀을 서로 분리하는데 가장 필수적인 수단이 된다.

제분공장은 제분공정에 들어가기 전에 밀의 성질을 파악할 필요가 있다. 낮은 수준의 알파−아밀라아제 활성을 적정 수준으로 올리고자 밀가루에 맥아를 첨가할 경우에 밀가루 구조도 고려하는 기준이 된다. 바람직한 특성을 얻기 위한 밀가루 혼합에 있어 낙하 시간 시스템이 가장 쉽고 빠른 방법이다.

제과인은 자기가 사용하는 밀가루의 품질 구조가 어떤 것인지를 알아야 하는 것이 절대적으로 필요하다. 맥아첨가의 정도를 지속적으로 관리하는 가장 중요한 요인을 낙하시간 시스템으로 측정하는 것이다. 빵의 종류가 다르면 밀가루의 특성 구조도 달라야 한다. 최종의 목표는 소비자가 좋아하는 양질의 빵을 만드는 것이며 밀에서 빵까지의 연결고리를 점검하므로 얻을 수 있다.

2. 실험과정

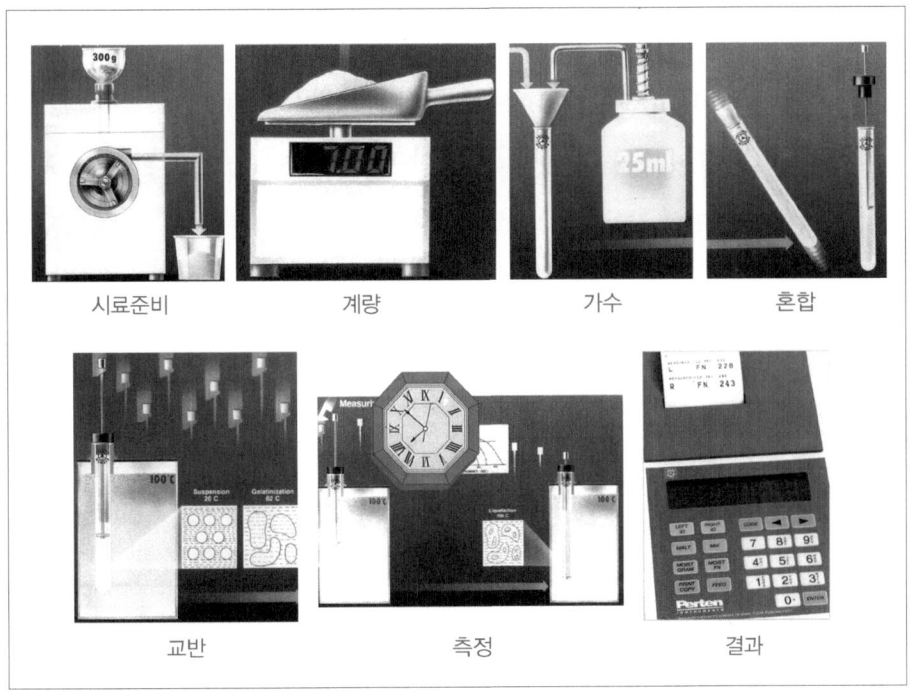

시료준비　　　계량　　　가수　　　혼합

교반　　　측정　　　결과

(1) 시료 준비

1) 300g의 밀이나 호밀을 기계의 제분기에 넣고 분쇄한다.

2) 잘 혼합하고 대표가 될 만한 밀가루를 떠낸다.

(2) 계량

1) 7.0± 0.05g의 시료를 계량한다.

2) 점도계 튜브에 넣는다.

(3) 가수 : 25㎖의 증류수를 점도계 튜브에 넣는다.

(4) 혼합 : 점도계 튜브를 격렬하게 흔들어서 균일한 현탁액을 만든다. 튜브 벽에
붙어있는 밀가루를 씻어 내린다.

(5) 교반 : 점도계 튜브를 점도계 – 교반기에 끼우고 수조의 끓는 물 안에 넣고
교반 5초 후에 모터를 작동시킨다.

(6) 측정 : 점도계 – 교반기는 60초 후에 자동적으로 위에서 풀어지고 가열된(호화) 밀가루/물 현탁액에 가라앉기 시작한다.

(7) 결과 : 점도계가 가라앉으면 낙하시간 숫자 (Falling Number Value)가 표시창에 표시되는데 이것이 알파 – 아밀라아제 활성을 측정한 결과이다.

밀이나 호밀로 빵을 만들 때 가장 중요한 곡물의 특성 요인의 하나가 맥아첨가(효소활성)의 정도를 아는 것이다. 효소 알파 – 아밀라아제가 너무 많으면 전분을 공격하여 액화작용을 함으로 끈적끈적한 속을 가진 빵을 만든다. 반대로 효소가 없는 밀가루는 너무 건조한 속을 가진 빵이 될 것이다.

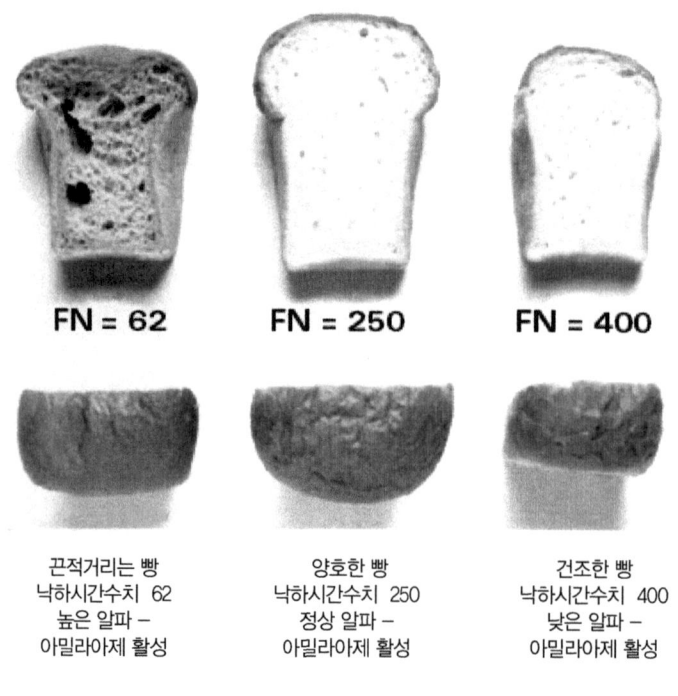

끈적거리는 빵	양호한 빵	건조한 빵
낙하시간수치 62	낙하시간수치 250	낙하시간수치 400
높은 알파 –	정상 알파 –	낮은 알파 –
아밀라아제 활성	아밀라아제 활성	아밀라아제 활성

〈α–amylase 농도에 따른 빵의 단면도〉

3. Falling number 실험 II

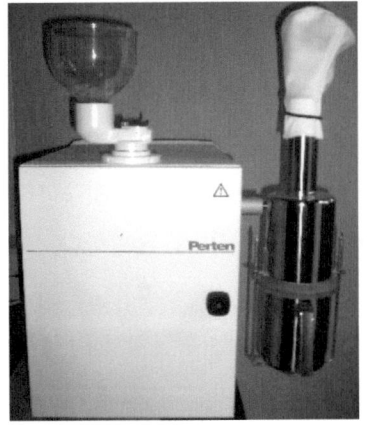

낙하시간 밀

낙하시간 측정기계

냉각탑

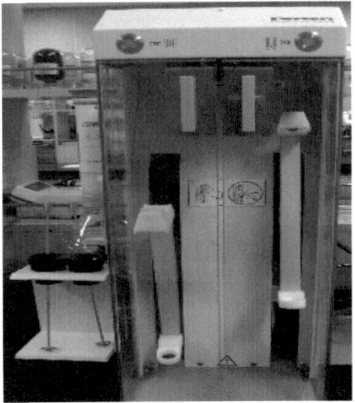

교반기

(1) **정의** : 곡물, 밀가루 및 전분 화합물에 적용되고, 이 방법은 끓는 물속에서 밀가루 또는 빻은 가루의 현탁액이 급격하게 젤라틴화(또는 糊化)하는 것에 근거를 두고 시료중의 알파–아밀라아제의 액화 (液化)정도를 측정하는 기기이다.

(2) 준비 기기 및 도구

1) Falling Number 기계   2) Falling Number Mill

3) 화학 천칭   4) 자동 뷰렛

5) 튜브   6) 스푼

(3) 분석 방법

1) 수조 (Water Bath)에 증류수를 채우고 전원을 연결한다.

2) 냉각탑 (Cooling Tower)에 냉각수 라인을 연결(계속순환)하고 전원공급장치 연결 및 스위치를 〈ON〉하면 약 30분 후에 수조의 물이 끓는다.

3) Visometer 안에 수분 15%로 환산한 시료를 7.0± 0.05g을 계량하여 넣고 증류수 (25± 2℃) 25㎖를 가한다 (밀의 경우는 Mill에서 분쇄한 것을 사용한다.).

4) 튜브 위쪽에 고무마개를 막고 Shakematic을 이용하여 혼합한다.

5) 교반기 (Stirrer)와 튜브를 끓는 수조안에 넣는다 (믹싱 후 30초 이내 실시).

6) 작동위치에 놓자마자 모터가 작동되며 이후 자동 시험장치로 측정된다.

7) 분석이 끝나면 신호음이 울리고 자동으로 데이터가 프린트 된다.

* 수분함량에 따른 시료의 양 (수분 15% 기준)

수분 %	시료 g	수분 %	시료 g	수분 %	시료 g	수분 %	시료 g	수분 %	시료 g
9.0	6.40	10.8	6.60	12.6	6.75	14.4	6.95	16.2	7.15
9.2	6.45	11.0	6.60	12.8	6.80	14.6	6.95	16.4	7.15
9.4	6.45	11.2	6.60	13.0	6.80	14.8	7.00	16.6	7.15
9.6	6.45	11.4	6.65	13.2	6.80	15.0	7.00	16.8	7.20
9.8	6.50	11.6	6.65	13.4	6.85	15.2	7.00	17.0	7.20
10.0	6.50	11.8	6.70	13.6	6.85	15.4	7.05	17.2	7.25
10.2	6.55	12.0	6.70	13.8	6.90	15.6	7.05	17.4	7.25
10.4	6.55	12.2	6.70	14.0	6.90	15.8	7.10	17.6	7.30
10.6	6.55	12.4	6.75	14.2	6.90	16.0	7.10		

제4절 믹소그래프 (Mixograph)

1.개요

　믹소그래프는 믹싱 중 반죽이 지니는 저항을 측정하고 기록하는 장치로 그려진 믹싱 곡선으로 반죽의 적정 발달시간, 안정성, 기타 특성을 알 수 있다.
　1) 매 분마다 최고점이 cm로 기록되므로 반죽 발달 상황을 알 수 있다.
　2) 피크 때의 최고점으로 반죽의 강도 (强度)와 발달시간을 알 수 있다.
　3) 믹싱을 시작해서 피크를 지난 후의 특정시간을 측정함으로 〈내구성 지표〉를 알 수 있고 패리노그래프의 〈drop-off〉와 같이 활용할 수 있다.
　4) 피크를 중심으로 상승곡선과 하강곡선 부분 사이의 각도로 반죽의 안정성을 추정할 수 있다. 피크에 도달하기 전후의 몇 분간의 곡선의 중심부를 따라서 각의 정점을 잡는다.
　5) 믹싱의 시작으로부터 어느 특정시간 마다(보통 7분까지) 그려진 곡선의 중앙 부위까지의 면적(또는 높이)으로 반죽의 강도를 측정한다. 기계에 따라 적용하는 계산 공식이 따로 있다.

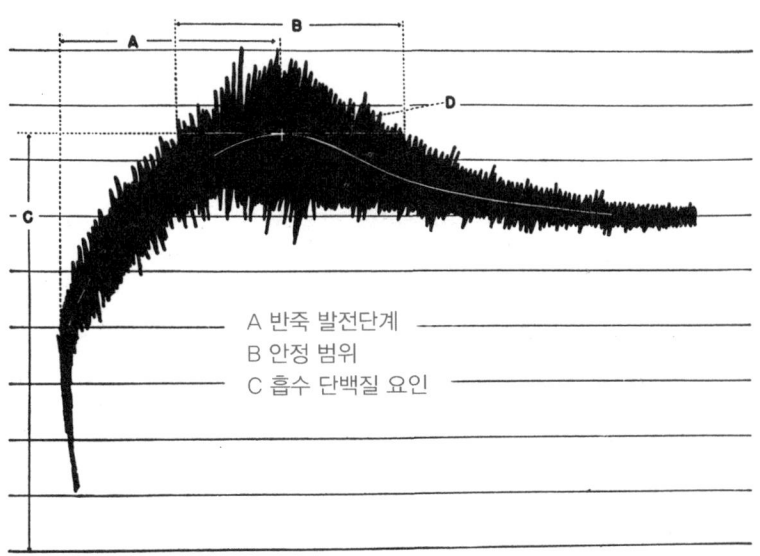

〈믹소그래프 곡선〉

2. 실험과정

〈믹소그래프 조정〉

1) 믹서 본체의 속도를 점검한다. 회전수가 85-90 r.p.m.이 되어야 한다.

2) 축으로 회전하는 기록기와 댐퍼 (damper)를 연결하는 줄의 탄력도를 점검한다. 줄이 너무 느슨하면 댐퍼 축 둘레에 겹쳐 감고, 너무 탄탄하면 회전하는 댐퍼의 저항을 감소시킨다. 기록 장치를 앞뒤로 움직여서 적절하게 조정한다.

3) 회전체에 붙어있는 스프링 장력 표시 봉 (bar)의 12단을 사용하여 범위와 감도 (感度)를 조절한다. 8에서 11이 가장 많이 사용되는데 밀가루 강도에 따라 강력분은 높은 쪽에서, 박력분은 낮은 쪽에서 만족할만한 비교치를 얻을 수 있다.

4) 기록기의 펜을 그래프 종이의 '0'위치에 맞추어 놓는다.

〈반죽의 흡수〉

제빵용 밀가루에 대한 실험은 빵 반죽으로 알맞다고 생각하는 흡수율을 보통은 손가락으로 반죽의 되기를 판단하는 주관적인 방법으로 수행해 오고 있으나 필요한 경우에는 다른 물리적 시험에 의하는 객관적인 방법도 사용하고 있다. 일부 실험자는 수분 14%, 밀가루의 단백질 15%를 기준으로 65%의 흡수율을 고정시켜 사용하고 있다. 단백질 15%를 기준으로 1%씩 증감에 따라 흡수율도 1%씩 증감시키면 피크의 높이도 같아지는 결과에 따른 것이다. 제빵용 밀가루에 대한 제빵특성에 대한 약한 밀가루의 경향을 발견하기 위하여 중력분에는 고정된 흡수율을 적용하는 것이 특정 목적에 적당하기도 하지만 대부분의 경우에는 일반적으로 제빵에 더 필요한 사항을 알아서 유익한 결과를 가져오도록 각 밀가루의 흡수율을 조정하여 실험한다.

〈측정〉

1) 밀가루의 수분을 측정하고 밀가루 시료를 방습 용기에 담아 보관한다.

2) 항온 용기(캐비닛)를 사용할 때는 25℃를 유지시킨다. 믹소그래프도 실험시에 같은 온도가 되도록 충분한 시간을 갖고 작동시켜둔다. 밀가루 시료, 물,볼도 25℃가 되도록 한다.

3) ① 믹소그래프 볼에 수분 14% 기준 밀가루 35.0g을 넣는다.

② 믹소그래프에 볼을 끼우고 운전 위치로 믹서 본체를 내린다.

③ 기록기를 작동시키고 펜이 차트에 닿도록 내린다.

④ 기록기의 펜이 차트의 수직선에 닿기 약 30초 전에 예정된 양의 물을 붓는다.

⑤ 펜이 수직선에 도착하면 믹서를 가동시키고 필요한 곡선이 그려질 때까지 운전한다.

⑥ 믹서와 기록기를 끄고 반죽의 온도를 잰다.

4) ① 볼에서 반죽을 꺼낸다 (덧가루도 사용 가능). 물로 세척하고 건조시킨다.

② 믹서 본체 외면은 젖은 수건으로 닦고 건조시킨다.

③ 단시간 내에 다시 사용하는 경우에는 볼의 내부를 25℃의 물로 헹군다.

④ 마지막에는 펜을 철저하게 씻는다.

제5절 익스텐시그래프 (Extensigraph), 익스텐소그래프 (Extensograph)

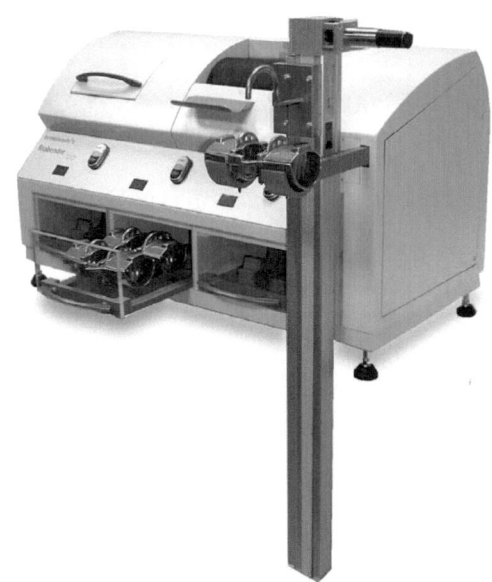

1. 개요

익스텐시그래프는 실험할 반죽 조각을 잡아당겨서 끊어질 때까지의 신장성 곡선을 기록하는 장치로 이 곡선은 밀가루의 일반적인 질과 밀가루 개선제의 반응을 평가하는데 사용하고 있다. 이것은 전 세계에 있는 유명 곡물가공산업에서 수십 년

동안 밀가루 반죽의 신장성을 측정하는 방법으로 사용되어 왔다.

이 장치는 빵을 만드는데 있어 필수적인 요인인 〈밀가루 - 물 → 반죽〉의 잡아당기는 능력인 신장에 대한 퍼짐성과 저항성을 신속하고 정밀하게 측정할 수 있다.

제분산업은 이 기계에 의하여 생산하는 밀가루의 변함없는 변형유체학적 물성과 적정 물성을 명확하게 하는데에 큰 지원을 받는다. 제과·제빵산업에서는 원재료 관리와 생산공장에서 바람직한 제품을 만드는데 가장 적합한 반죽 특성을 찾아 그것을 정하는데 활용되고 있다. 제빵개선제 제조회사는 새로운 제빵개선제에 대한 특정 효과를 측정하여 개발하는데 이 기기를 응용하고 있다.

2. 실험과정

* 패리노그래프와 익스텐시그래프를 동시에 준비(제조사의 사용법에 따름).

* 실험에 사용할 반죽의 보관온도는 30± 2℃

〈반죽 준비〉

1) 흡수율을 판단하기 위하여 패리노그래프 곡선을 그린다.

2) 밀가루(수분 14% 기준) 300g, 물, 소금 6g(소량의 물에 용해시킨 후 사용한다.)을 패리노그래프 볼에 넣고 반죽을 만든다.

3) 1분간 믹싱하고 5분간 정지했다가 다시 믹싱을 시작하여 곡선 중앙이 500 BU에 도달할 때까지 발달시킨다.

〈실험용 반죽 준비〉

1) 믹싱이 끝나면 반죽을 150g 씩 떼어 익스텐시그래프 라운더에 넣고 20회전을 하여 공 모양의 반죽 (dough ball)으로 만든다.

2) 도 볼을 성형기 중앙에 조심스럽게 올리고 원통형으로 말아 실험용을 만들고 기름을 얇게 칠한 반죽 홀더 (holder)에서 죔쇠로 죈다.

3) 이 상태로 실험용 반죽을 보습이 된 장치 (humidified chamber)에서 실험에 사용될 때까지 보관한다. 패리노그래프의 나머지 반죽은 반복 실험용으로 사용한다.

〈신장(伸張) 실험〉

1) 반죽의 모양을 잡은 후부터 45분이되기 전에 실험용 반죽을 익스텐시그래프의

밸런스 암 (balance arm)에 올려놓고 펜에 붙은 나사를 움직여서 펜이 차트의 수평 '0'의 위치에 오도록 맞추어 놓는다. 정확히 45분이 되면 반죽을 잡아당기는 장치를 작동하고 실험용 반죽이 끊어지면 작동을 멈춘다. 이 장비는 그동안의 과신장(過伸張) 곡선 또는 익스텐시(익스텐소)그램을 기록한다.

2) 반죽 홀더에서 반죽을 꺼내서 다시 모양을 잡고(공 모양 → 원통 모양) 첫 번째 실험과 같이 45분간 휴지를 시키고 다시 잡아당기기를 행한다.

3) 두 번째 실험이 끝나면 다시 모양을 만든 시점에서 정확히 45분이 되면 세 번째 실험을 실시한다. 이런 방법으로 반죽은 45분, 90분, 135분 때로는 180분에 걸쳐 실험이 된다.

〈평가〉

1) 신장에 대한 저항 : 곡선의 높이는 BU나 cm로 표시한다.

2) 퍼짐성 : 곡선에서 나타나는 전체 길이를 cm로 나타낸다.

3) 면적 : 곡선 아래 부분을 플래니미터(planimeter)로 측량하여 ㎠로 보고한다.

3. 해석

(1) 반죽 상태가 다른 곡선

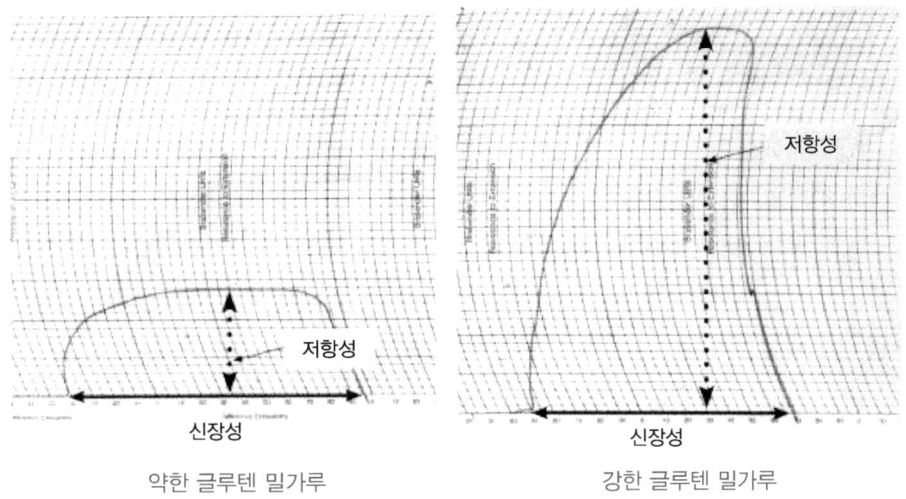

약한 글루텐 밀가루   강한 글루텐 밀가루

1) 곡선의 밑면 길이는 반죽의 퍼짐성을, 높이는 저항성을 나타낸다.

2) 반죽의 퍼짐성이 큰 것은 반죽을 잡아당길 때 늘어나기 쉬운 것을 표현하며 신장에 대한 저항성이 큰 것은 반죽을 잡아당기는데 필요한 작력(作力)이 큰 것을 가리킨다.

3) 약한 밀가루, 유동성이 큰 반죽은 길이가 길고 높이가 낮은 곡선을 만들며, 탄탄한 반죽은 높이가 높고 좁은 곡선을 그린다.

4) 잘 퍼지는 반죽은 산화제 첨가로 퍼짐성을 감소하고 저항성을 증가시킨다.

5) 산화제 과다사용으로 탄탄해지는 밀가루는 퍼짐성이 큰 밀가루를 혼합한다.

(2) 소맥 종류별 밀가루의 익스텐시그램

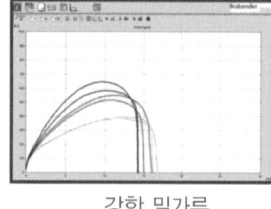 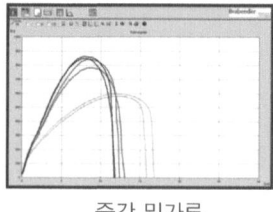 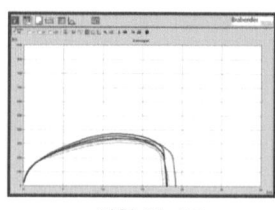

| 강한 밀가루 | 중간 밀가루 | 약한 밀가루 |

＊실선은 원맥에서 단순 제분한 무표백 밀가루이고 점선은 같은 밀가루 100g당 3mg의 산화제 (Br)를 첨가한 곡선이다.

1) B는 산화에 의하여 전체 면적의 약 50%가 증가되면서도 퍼짐성 감소는 적다.

2) A와 C는 전체 면적이 많이 증가했지만 퍼짐성도 상당히 감소된 사례이다.

3) D는 본래의 밀가루나 산화제 첨가 밀가루나 전체 면적이 작으며 신장에 대한 퍼짐성과 저항성의 변화도 아주 미미한 상태이다.

(3) 시간별 곡선의 변화

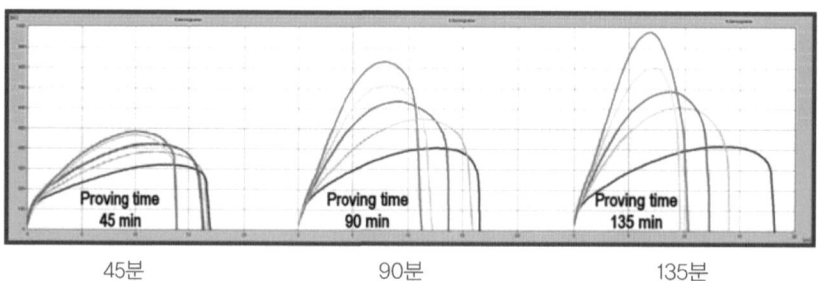

45분   90분   135분

1) 45분과 180분 사이에 퍼짐성이 줄어들수록 저항성이 커지며, 발효하는 동안에 그 반죽의 특성에 더 크고 빠른 변화를 가져온다.

2) 플래니미터로 측정한 전체 면적이 클수록 그 밀가루의 부피형성 잠재력이 좋으며 신장에 대한 퍼짐성과 저항성의 균형이 양호하다고 본다.

4. 현장 분석실험

(1) 익스텐소그래프 기기

익스텐소 기기

도 프루퍼 홀더

1) 정의 : 밀가루 반죽을 잡아당겨 신장력과 신장 저항력의 곡선을 기록하는 기기로서 밀가루 반죽이 지니는 에너지의 크기와 시간적 변화(45분, 90분, 135분)를 측정하여 반죽의 기계적 성질 및 2차가공시 발효조작의 기준을 판단한다.

2) 분석방법

① 반죽을 형성하는 기기 내부를 30±2℃로 유지시키며 도 프루프 홀더(Dough Proof Holder) 소용기에 물을 채워서 캐비닛 습도를 유지시킨다.

② 패리노그래프 볼에 300±0.1g의 시료를 넣는다.

③ 30℃의 물을 뷰렛에 채운 후 패리노그래프 흡수율 보다 2~5%의 적은 양의 물을 삼각플라스크에 붓고 6g의 소금을 넣어 녹인다.

④ 스위치를 넣어 1분간 믹싱한 후 즉시 소금물을 넣는다.

⑤ 3분간 믹싱하고 5분간 방치, 다시 2분간 믹싱한 후 500±10 BU에 이르면

반죽 150g 을 가위로 잘라서 라운더에 넣고 10회전 및 거꾸로 10회전 시킨 후 반죽을 공 (球) 모양으로 만든다.

⑥ 구형의 반죽을 롤러에 넣고 원주 (圓柱)형으로 만든다.

⑦ 캐비닛에서 〈도 프루프 홀더〉를 꺼내어 죔쇠 (clamps)를 열고 원기둥 모양의 반죽을 가운데 놓고 죔쇠에 고정시키고 캐비닛에 넣는다.

⑧ 45분 후 밸런스 암에 고정시키고 펜을 차트에 맞추고 스위치를 넣어 당긴다.

⑨ 끊어진 시료를 다시(6번~8번) 반복하여 45분씩 3번 그린다.

(2) 평가방법

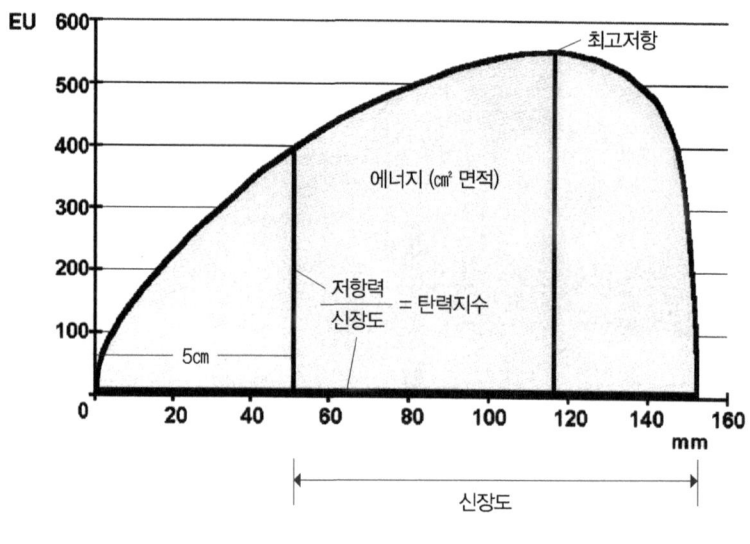

〈익스텐소그래프 곡선〉

1) 면적 : 곡선 (curve) 내부의 면적

2) 저항력 : 5cm 후의 곡선 높이

3) 최고 저항 : 곡선의 최고 높이

4) 신장도 : 곡선의 시작에서 끝까지의 길이

5) 탄력지수 : 저항력/신장도

제6절 글루텐 측정 기계 (Glutomatic system)

1. 개요

밀가루에 들어있는 불용성 단백질이 중심인 **글루텐**은 소맥의 기본적인 품질 요인으로 인식되고 있다. 글루텐을 측정하는 기계의 발달은 단백질의 양과 질을 수분 이내에 측정할 수 있어서 원맥을 어떻게 사용할지에 대하여 **빠른 결정**을 내릴 수 있고 동시에 열과 해충에 의한 손상도 직접적으로 찾아낼 수 있다.

글루텐 측정을 간편하게 하면 중요한 정보를 빠르게 제공받을 수 있으며 밀과 밀가루 분류에 실용적인 실험이 될 수 있다.

〈그림〉 글루텐 함량과 빵의 부피

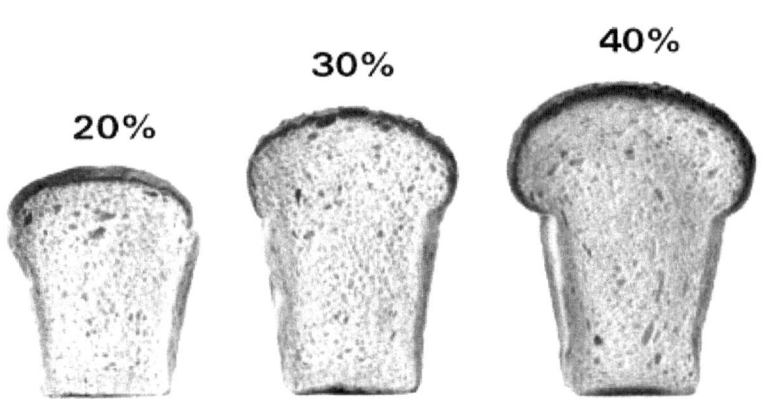

20% **30%** **40%**

* 같은 밀가루 양, 같은 조건, 다른 종류의 글루텐으로 만든 빵. 수치는 젖은 글루텐 양

글루텐 측정을 위한 자동기계 〈Glutomatic System〉은 ① 곡물시장에서는 단백질의 양과 질에 의하여 밀을 분류하여 유리한 가격으로 구매하고 열과 해충에 의한 손상도 점검한다. ② 제분공장에서는 제품 용도에 맞는 밀가루를 제분하는데 있어 공정 전에, 공정 중에 또는 공정 후에 글루텐 실험을 실시함으로 각기 다른 목적에 맞는 밀의 혼합을 바르게 할 수 있다.

③ 제과·제빵회사에서는 빵·과자 제품에 꼭 맞는 밀가루를 사용해야 한다.

완제품별로 최적 배합표를 사용하고 문제 야기를 막기 위하여 특정 종류의 밀가루가 필요한데 이런 목적을 위한 빠르고 신뢰할 수 있는 관리방법이 글루텐 실험이다.

④ 글루텐 – 전분공장에서는 밀 자체가 다르면 세척하여 얻을 수 있는 전분의 양도 다르다는 것을 알고 있다. 그래서 적절한 공정관리를 하기 위하여 이 기계를 이용하여 얻은 정보를 바탕으로 밀가루를 조절할 필요가 있다.

⑤ 곡물 재배인의 입장에서는 양질의 단백질 함량이 높은 밀을 재배하려 하는데 글루텐 실험은 여러 가지 다른 밀의 품종을 가려내는데 유용하며 육종하는데 있어 중요한 자료와 근거가 된다.

2. 실험과정

(1) 계량 (Weighing)
밀가루 10.00± 0.01g 을 계량하여 〈테스트 챔버(test chamber)〉에 넣는다.

(2) 소금물을 넣어 수화시키기 (Dispensing)
장착된 피펫을 통하여 2%의 소금물 5.2㎖를 테스트 챔버에 넣는다.
테스트 챔버를 글루토매틱 기계에 넣고 시작 누름단추를 누른다. 20초 동안에 반죽이 끝난다.

(4) 반죽의 세척 (Dough washing)
글루토매틱 기계는 최초 20초가 지나면 자동적으로 세척과정으로 옮겨간다. 세척은 5분이 소요되며 글루텐과 수용성 전분이 분리된다.

(5) 원심분리 (Centrifuging)
글루텐 볼을 꺼내서 몇 조각으로 나누어 원심분리기에 넣고 1분간 작동시켜서 여분의 물을 제거한다.

(6) 결과 (Result)
원심분리 과정을 거친 글루텐의 무게를 읽는다. 무게 x 10 = 젖은 글루텐 % 젖은 글루텐의 탄력성으로 단백질의 품질을 판단한다.

(7) 건조 (Drying)

건조 오븐에 있는 테플론으로 코팅한 2개의 열판 사이에 젖은 글루텐을 놓고 약 4분간 가열하면 젖은 글루텐과 결합되어 있던 수분이 제거된다.

(8) 결과 (Result)

건조 글루텐 무게 x 10 = 건조 글루텐 %, 그 밀(밀가루)의 단백질 %로 본다.

3. 현장 글루텐 분석실험

(1) 글루텐 기기

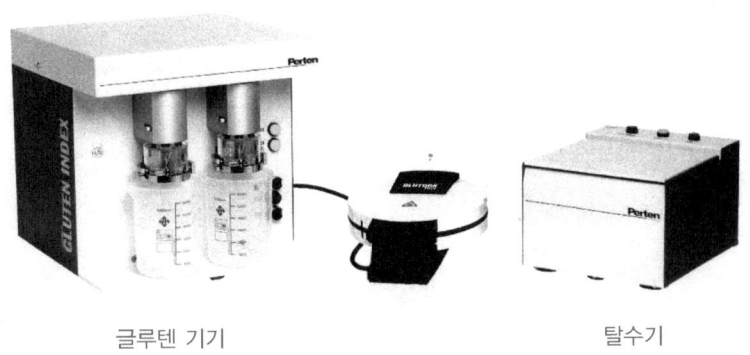

글루텐 기기   탈수기

(2) 젖은 글루텐(습부) 분석방법

1) 정의 : 밀가루와 물이 반죽 (dough)으로 혼합될 때 응집성, 신장성, 탄력성의 새로운 물질이 얻어지는데 이것을 젖은 글루텐이라 한다.

2) 준비 기기 및 도구

① 화학 천칭 ② 글루텐 측정기 ③ 10㎖ 피펫 ④ 증류수 ⑤ 스푼

⑥ 2% 식염수 (소금 = 200g + KH2PO4 = 7.45g + Na2HPO4 = 2.46g + 물 → 20ℓ)

3) 분석방법

① 유리용기 본체 전면에 있는 구멍에 물을 주입한다. (윤활작용을 위해 몇 방울 주입)

② 세척한 체 (sieve)를 결합시키고 1회 예비가동을 시킨다.

③ 시료를 10g± 0.01g을 용기에 넣고 가볍게 흔들어 고루 퍼지게 한다.

④ 위 3)에 혼합수 4.3~5.2㎖를 벽면에 대고 퍼지도록 넣어준다.

⑤ 위 4)를 조직부에 단단히 고정시킨 후 녹색의 시작 버튼을 눌러준다.

⑥ 조작이 종료되어 초록색 램프 5가 켜지면 용기를 들어내고 글루텐을 취한다.

⑦ 글루텐을 원심분리기에 넣고 2회에 걸쳐 원심분리하고 핀셋으로 꺼내어 계량한다.

$$젖은\ 글루텐\ \% = \frac{글루텐\ 무게}{시료의\ 무게} \times 100$$

※건조시간 65분의 속성법도 사용되고 있다.

제7절 믹사트론 (Mixatron)

1. 개요

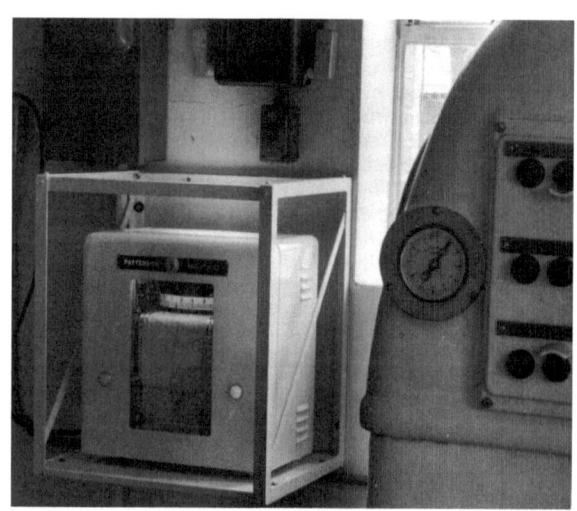

믹서에 설치한 믹사트론 C.J.Patteron Co. 인용

전력으로 작동하는 제빵용 수평믹서의 중요한 문제점은 새로운 밀가루를 사용할 때 최적의 믹싱을 하기 위한 정확한 흡수율과 믹싱시간을 빨리 알아내기가 어려운 것

이다. 종류와 등급이 다른 밀가루에 대한 예상 흡수율과 믹싱에 필요한 사항이나 반죽의 농도를 측정하는 수단을 개발하기 위하여 많은 시도를 해오고 있다.

이를 위한 접근 방법의 하나는 소량의 밀가루를 사용하는 실험실용 소형장치로 각 밀가루의 **믹싱** 특성을 측정하는 것이다. 믹싱 그래프를 분석하면 실제로 사용할 밀가루의 적정 흡수율과 믹싱시간을 상당히 정확하게 예측할 수 있게 된다.

패리노그래프가 이러한 장치의 대표적인 예인데, 현장 믹서와 그래프의 상호관계 요인이 설정되면 새로운 밀가루의 실제 믹싱 조건이 최대가 되도록 맞출 수 있다.

그러나 패리노그래프는 제빵공장에서의 실제 믹싱조건을 그때마다 빨리 지원하기 어려운 결점이 있다.

다른 방법은 믹서에 동력을 공급하는 모터에 전력계를 부착하여 사용하는 것이다.

이것은 반죽 믹싱에서 소비되는 〈전류의 양〉은 〈일의 양〉과 정비례 관계이고, 반죽 농도(되기)의 변화를 반영할 것이라는 생각에서 출발하였다. 그러나 많은 시험을 통해서 전류 소비량은 반죽의 농도보다 훨씬 많은 요인에 의해 영향을 받고, 계기에 나타나는 전력 소비량도 반죽 농도를 감지할 만큼의 변화가 없었다.

1947년에 새로운 회로가 개발되고, 이후에 이 회로를 이용한 새로운 장치를 조합하여 반죽의 진정한 농도를 측정하는 전자 기록기가 부착된 이른바 **믹사트론**이 개발되었다. 믹사트론은 믹서 모터의 바람직하지 않은 전력 소비량을 여과시키는 전력계와 **집적회로** (IC)를 결합시켜서 믹싱 사이클 동안의 반죽 농도를 측정하고 기록하는 정밀한 전자 장치이다.

기록 차트는 믹서가 작동하는 동안은 계속해서 왼쪽에서 오른쪽으로 움직이기 때문에 결과 곡선의 시작은 오른쪽 끄트머리가 된다. 차트로부터 얻는 정보는 반죽의 농도 변화를 동시 기록으로 즉각 알 수 있을 뿐만 아니라 실제의 믹싱시간을 제공해 준다.

믹사트론은 ① 새로운 밀가루에 대한 적정 믹싱시간과 흡수율 조건을 파악하기 쉽도록 편리하고 간단하게 〈세팅〉되어 있다. ② 최고품질의 빵을 만들기 위한 믹싱 조건이 확립되면 믹서 담당자는 적정한 반죽조건에서 그려진 〈표준 그래프〉에 따라서 믹싱을 하면 된다. ③ 시각적이 대조 표준인 그래프는 통상적인 흡수율에 대한 〈안전인수 (safety factor)〉를 적용할 필요도 없이 그 밀가루의 최대 흡수성을 이용하면서 반죽의 균일성을 유지시킬 수 있다. ④ 이 장치는 믹싱작용에 영향을 끼치는 **사람**

과 기계의 착오를 항상 감독하는 역할을 한다. 예를 들어 표준 곡선과 다른 곡선으로 나타나면, 사람이 재료계량의 착오 또는 믹싱시간의 오판을 했는지, 수량계나 밀가루 계량기의 부정확, 믹서 냉각장치의 작동 불충분 등 기계의 문제를 믹싱하는 당시의 현재시간으로 계속 확인할 수 있어 이를 교정할 수 있는 장점이 있다.

믹사트론은 생산현장의 믹서 모터에 직접 부착하여 믹싱 시작과 동시에 그래프가 그려지므로 표준 그래프와 비교하여 현재의 상태를 직접 확인하는 기기로서 실험실의 데이터를 현장에 응용하는 것보다 실용적이다.

2. 해석

(1) 흡수율 변화에 대한 이중곡선

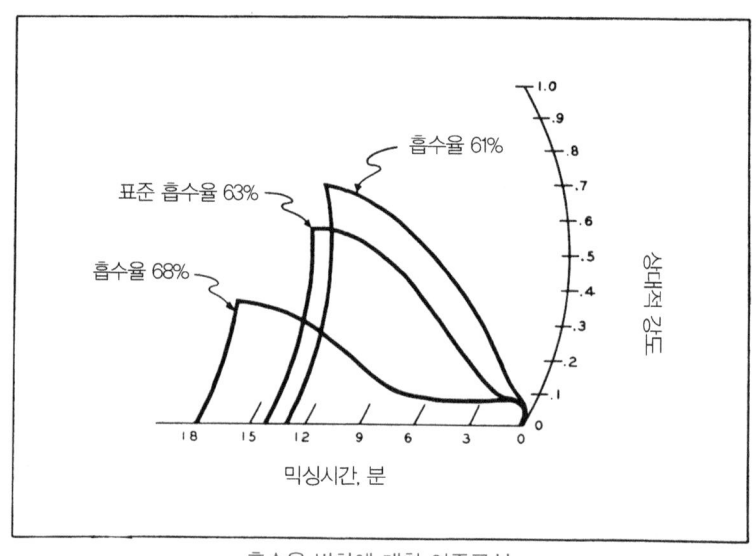

흡수율 변화에 대한 이중곡선

이 그래프는 흡수율의 변화에 따른 영향을 나타내는 믹사트론 곡선이다.

서로 관계가 되는 다른 곡선을 같은 평면위에 이중으로 표시하여 비교할 수 있게 한 것이다. 실제 믹사트론 작동에 들어가면 1개의 곡선이 그려지면서 기록된다.

일반적으로 흡수율 1%의 변화에도 분명하게 차이가 나는 그래프가 그려진다. 반죽에 물이 부족하면 믹싱 초기단계에 매우 빠르게 곡선이 올라간다. 곡선이 가파르게 올라가면 초기에 믹서를 정지시키고 부족한 물을 첨가하여 믹싱을 계속한다.

반대로 흡수가 적정량을 크게 넘으면 밀가루의 과도한 수화로 반죽 특성이 축 쳐져서 그래프가 하강한다. 이때는 즉시 믹서를 멈추고 밀가루를 보정한다.

(2) 밀가루와 물의 계량 착오에 대한 이중곡선

밀가루와 물의 계량착오가 미치는 상당히 큰 영향에 대한 그림이다.

표준곡선은 적정 흡수율 65%인 캔사스 밀가루로 좋은 빵을 만드는 믹싱 그래프이다. 15%의 밀가루가 부족할 때 믹싱초기에 매우 질은 반죽으로 상대적 강도가 아주 약하여 그림과 같은 곡선이 된다. 화살표 4개로 표시된 단계에서 밀가루를(동량씩 4회로 나누어) 첨가하면 곡선이 상승하기 시작한다. 표준의 피크에 이를 때까지 믹싱을 계속한다.

셋째 곡선은 물이 15% 부족한 경우로서 초기에는 가파른 곡선으로 급격히 상승하는데 화살표 6개로 표시된 단계에서 물을(동량씩 6회로 나누어) 첨가하면 곡선이 낮아지기 시작한다. 표준의 피크에 도달할 때까지 믹싱을 계속한다.

이들 3개의 곡선을 분석하면 실제적으로 아주 유용한 정보가 된다.

무엇보다도 중요한 것은 초기 그래프의 경사도를 보면 물이나 밀가루 양의 비정상을 분명하게 나타내기 때문에 조치할 수 있다는 것이다. 믹사트론은 재료를 늦게 첨가할 때도 최적의 믹싱시간을 측정하는 확실한 수단이 된다.

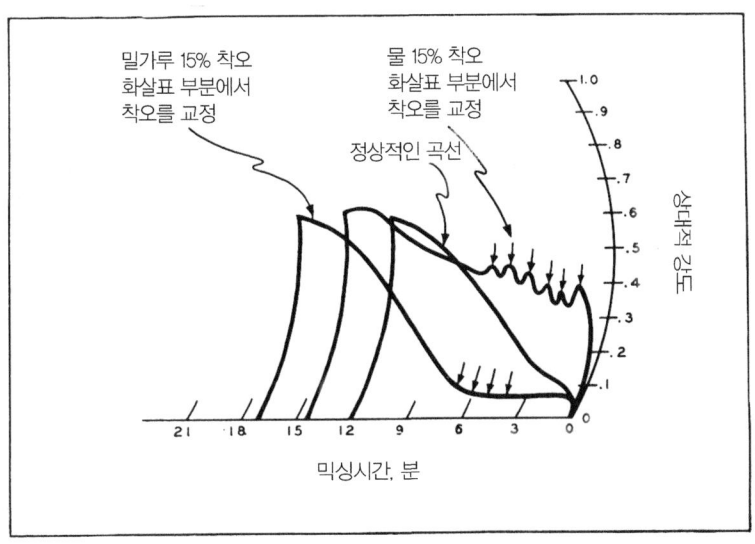

밀가루와 물의 계량 착오의 영향을 나타내는 믹사트론 곡선

(3) 소금에 대한 이중곡선

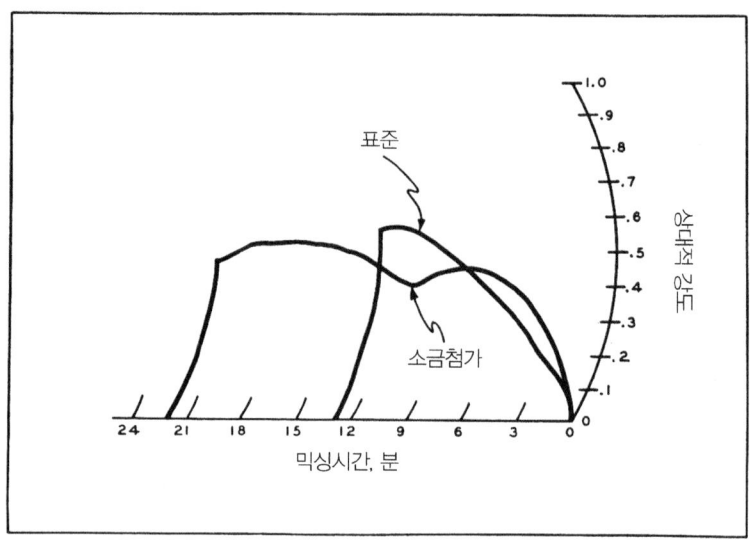

소금에 대한 이중곡선

 이 그래프는 반죽에 소금이 빠진 경우의 그림으로 곡선이 다소 가파르게 반죽의 최대점에 이르는 시간이 다소 짧은 편이다. 소금을 첨가하면 정상 피크로 다시 올라간다. 마찬가지로 분유, 쇼트닝, 이스트푸드와 같은 재료가 우연히 빠진 경우에도 그 영향이 분명하게 그래프로 나타나기 때문에 믹싱 초기에 수정할 수 있어 이 기기의 유용성이 대단히 크다.

제8절. 기타 분석기기

1. 회분 (Ash)

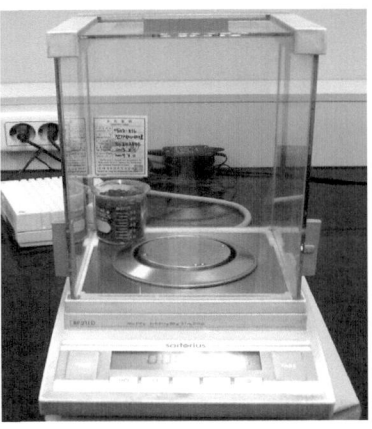

전기로   전자저울

(1) 정의
시료를 태우고 남은 성분으로 밀의 품종이나 재배조건에 따라 다르지만 밀 전체로는 1~2%, 배유 부위에는 0.28~0.39%, 과피 부위에는 5.5~8.0%가 들어있다.

(2) 준비 기기 및 도구
1) 전자저울   2) 진공 데시케이터
3) 전기로 (500~1200℃)   4) 전기히터 (300~500℃)
5) 회분용기   6) 스푼
7) 핀셋   8) 집게

(3) 분석방법
1) 600℃ 전기로에서 미리 예열시킨(1시간 이상) 회분용기를 데시케이터에 넣고 5분간 냉각 후 다른 데시케이터에 옮겨 45분간 냉각시킨다 (실온).

2) 데시케이터에서 냉각된 회분용기를 꺼내어 저울로 정확하게 계량한다.— W 1

3) 회분용기에 약 3g(± 0.01g) 정도의 시료를 넣고 정확하게 계량한다.——W 2

4) 시료를 넣은 회분용기를 약 450℃의 탄화대에서 30분간 탄화 (炭化)시킨 후 600℃의 전기로에서 4시간 동안 회화 (灰化)시킨다.

5) 회화가 끝나면 1)과 동일하게 냉각시킨다.

6) 냉각 후 회분용기를 저울로 정확하게 계량한다. ──────────── W 3

$$회분(\%) = \frac{회화\ 후\ 잔량\ (W3 - W1)}{시료\ 채취량\ (W2 - W1)} \times 100$$

* 속성법은 탄화 및 회화시간을 4시간 30분에서 1시간 30분으로 단축시킨다.

2. 비스코그래프 (Viscograph)

(1) 비스코그래프 기기

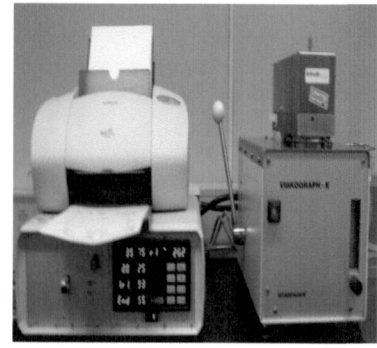 

비스코기기   센서

(2) 정의 : 밀가루 중의 효소(주로 알파–아밀라아제)의 활성에 대한 특성을 파악함으로 면(麵)을 삶았을 때의 쫄깃함 정도를 예측하는데 활용하고 있다.

(3) 준비 기기 및 도구

1) 비스코그래프 분석기 2) 전자저울

(4) 분석 방법

1) 설비의 전원 스위치를 켠다.

2) 기기의 각 조건별 예열 및 안정화를 위하여 20분간 켜둔다.

3) 컴퓨터 프로그램의 비스코그래프 (Viscograph) 창을 클릭한다.

4) 프로그램 메뉴 중 Neuer Test를 클릭하고 시험할 시료명과 일자를 입력한다.

5) 전자저울을 이용하여 시료 65g을 달아 비커에 넣는다.

6) 물 450㎖를 넣고 덩어리가 생기지 않게 혼합한다.

7) 반죽을 분석기에 넣고 작동시키면 온도가 상승하면서 컴퓨터 프로그램 창에 분석 곡선이 자동으로 그려진다.

8) 분석이 끝나면 그래프 및 데이터가 자동으로 프린트 된다.

9) 분석이 완료되면 믹서 볼을 꺼내어 물로 깨끗이 닦고 작업을 완료한다.

(5) 평가방법

1) 그래프

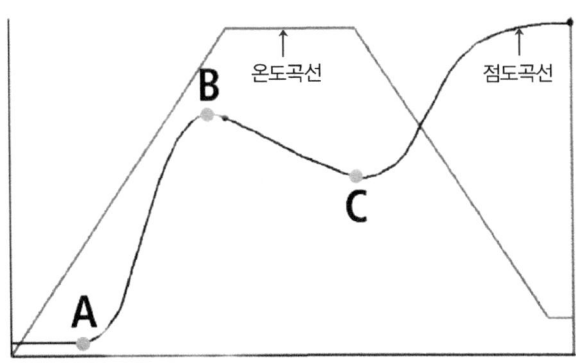

〈비스코그래프 곡선 모형〉

지점	항목	시간 (HH:MM:SS)	토크 (BU)	온도 (℃)
A	젤라틴화 시작	00:24:30	28	61.2
B	최고 점도	00:42:25	751	88.1

2) 평가방법

① 최고점도 (A) : 최고의 점도를 나타낸다. (BU)

② 최종점도 (C) : 온도가 최저로 떨어졌을 때의 점도 (BU)

　　　* 보통 25℃로 설정하나 시료에 따라 달라질 수 있다.

③ 브레이크다운 (B-A) : 점도가 최고점에 도달했다가 떨어지게 되는데 이때 최고 점도와 떨어진 점도와의 차이 (BU)

④ 콘시스턴스 (B-C) : 점도가 떨어졌다가 냉각되면서 다시 올라가게 된다. 이때의 점도차이 (BU)

⑤ 온도

　　　* 호화 개시온도 (①) : 가열 후 점성이 생기기 시작하는 온도 (℃)

　　　* 최고점 온도 (②) : 가열 후 점도가 최고점에 도달하였을 때의 온도 (℃)

3. 단백질 (Protein)

(1) 단백질 분석 기기

 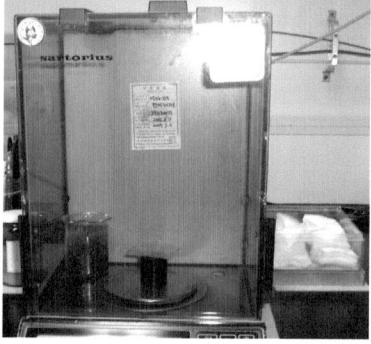

단백질기기   전자저울

(2) 단백질 분석방법

1) 정의 : 식품의 단백질을 질소정량법에 의하여 정량한다.

질소(N)는 원자번호 14의 원소로서 모든 생물체의 필수적인 구성요소이다.

2) 준비 기기 및 도구

① NCA 단백질분석기　　② 질소가스(일반)

③ 전자저울　　④ 산소가스(초고순도)　　⑤ 헬륨가스(초고순도)

3) 분석 방법

① 시료를 넣지 않은 상태로 〈blank test〉를 실시한다.(수치가 안정될 때까지)

② blank 값이 안정되면 3개를 선택하여 컴퓨터 상단 메뉴의 〈Contiguration〉에서 blank를 시켜준다.

③ 위의 작업이 마무리 되면 견본시료 0.2800~0.3000g을 계량하여 각각 2개씩을 회전판에 넣은 후 메뉴 중 〈Analyze〉를 눌러 분석한다. (견본시료가 변경될 때에는 변경값을 입력한다.)

④ 분석이 완료되면 모니터에 결과치가 나오며, 이 결과치 4개를 선택한 후 컴퓨터 메뉴 중 〈Contiguration〉에서 〈Drift〉를 시켜준다.

⑤ 다시 견본시료 2종을 각각 1회 분석하여 결과 값을 확인한다. 결과 값이 정상적이면 ⑥번을 수행하고, 비정상적인 경우에는 ③번부터 다시 한다.

⑥ 분석할 시료를 0.2899~0.3000g을 채취하여 유산지에 싼 후 회전판에 넣고 분석을 실시한다.

⑦ 분석결과는 컴퓨터 모니터에 자동으로 표시된다.

※질소계수 : * 소맥분 = 5.70 * 일반식품, 프리믹스 = 6.25

4. 손상전분 (Damaged starch)

(1) 손상전분 기기

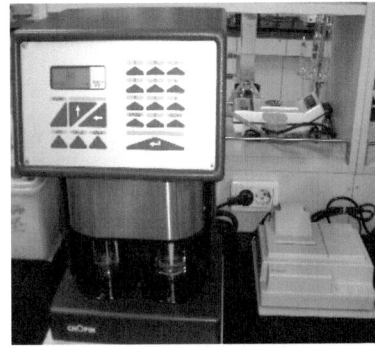
손상전분기기

항온수조

(2) 준비 기기 및 도구

1) 손상전분 자동분석기   2) 전자저울

3) 자동뷰렛 2대   4) 100㎖ 매스실린더

5) 스푼   6) 95% 에탄올

7) KI 용액 (KI 186g + 증류수 → 1ℓ)   8) 증류수

9) KIO3 용액 (KIO3 0.5g + 증류수 → 1ℓ)

10) 1N-HCl (HCl 88㎖ + 증류수 → 1ℓ)

(3) 분석방법

1) 손상전분 분석기의 스위치를 켠다.

2) 시료 1 ±0.01g을 달아 용기에 넣고 에탄올 3㎖에 잘 혼합한다.

3) 여기에 증류수 100㎖를 넣고 이어서 0.1N - HCl 20㎖, KI 용액 10㎖를 넣어 이것을 기기에 장착한다.

4) 〈CYCLE〉 키를 누르고 〈RETURN〉 키를 누른다 (헤드가 내려오면서 분석이 시작).

5) KIO3 희석용액과 반응하여 자동으로 분석이 실시되며 분석이 끝나면 신호음이 울린다.

6) 전 과정이 완료되면 모니터에 데이터가 출력된다.

7) 모니터의 데이터를 표준치에 보정하여 산출한다.

5. 입도 (Flour particle size)

(1) 입도 분석기기

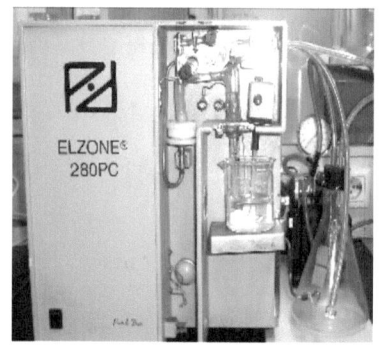

입도분석기기   프로그램

(2) 입도 분석방법

1) 정의

입도(粒度)란 밀가루 입자의 크기를 말한다.

2) 준비 기기 및 도구

① 입도분석기   ② 전자저울

③ 스푼   ④ ULTRASONIC (초음파 설비)

⑤ 메탄올 용액 (LiCl 10g + 메탄올 ⇒ 1ℓ)

3) 분석 방법

① 용기에 메탄올 용액 80㎖를 넣고 시료 0.125g을 달아 잘 혼합한다.

② 여기에 초음파를 약 20~30초간 조사하여 밀가루 입자 하나하나를 분리한다.

③ 기기에 장착하여 자동분석을 실시한다.

60메시 체	밀가루 1,000g	남은 것 = 100g	60메시 미만 10%
	↓	통과 = 900g	
80메시 체	900g	남은 것= 200g	60~80메시 20%
	↓		
100메시 체	700g	남은 것 = 300g	80~100메시 30%
	↓	통과 = 400g	
140메시 체	400g	남은 것 = 300g	100~140메시 30%
	↓		
180메시 체	100g	남은 것 = 50g	140~180메시 5%
	50g	통과 = 50g	180메시 이상 5%

6. 백도 (Whiteness of flour)

(1) 백도계 기기

백도계기기

표준셀(87.3)

(2) 백도 분석방법

1) 정의

밀가루 전분 등 분말의 흰 정도를 측정하는 것으로, Kett 백도계 장치에 의한 반사율로서 백도를 측정한다.

2) 준비 기기 및 도구

① Kett 백도계 ② 셀 ③ 스푼 ④ 솔 ⑤ 면포 ⑥ 주걱

3) 분석 방법

① 기계 윗면의 뚜껑을 열고 필터 삽입부에 시료에 대한 필터를 넣고 필터 색과 같은 필터 선택 스위치를 누른다.

② 표준 셀 (cell)을 넣은 시료 케이스를 입구로 넣고 스위치를 〈ON〉 한다. 표준판의 수치 87.3이 표시된 수치 사이에 차가 있을 경우 감도 버튼을 누른다.

③ 일반시료 셀에 시료를 조금 넘치게 넣는다.

④ 이 시료 셀에 〈유리 필터〉를 위로부터 닫고 시계방향으로 회전시켜 잠근다.

⑤ 시료 케이스를 본체 기계의 시료접시 입구로 끝까지 넣는다.

⑥ 측정 횟수와 백도가 표시부에 표시된다.

〈AVE〉 버튼을 누르면 그때까지 측정한 수치의 평균치가 구해짐과 동시에 이전의 수치는 지워진다.

7. 협잡물 (Foreign matters)

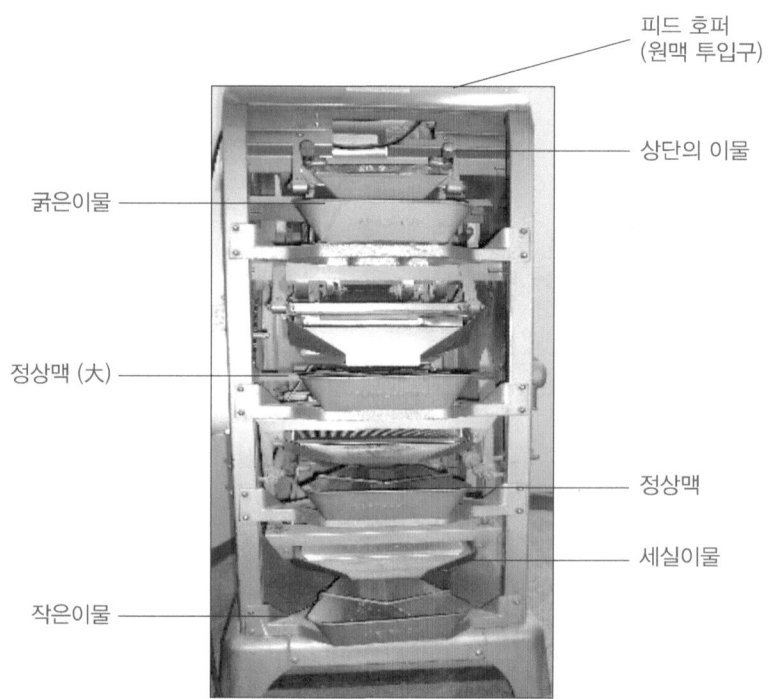

〈협잡물 분석기기〉

(1) 정의

원료소맥에 들어있는 잡물, 부실한 입자, 먼지 등을 통틀어 협잡물이라 한다.

(2) 준비 기기 및 도구

① Dockage Tester ② Catch Pan ③ 전자저울

(3) 분석 방법

1) 캐치 팬 5개를 준비하여 깨끗이 털어낸 다음 각각의 위치에 장치한다.

2) 전자저울로 시료 (원맥) 1kg을 정확히 계량한다.

3) 협잡물 분석기의 스위치를 켜고 피드 호퍼 (feed hopper)에 시료를 붓는다.

4) 바닥 체에 소맥이 하나도 보이지 않을 때까지 3분간 기다려 스위치를 끈다.

5) 정상적인 소맥을 전자저울로 계량한다.

$$협잡물\,(\%) = \frac{정상적인\,소맥의\,무게}{시료\,채취량} \times 100$$

8. 용적중 〈Weight per Volume = 무게(g)/용적(ℓ)〉

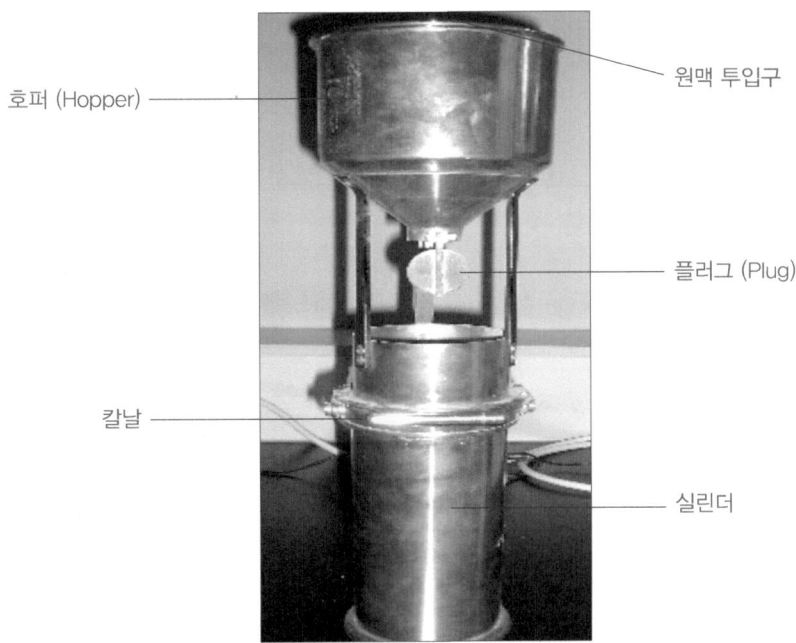

호퍼 (Hopper)
원맥 투입구
플러그 (Plug)
칼날
실린더

〈용적중 분석기기〉

(1) 정의

원맥 1리터당 무게를 말한다.

(2) 준비 기기 및 도구

1) 용적중(容積重) 측정기　　　2) 전자저울

(3) 분석 방법

1) 전자저울을 이용하여 실린더의 무게를 계량한다.

2) 기기의 상부에 가능한 한 많은 양의 곡물을 집어넣는다.

3) 곡물이 실린더로 흘러가도록 호퍼에 있는 플러그(plug)를 개방한다.

4) 칼날을 삽입하고 용기가 흔들리지 않도록 잡고 곡물이 완전히 들어가게 한다.

5) 호퍼를 분리시키고 곡물이 들어있는 실린더의 무게를 정확하게 계량한다.

용적중 (g/ℓ) = 곡물실린더의 무게 – 빈 실린더의 무게

9. 세립 분석

(1) 세립 분석기기

〈세립분석기기〉　　　　　　　　〈분리기〉

(2) 정의

이물질을 제거한 원맥 중 지름 2m/m 보다 작은 밀의 양

(3) 준비 기기 및 도구

① 세립측정기　② 원맥 분리기　③ 전자저울

(4) 분석 방법

1) 정상적인 소맥 1kg을 분리기에 넣고 골고루 분산하여 분리한다 (2회 반복).

2) 전자저울을 이용하여 시료 250g을 채취한다.

3) 시료를 세립측정기 망 위에 넣는다.

4) 시작 버튼을 누르면 동시에 25회 왕복을 실시하여 원맥을 분류시킨다.

5) 망을 통과한 양을 전자저울을 이용하여 무게를 잰다.

$$세립 (\%) = \frac{통과된 소맥의 무게}{시료 전체의 무게} \times 100$$

10. 천립중, 분질/초자질 분석

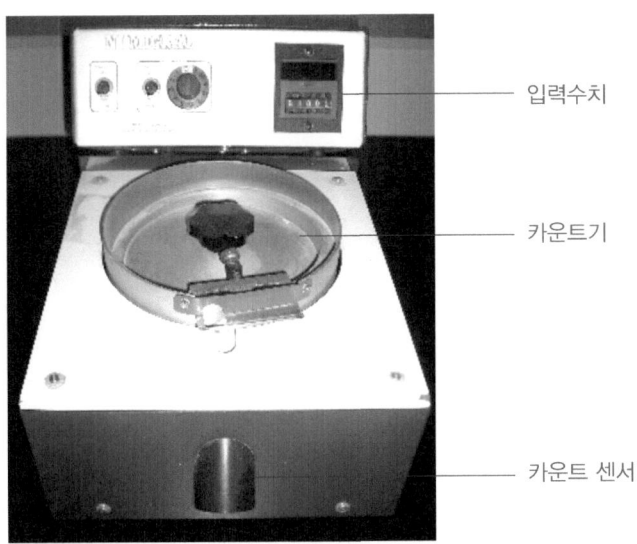

〈천립중, 분질/초자질 분석기기〉

입력수치

카운트기

카운트 센서

(1) 천립중 분석방법

1) 정의 : 완전한 정상맥 1,000개의 무게

2) 준비 기기 및 도구

① 곡물 Counter기   ② Dockage Tester   ③ 전자저울

3) 분석방법

① 먼저 입력수치를 1,000으로 입력한다.

④ 〈Vibration〉의 스위치를 〈ON〉 시키면 작동이 시작된다.

⑤ 입력된 숫자만큼 세면 자동으로 멈추게 된다.

⑥ 1,000개를 전자저울서 계량한 값이 천립중이다.

(2) 분질/초질 분석방법

1) 정의

① 초자질 (硝子質) : 황갈색이며 깨뜨려 보면 유리나 차돌처럼 광이 나고 투명하며 단단하다. 또한 분질 (粉質)이 30% 이하인 것도 해당된다.

② 분질 (粉質) : 약간 흰색을 나타내며 깨뜨려 보면 내부가 하얀 가루 덩어리처럼 보이고 불투명하며 단단하지 못하다. 초자질이 30% 이하인 것도 해당된다.

③ 반초자질 (半硝子質) : 초자질과 분질이 동시에 존재하며 초자질이 30~70%인 것이 여기에 해당된다.

2) 준비 기기 및 도구

① 백상지   ② 스푼   ③ 전자저울

3) 분석방법

① 테이블 위에 백상지를 깔고 그 위에 준비한 시료 10g 정도를 붓는다.

② 시료를 하나하나 칼로 쪼개어 초자질과 분질로 구분하고 반초자질을 골라내어 각각 계량한다.

분질/초자질/반초자질 (%) = 계량한 무게 / 시료 채취 무게 x 100

색 인

참고문헌 및 자료

제빵입문, 한국제과학교, 홍행홍 외

재료과학, 한국제과학교, 홍행홍

Baking Science, AIB

Baking Laboratory, AIB

CJ 제일제당 실험 매뉴얼, CJ 제일제당

제과 · 제빵사시험, 광문각, 홍행홍, 민경찬 외

빵 · 과자 백과사전, 민문사

제과기능장, BnC world, 홍행홍

베이커리 경영, BnC world, 홍행홍 외

Backing practice, BnC world, 홍행홍 외

Baking Science & Technology, Sieble Publishing Co.,E.J.Pyler

Practical Baking, CBI BOOK, William Sultan

The Practical Encyclopedia of Baking, Hermes House, MARTHA DAY

표준 **재료과학**

저자	홍행홍, 조남지, 이정훈, 이명호
감수 (ㄱ, ㄴ 순)	고원방, 김영선, 김창남, 염동민, 윤성준, 신승녕
	이관복, 이웅규, 이재진, 이준열, 정순경, 황윤경

발행인	장상원

초판 발행	2011년 3월 3일
1판 3쇄 발행	2025년 3월 20일

발행처	(주)비앤씨월드
	출판등록 1994. 1. 21. 제16-818호
	주소 서울특별시 강남구 선릉로 132길 3-6 서원빌딩 3층
	전화 (02)547-5233
	팩스 (02)549-5235

http://www.bncworld.co.kr